〈数理を愉しむ〉シリーズ

不可能、不確定、不完全

「できない」を証明する数学の力

ジェイムズ・D・スタイン

熊谷玲美・田沢恭子・松井信彦訳

HAYAKAWA NONFICTION

早川書房

7108

HOW MATH EXPLAINS THE WORLD

A Guide to the Power of Numbers,
from Car Repair to Modern Physics

Translated by
Remi Kumagai, Kyoko Tazawa, Nobuhiko Matsui
Published 2012 in Japan by
HAYAKAWA PUBLISHING, INC.
This book is published in Japan by
arrangement with
JODIE RHODES LITERARY AGENCY
through THE ENGLISH AGENCY (JAPAN) LTD.

素敵なわが妻リンダへ
彼女にはどのような献辞も言葉足らずになる

目次

第3部　情報——ゴルディロックスのジレンマ

第4部　到達できないユートピア

不可能、不確定、不完全

「できない」を証明する数学の力

前置き

一一月分の収支明細

私が算数ではなく数学と言えるものに初めて触れたのは、七歳くらいの年の、秋も深まった土曜日のことだった。私は表で父とアメフトのボールで遊びたかったのだが、父にはほかにやりたいことがあった。

私が覚えている限りずっと、父は大きな黄色い紙に毎月の収支を事細かに記録していた。今思えば、あの紙はＥｘｃｅｌスプレッドシートの走りと言える。黄色い紙一枚がひと月分で、年と月が記された最上段を除いて収入と支出がびっしり書き込まれていた。あの秋の日、父は見ていたシートで三六セントの食い違いに気づき、間違いを探そうとしていたのだった。どれくらいかかるかと私が訊くと、父はすぐすむと言って、こんな説明をしてくれた。たとえば、9で割り切れる食い違いが起こるのは、ほとんどが数字の並びを書き間違えたとき。

48を84と書き間違えると、84－48＝36になる。よくあることだ。二桁の数を書き、その一の位と一〇の位を入れ替えた数を書いて、この二つを引き算すると、結果は必ず9で割り切れる。(1)

しばらく遊んでもらえないと悟った私は、どこからか紙を持ってきて、父の言ったことを確かめてみた。すると、どのような数を試してもそのとおりになるではないか。たとえば、72－27＝45で、9で割り切れる。やがて、父は間違いを見つけた。それとも、とにかく息子と遊んでやったほうがいいだろうと思ったのだろうか。いずれにせよ、数にパターンがあるという発想は私の心に根を下ろした。数学は足し算や九九の表より深いと初めて気づいたのである。

長年にわたって、私は数学とその周辺を四人の師から学んだ。齢《よわい》七〇を過ぎてなお日曜午前の数学講座に出かけていた父のほかには、高校と大学と大学院で優れた師に恵まれた。旧ソ連がスプートニクを打ち上げた一九五七年、全米の高校が理工系を目指す生徒の育成に大慌てで乗り出し、アドバンスト・プレースメント科目（訳註　米国で優秀な高校生に履修が許される大学レベルの科目）の重要性が高まった。私はアドバンスト・プレースメント科目の初期の履修生であり、高校三年のとき、博士号をお持ちだったヘンリー・スウェイン先生による微積分のすばらしい授業を受けた。私が先生の足跡をある程度ではあるが辿ったことを、スウェイン先生に伝えられずじまいになったのが悔やまれる。

大学の学部生時代、ジョージ・セリグマン教授の講座をいくつか取ったのだが、本書の執筆過程でセリグマン先生と連絡をとる機会を得たのは喜びであった。そして、我がキャリア最大の幸運が、博士論文の指導教官がウィリアム・バーデ教授だったことだ。バーデ先生は教師として優れていたうえ、指導教官としても勘が鋭くきわめて忍耐強かったのに対し、私は大学院生のくせに勉強熱心とは言えなかった（コントラクトブリッジにはまっていたせい）。院生時代の最も思い出深い日は、博士論文が仕上がった日ではなく、ひじょうに興味深い重要な論文がバーデ先生のもとに届いた日だ。先生と私は、午後二時に落ち合ってその論文の精読を始め、六時半からの夕食休憩を挟んで、眼をしょぼしょぼにしながら真夜中近くに読み終えた。論文はその分野において突破口を開くものであったが、そのことよりも、論文を読み込み、そこで展開されている数学について議論し、それを博士論文にどう活かせるかを探るという過程を体験して、私はこれこそ自分のやりたいことだと気づいたのだった。

これまで多くの著者からその著書を通じて深い影響を受けてきた。すべてをここに挙げるわけにはいかないが、とりわけ強く印象に残っているものを何冊か挙げると、ジョージ・ガモフの『1、2、3…無限大』（一九四七）（崎川範行訳、白揚社）、ジェイムズ・バークの『コネクションズ』（一九七八）（福本剛一郎訳、日経サイエンス）、カール・セーガンの『COSMOS』（一九八〇）（木村繁訳、朝日文庫）、ジョン・キャスティの『パラダイムの迷宮』（一九八九）（佐々木光俊・小林傳司・杉山滋郎訳、白揚社）、そしてブライアン・グリーンの『エレガントな宇宙』（一九九九）（林一・林大訳、草思社）と『宇宙を織りなすもの』（二〇〇四）（青木薫訳、草思社）だ。ご覧のように刊行年はみごとにばらけており、いつの時代にも優れた科学系著作が存在することを立証している。本書がこれらのいずれかと共に誰かの口に上ればうれしい限りなのだが。

これまで数学や科学について多くの同僚と議論してきたが、カリフォルニア州立大学ロングビーチ校の教授、ロバート・ミーナとケント・メリフィールドは特別の存在だ。二人とも優れた数学者であり教育者で、数学史にかんする知識と理解は私よりはるかに深い。本書の執筆は両氏のおかげで格段に楽になった。

また、これまでさまざまな専門分野の方々と刺激的な議論を交わしてきた。本書で扱っているアイデアの一部にかんして、チャールズ・ブレナー、ピート・クレイ、リチャード・ヘルファント、カール・ストーン、デイヴィッド・ウィルシンスキーと話をしたことで、私の理解は明らかに向上した。いくつかの概念について共に思案を巡らせてくれたり、それらの説明方法をいろいろ考え出してくれたことに対し、彼らに感謝する。

最後に、まず私の代理人であるジョディ・ローズに感謝する。その忍耐力なしには、本書は日の目を見なかっただろう。次に、担当編集者のT・J・ケラハーに感謝する。その数多くの指摘のおかげで、本書は構成も細部もここまでまとまった。T・Jには、書籍の質を全体も細部も向上させるという類《たぐい》まれな才能がある。そしてもちろん、妻のリンダに感謝する。彼女の貢献度は本書についてはゼロだが、これを除く私の人生すべてについては計り知れない。

緒言

岩だけではない

私たちは、個人としても種《しゅ》としても、問題を解決することで進歩する。そして、経験的に言って、解決した問題が難しいほど大きく報われる。難問を解くことの魅力と言えば知的やりがいが挙げられるが、難問が解けた暁《あかつき》にはしばしばご褒美として、大それたことをやってのけられる可能性が見えてくる。アルキメデスはてこの原理を発見して、てこと足場をくれたら地球を動かせると豪語した。(1) この発言に見られる全能感と相通ずる全知感が、一八世紀の数学者で物理学者のピエール・シモン・ラプラスによる同じような類の考察からうかがえる。天体力学の発展に大きく貢献したラプラスは、ある時点の全物体の位置と速度がわかれば、その後の任意の時点における全物体の位置も予測できると主張した。

「ある知性が、与えられた時点において、自然を動かしているすべての力と自然を構成しているすべての存在物の各々の状況を知っているとし、さらにこれらの与えられた情報を分析する能力をもっているとしたならば、この知性は、同一の方程式のもとに宇宙のなかの最も大きな物体の運動も、また最も軽い原子の運動をも包摂せしめるであろう。この知性にとって不確かなものは何一つ存在しないであろうし、その目には未来も過去と同様に現存することであろう」[2]（『確率の哲学的試論』内井惣七訳、岩波文庫より引用）

二人の発言はもちろん誇張だが、その意図は問題の解法が持つ途方もない潜在能力を強調することにある。通りがかりの見物人が、アルキメデスがてこを使って重い岩を動かすところを見て、「わかった、なるほど便利だ。でも岩ぐらいがいいところだろう」と言ったとしたら、アルキメデスは「この岩だけではない――どのような物でも動かせる。それを動かすのに必要なてこの長さも、それを目的の位置まで動かすのに必要な労力も答えてやろう」と返したかもしれない。

私たちは時として、科学技術の華々しい偉業に感心するあまり、一見易しそうな（またはそうした偉業よりは易しそうな）問題がどうして未解決なのかと不思議に思うことがある。たとえば、一九六〇年代にはこんな疑問をときおり耳にした。人を月に送り込めるのに、どうして風邪を治せないんだ？

今の私たちは科学知識が少しばかり豊富で、おおかたの人はこの手の問題にかんして科学を大目に見ている。風邪について言えば、その治療が思ったより難しい問題だと知っているわけだが、それでもなお、人類は風邪の治療法をまだ見つけていないだけというのが普通の人の見方だろう。たしかに難題ではあるが、その見返りがどれほどになるかを思えば、医療関係の研究者が治療法を求めて忙しく働くのは当然で、たいがいの人が治療法は遅かれ早かれ見つかるだろうと思っているのもうなずける。ところが、鼻水やのどの痛みに悩まされている方々には気の毒な話だが、風邪の治療法が決して見つからないという可能性が現に存在する。それも、人類の知性が及ばず見つからないのではなく、治療法がそもそもないかもしれないのである。二〇世紀になされた特筆すべき発見のひとつに、数学と自然科学と社会科学を貫く共通認識、すなわち「世の中には私たちに知りえないことが、できないことが、解決できない問題が存在する」という認識がある。私たちは人類が全知全能でないことはわかっているし、それは何も最近初めてわかったことでもないのだが、全知全能がありえないかもしれないと気づいたのはつい最近だ。

二〇世紀の科学の発展を振り返ると、人類は天文学から動物学まで、ほとんどすべての分野で格段の進歩を遂げた。DNAの構造、相対性理論、プレートテクトニクス、遺伝子工学、膨張する宇宙。こうした飛躍的な成果はどれも、人類による物質世界の理解に計り知れないほど貢献しており、その一部はすでに日常生活に大いに役立っている。これが科学の大きな魅力だ。科学が開く扉の先で、私たちは素晴らしい知識を得られるばかりか、それを活かして生活を想像だにしなかったほど豊かにできるのである。

その一方で、二〇世紀には、「限界がある」という仰天の帰結が三つ導かれた。現実の世界で私たちが知りうることやできることに、数学の論理を駆使して見出すことができる真理に、そして民主主義を導入して達成できることに、限界があるというのだ。なかでもとりわけ有名なのが、一九二七年にヴェルナー・ハイゼンベルクによって発見された不確定性原理だろう。それによると、物体の位置と速度を同時に知ることはできず、全知の存在さえ、宇宙に存在する全物体の位置と速度をラプラスに教えることはできない。続く三〇年代に証明されたクルト・ゲーデルの不完全性定理は、数学上の真理を決めるための論理に不備があることを明らかにした。ゲーデルが不完全性定理を確立した一五年ほどのちにはケネス・アローが、投票者が属する社会の選り好みを各投票者の選り好みに基づいて満足に表せるような票の集計方法がないことを示している。二〇世紀後半になると、私たちの知る能力や行なう能力の限界を示す帰結が多くの分野で数々導かれたが、この三つが文句なくビッグスリーと言えよう。

ビッグスリーには共通点がいくつもあるが、まずは、どれも数学的な帰結であり、その妥当性は数学的な証明によって確立されているという点を挙げたい。

驚くことでもないが、ゲーデルの不完全性定理はもちろん数学にかんする帰結であり、数学的な議論を通じて確立されたものだ。ハイゼンベルクの不確定性原理が数学的な帰結であることも驚くには値しない。数学は科学の最も重要な道具のひとつで、物理は数学に大きく依存している学問だと、私たちは義務教育のころから教わってきた。それに対し、社会科学となると、数学との関係がピンとこない。ところが、現実世界にかんする仮説から導かれた数学的帰結であるハイゼンベルクの不確定性原理より、アローの不可能性定理のほうがある意味まったくもって数学的なのである。

アローの定理の「純粋さ」は、純粋数学の最たるものになんらひけをとらない。そこで扱われているのは、数学で最も重要な概念である関数だ。数学者はあらゆる種類の関数を研究するが、対象となる関数の性質はときとして研究背景に左右される。たとえば、測量士が三角関数の性質に興味を抱いて三角関数の勉強を始めてみたら、その性質の知識が測量の問題解決に役立ちそうだと気づくかもしれない。アローの定理で議論されている関数の性質の場合、動機はもちろん、アローがそもそも研究することにした問題、すなわち（投票行為によって表現された）個人の選り好みから選挙結果を決める方法だ。

数学の実用性は、数学を駆使した分析がどのような状況に応用されるかによってずいぶん違ってくるのだが、このことに絡んで繰り返し登場する「物語のパターン」がある——ある数学者が専門的な興味だけで何か仕事をする。その仕事は長いこと放っておかれるが（目を向けるのはせいぜいほかの数学者）、ある日まったく思いがけない実用的な使い道が見つかる。

そんな物語のある実例で、文明世界に暮らす事実上全員がほぼ毎日その恩恵を受けている、というものがあるのだが、そのことを当の数学者、すなわち、二〇世紀前半のイギリスの高名な数学者であるG・H・ハーディが知ったらさぞ驚いただろう。ハーディはその名も高い著作のなかで、数学の美に対するみずからの情熱について述べている。ハーディは、自分は人生を数のパターンに潜む美の探究に捧げており、そんな自分は人生を美の創造に捧げる画家や詩人と同列に扱われるべきだと思っていたようだ。彼はこんなことを書いている。「数学者は、画家や詩人と同様に、様式《パターン》を作る。数学者の作る様式が画家や詩人のものよりずっと恒久的であるとしたら、それは「概念《アイデア》・内容《イデア》」の織り成す様式だからである」(3)(『ある数学者の生涯と弁明』柳生孝昭訳、シュプリンガー・フェアラーク東京に所収の「ある数学者の弁明」から引用)

ハーディは数論に大きな足跡を残したが、自分や同僚の仕事を数学美の作品――鑑賞眼のある者が見ると美しいが、実用的な価値は一切ない――と見なしていた。そして「私は何一つ『有用』なことはしなかった。私の発見は、直接的にも間接的にも、また良きにつけ悪しきにつけ、この世の快適さにいささかの寄与もしなかったし、今後もするとは思えない」(4)(前出より引用)と言い切り、数論に携わるほかの研究者に対しても間違いなく同様の感情を抱いていた。ハーディには知る由《よし》もなかったが、死後五〇年たった今、彼がその人生の大半を費やして研究した現象に、世界はすっかり依存している。

素数とは1とその数以外の自然数では割り切れない自然数のことで、3や5は素数だが、4は2で割り切れるので素数ではない。より大きな数を見ていくにつれ、素数の出現頻度はまばらになっていく――1～100には二五個あるが、1000～1100には一六個で、7000～7100には九個しかないのだ。その先、素数はますます稀少になり、二個の素数の積であるひじょうに大きな数の因数分解は格段に難しくなる。因数である二個の素数を突き止めるのに膨大な時間がかかるからだ(最近の実験によると、大規模なコンピューターネットワークを使って九ヵ月かかっている)。パスワードを入力するときやATMでお金を引き出すときなど、私たちはこの事実に日々お世話になっている。二個の素数の積である大きな数を因数分解することの難しさが、今日《こんにち》のコンピューター化された数多くのセキュリティシステムの要《かなめ》だからである。

数論もそうだが、この「限界がある」定理ビッグスリーはどれも、すぐにではないにしろ重大な影響を及ぼしてきた。時間はかかったが、不確定性原理とそれが属する科学分野である量子力学は、マイクロエレクトロニクス革命によるほとんどの産物をもたらした——コンピューターしかり、レーザーしかり、MRI(磁気共鳴映像法)しかり、たいていのものがそうだ。ゲーデルの定理の重要性は、数学界では当初ほとんど評価されなかったが、のちにこの定理をもとに数学のみならず哲学でも新たな分野が生まれ、私たちが知っている物事や知らない物事は多彩になったし、私たちが知っているかどうか、知ることができるかどうかを評価するための基準も増えている。アローのノーベル賞受賞は定理の発表から二〇年待つことになったが、アローの定理は、社会科学で扱うトピックの幅やそれらを研究する方法を著しく拡げてきたほか、ネットワーク巡回問題におけるコストの決定(メッセージをボルチモアから北京へできるだけ安く送る方法など)のような実用問題に応用されている。

最後に、これら三つの帰結を結ぶ驚きの共通点は、どれも……驚きの帰結であることだ(ちなみに数学者は「直観に反する」という言い回しを好む。このほうが「驚き」より賢そうに聞こえるからだ)。この三つの帰結はどれも知的な爆弾と化し、各分野を代表する多くの専門家が抱いていた先入観を木っ端みじんに吹き飛ばした。ハイゼンベルクの不確定性原理を知ったら、ラプラスも、ラプラスの決定論的宇宙観を支持した多くの物理学者も、唖然としたに違いない。当代一の数学者だったダーフィト・ヒルベルトは、ある数学会議で熱心に耳を傾ける聴衆相手に、いつか数学上の真理を機械的に確かめられる日が来るかもしれないという夢を語ったが、その同じ会議において、ゲーデルはスポットライトとは無縁の奥の部屋で、正しいと証明することが決してかなわない真理の存在を説明していた。社会科学者たちは、アメリカ独立革命やフランス革命が成功する前から理想の投票方法を探し求めていたが、アローは大学院を修了する前に、それが不可能な目標であることを示していた。

難しいだけなら今日にも解けるかもしれないが、不可能なら永遠に解けない

世の中には不可能なことがあると示すのにうってつけの実にシンプルな問題がある。普通の八行八列のチェス盤と、タイルが数十枚あるとしよう。タイルは長方形で、高さはチェス盤一マス分の二倍、幅は一マス分、つまりタイル一個はチェス盤の隣りあう二マス分を覆う。ちょうど三二枚のタイルをチェス盤に敷き詰めて、すべてのマスが覆われ、チェス盤からはみ出すタイルがないようにすることは簡単だ。どの行も端から端までタイルを四枚並べて覆えるので、八行すべてについてそうすればいい。さてここで、チェス盤の対角の隅にある二マス、たとえばいちばん手前の行の左端といちばん奥の行の右端をなくしてみよう。これ

でチェス盤のマスは六二個になる。では、ちょうど三一枚のタイルをこのチェス盤に敷き詰め、すべてのマスが覆われるようにできるだろうか？

ここまでの話の流れでピンときたか、実際に試して気づいたかもしれないが、これはできない。その理由を示す簡単でエレガントな説明がある。チェス盤に色が普通に、たとえば黒と赤で互い違いに塗り分けられているとしよう。一枚のタイルは黒マスを一つだけと赤マスを一つだけ覆うので、三一枚のタイルは三一個の黒マスと三一個の赤マスを覆う。チェス盤に目を移すと、いちばん手前の行の左端といちばん奥の行の右端は同じ色なので（どちらも黒だとする）、この二マスをなくすと赤マスが三二個と黒マスが三〇個となる。よって、これを三一枚のタイルで覆うことはできない。単に数えるだけの話なのだが、何を数えるかがミソなのである。

科学と数学がともに力を持っているひとつの理由は、うまい推論の路線ができると、その路線を応用できる問題の幅を拡げる流れができることだ。ここで説明した問題は「隠れパターン」と呼べるかもしれない。一個のタイルが二マスを覆うことはすぐわかるが、チェス盤を連想させるような色分けパターンなしとなると、この問題はたちまち解くのが難しくなる。隠れパターンを発見することは、数学上および科学上の発見に重要な役割を果たすことが多い。

もしも音楽がなかったら

作家が「スランプ」に悩まされることがあるのは誰もがご存じだろう。いいアイデアがまったく浮かばなくなるのである。同じことは数学者や科学者にも起こりうるが、数学者や科学者には、芸術関係に対応するものがない類の行き詰まりも起こりうる。何かというと、答えのない問題に取り組んでいる可能性があるのだ。作曲家は、一時的に曲ができないという状況なら理解できても、作ろうにも曲が存在しないという話は絶対に受け入れられないだろう。数学者や科学者は、それまでの努力が自然の摂理によってすっかり水の泡となる可能性があるのを重々承知している。ときとして、曲が存在しないことがあるのである。

物理学界は目下、アルベルト・アインシュタインによって始められた探求に乗り出している。アインシュタインはその後半生を、今の物理学者が万物理論と呼ぶ統一場理論の探求に捧げた、と言っていいだろう。とはいえ、偉大な物理学者と言われる人が必ず万物理論を探し求めるわけではない。リチャード・ファインマンはこんなことを言っている。「すべてを説明するシンプルな究極の法則があるとわかったとしても、そうだったのかとしか言いようがない。……実は何百万層もあるタマネギみたいなもので、人類は何層も調べるのにうんざりしているところだとわかったとしても、ならばそれが自然の姿ということだ[5]」。ファインマンは万物理論を探さなかったかもしれないが、アインシュタインは探したし、今でも多くの一流の物理学者が探している。

だが、万物理論が——シンプルでエレガントなものも、複雑で美しくないものも、そのどこか中間のものも——存在しないかもしれないことを、アインシュタインはまず間違いなく承知していたはずだ。アインシュタインとゲーデルは、二人ともそのキャリア後半に米国ニュージャージー州はプリンストンの高等研究所に在籍していた。閉じこもりがちで被害妄想ぎみだったゲーデルは、アインシュタインとしか話をしない時期もあった。アインシュタインが探し求めている統一場理論は存在せず、彼は無駄な努力をしている。そんな可能性を二人が語りあったと推測しても、知りえない物事があるとゲーデルが証明していることを思えば、あながち的外れではあるまい。ただ、アインシュタインには、あるかどうかもわからない理論の探求にその創造力を傾けられる余裕があった。彼の名声は当時すでに確立されていたからだ。

意外に思うかもしれないが、アインシュタインほどの名声がない数学者や科学者も、取り組んでいる問題が実は解決不可能なのではないかと恐れたりはしない。そのような問題は過去にも少なからずあった。そして往々にして、答えがないとわかった場合でも、解決不可能というその結末は失敗であるどころか、たいてい、興味深くてときにこのうえなく実用的な、何か新しいことの発見になっている。そうした「失敗」の物語と失敗だったゆえの驚きの展開が本書の主題である。

銀行強盗の場合、数学者と科学者の場合

アメリカの有名な銀行強盗ウィリー・サットンは、なぜ銀行を襲うのかと訊かれて「そこに金《カネ》があるからだ」と答えた。数学者も科学者も大発見を夢見るが、その理由は、そこに金《カネ》があるからではなく（大発見をした者に富と名声が待っていることもあるが）、夢のような体験ができるから、何か本当にすばらしい物事を見た、創った、理解した、最初の人間になれるからだ。

たとえ無駄な努力に終わろうとも、私たちにはいくつかの重要問題を是が非でも解決する必要性――さらにそのうち特に興味深い問題を解決しようという強い欲求――があり、そのために唯一できることは、能力の高い人材（または何人かの極め付けの人材）を教育訓練し、数学や科学のツールを手にそうした問題に取り組んでもらうことである。人類は数百年ほど、それに触れると卑金属が黄金に変わるという賢者の石を探し求めた。その試みは失敗に終わったが、賢者の石を見つけようという欲求が原子論を初めとする化学の理解につながり、今では、手に入る物質から新たなよりよい用途を生み出せるようになっている。これは卑金属を黄金に変えることよりずいぶん望ましい結果ではなかろうか。

少なくとも、私たちに知りえないことやできないことを知れば、意味のない探求に人材を無駄に充てなくて済む――いまどき賢者の石を探そうとするのはハリー・ポッターくらいのものだ。万物理論の探求が賢者の石探しの現代版なのかどうか、私たちには知る術《すべ》がまだな

い。だが、歴史を鑑みれば今回も、賢者の石は無理でも黄金の卵が見つかるという成り行きになるだろう。

代理人、編集者、スティーヴン・ホーキングの出版社

スティーヴン・ホーキングのベストセラー『ホーキング、宇宙を語る』（林一訳、ハヤカワ文庫）の「謝辞――まえがきにかえて」によると、彼は出版社から、本に数式を一つ載せるごとに読者が半減すると言われたようである。しかし、ホーキングは自分の読者をかなり信頼していたようで、アインシュタインの有名な式 $E=mc^2$ をあえて載せている。

私としては、本書の読者は多少の式は大丈夫と思いたい。なんといっても本書は数学の本であり、式は大いなる真実を表しているだけでなく（アインシュタインの式のように）、そうした真実へと導く糸でもある。ホーキングの出版社以外の意見はというと、本書の担当編集者は、数学にかんする本には数学的な議論が絶対に必要だと感じているのに対し、私の代理人は、数学にかんする話題は喜んで読むが、数学的な議論を追う気はまったくないという。

ここに一線が横たわっているのは明らかなので、私は本書を、数学的な議論を読み飛ばすタイプの読者が実際にそうしても要点を見失わないよう書いたつもりだ。数学的な議論を追ってみようという物怖じしない読者は、高校レベルの数学の知識（微積分を除く）でついていける。また、興味を持った分野についてもっと深く知りたい読者の便宜を図るべく、原註

に参考文献を挙げた（ときどき詳しい解説を載せてある）。多くの場合、誰でも閲覧できる資料がインターネット上に存在しており、たいていの読者にはURLを入力するほうが図書館で探すより楽ではなかろうか（なにしろ、わが家の近所の図書館など、ガロア理論や量子力学の数学を解説する本さえ普段から事欠く）。そうした理由で、付録に多数のウェブサイトを参照先として挙げておいた。ただ、ウェブサイトは現実問題として消滅することがあるので、アクセスしてみたらなくなっていたという場合はご容赦いただきたい。

ホーキングの出版社の読みが外れていることを願うばかりである。あの読みが正しく、世界の人口が六〇億だとすると、本書の見込み読者数は三三個めの式で一人を切ってしまうから。

序論　修理に出した車はなぜ約束の日にあがってこないのか？

一〇〇万ドルが懸かった問題

年に一度、一握りの高名な科学者や経済学者、文壇の巨匠、人道主義者などがストックホルムに集まり、名誉ある――そして賞金も出る――ノーベル賞の受賞者を選考するが、その中に数学者はひとりもいない。ノーベル賞になぜ数学賞がないかという問題の答えはどれも憶測に過ぎないが、最も有名だがおそらく作り話であろうと思われる説に、ノーベル賞の設立当初、アルフレッド・ノーベルの妻が、スウェーデンの大数学者グスタフ・ミッタク＝レフラーと浮気していたからというものがある。実は、数学界には四年に一度のフィールズ賞があるのだが、四〇歳に達していない数学者にしか受賞資格がない。受賞したら人生は安泰だ――名声にかんしては。だが、子どもの大学の学費を賞金で賄うというわけにはいかない。

新たな千年紀を迎えるにあたり、クレイ数学研究所は重要な数学問題を七つ挙げた……ばかりか、一問解決するごとに一〇〇万ドルという前代未聞の賞金を懸けた。いくつかの問題、たとえばバーチ＝スウィナートン＝ダイアー予想はひじょうに専門的で、問題文からしてその分野の専門家にしか理解できない。ナビエ＝ストークス方程式とヤン＝ミルズ理論の二つは数理物理学と呼ばれる分野の問題で、これらが解決されると現実世界の理解が進むほか、テクノロジーが大幅に進歩する可能性がある。そんななか、この七つのうちのひとつは、日常生活にありがちな不快感をめぐる大きな謎のひとつに関連している。その謎とは、あなたの車はなぜ整備工場が約束した日には絶対にあがってこないのか？

人類を月に送る

米国は一九六〇年代の終わりまでに人類を月に送り込む。そう約束したとき、ジョン・F・ケネディ大統領は宇宙開発競争がもたらすことになる数々の副次的影響のほとんどを予見していなかったに違いない。ご存じのように、宇宙開発競争によってマイクロエレクトロニクス業界が飛躍的に発展して、電卓やパソコンに繋がった。そこまで飛躍的ではなかったところを二つ挙げると、ひとつは「タン」。これは宇宙飛行士用に開発された粉末オレンジジュースで、すぐにスーパーの棚を飾ることになった。もうひとつは「テフロン」。このとびきり滑らかな素材は、数え切れないほどの調理器具のコーティングに使われることになったほか、英語という言語に巧みに入り込み、悪評がつかない政治家という意味の言葉になった。

そしてもうひとつ、宇宙開発競争は、世界がなぜ思いどおりにならないかについて数々の洞察をもたらした。

米国にはマンハッタン計画という巨大技術開発プロジェクトの経験があったが、原子爆弾の開発は人を月に送り込むことに比べれば単純だった——少なくともスケジュール作成の点では。マンハッタン計画には大きな要素として、爆弾の設計とテスト、ウランの量産、投下訓練の三つがあった。最初の二つは同時に進めることができたが、実地テストだけは、ハンフォードやオークリッジなどにあった工場から十分な量の核分裂物質が届くのを待って行なわれた。投下訓練は、爆弾の仕様がそれなりに固まってようやく始まったが、訓練そのものはわりとシンプルで、爆弾を運べる飛行機とそれを操縦できる乗組員を確保すればよかった。スケジュール作成の観点から見ると、人を月に送り込むことはきわめて難しい課題だった。企業複合体、科学者集団、宇宙飛行士訓練プログラムのあいだで膨大な量の調整が必要とされ、月に降り立つ飛行士の任務計画という一見難しくなさそうなものでも段取りを慎重に決めることが求められた。宇宙飛行士を月に送るためには、数多くの作業を行なう日程を綿密に組み立て、与えられた時間をできるだけ有効に使いつつ、外的な制約——過熱を防ぐために宇宙船を回転させるなど——も満たす必要があった。こうして生まれたのが「スケジューリング」や「日程計画」などと呼ばれる数学分野で、そこで発見されたのが、全体を構成する個々の要素を改善すると非生産的な——そして直観に反する——結果がもたらされうるという事実である。

では、なぜ車は約束の期日にあがってこないのか？

あなたが海沿い、山あい、平野部のどこにお住まいでも、あなたの車を預かる自動車整備工場は基本的に同じ問題を抱えている。どの営業日をとってみても、作業待ちの車が何台かあり、作業に使う器具がいくつかあって、整備士が何人かいる。持ち込まれる車が一台だけなら、スケジューリングの問題は起こらないが、修理を要する車が複数台あるとなると、効率良く作業を進めることが大切になる。診断装置は一台しかないかもしれないし、油圧リフトは二基しかないかもしれない。空き時間はコストにはね返るので、器具類が同時にすべて稼動するよう作業をスケジューリングできれば理想的だ。同じことは、待機している整備士についても言える。彼らは時間給なので、作業待ちの車があるのに脇でただ座っているしかないとなると、やはりコストにはね返る。

スケジューリングの際に決定的に重要になるのが、行なう作業、作業どうしの関係、各作業にかかる時間といったものを視覚化する方法だ。たとえば、タイヤがパンクしているかどうかを確認するには、まずタイヤをはずし、次に水槽につける。作業、その所要時間、作業どうしの相互関係などの視覚化には一種の有向グラフがよく用いられ、実施される作業、作業の実施順序、各作業の所要時間が四角と矢印を使って示される。一例を次に示そう。以降、作業1をT1のように略記する。

T1には時間が四単位かかり（単位は月、日、時間、何でもかまわない）、T1とT2が

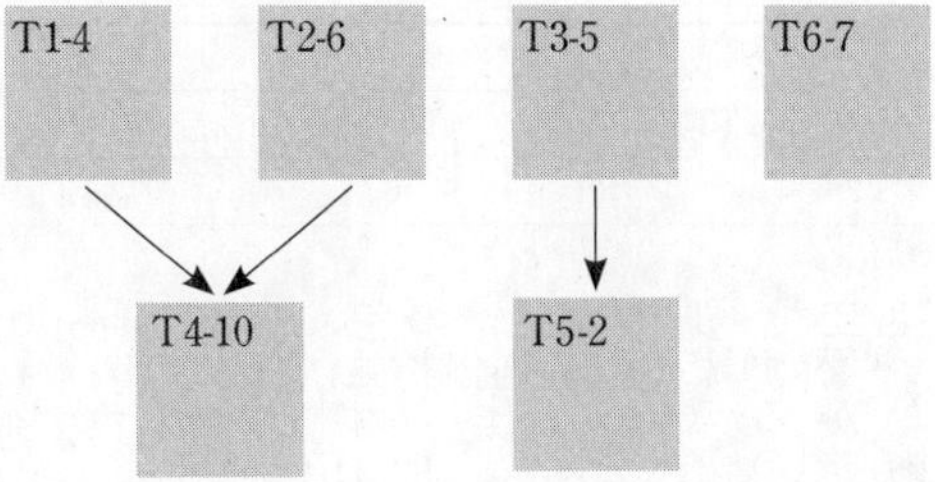

完了しないと、Ｔ４（一〇単位かかる）には取りかかれない。同じように、Ｔ３が完了しないと、Ｔ５を始められない。そして、Ｔ６はいつでもできる。Ｔ６に取りかかる前に完了していなければならない作業はないし、Ｔ６が完了していないと取りかかれない作業もない。それから、ひとつの作業は一人の整備士に割り当て、作業は分割しない。分割できる場合は、分割してできたそれぞれをひとつの作業として定義し直す。

上の図に関連して、よく使う言い回しをひとつ紹介しておこう。作業が実施可《レディ》であるとは、取りかかる前に終わっていなければならない作業がすべて完了していることを指す。上の図では、Ｔ１、Ｔ２、Ｔ３、Ｔ６が最初から実施可で、Ｔ５はＴ３が完了すると実施可になり、Ｔ４はＴ１とＴ２がどちらも完了して初めて実施可になる。注目すべきは、この条件下で作業をすべて完了するのに時間が少なくとも一六単位かかることだ。これは、Ｔ２からＴ４へという経路《パス》（一六単位かかる）がクリティカルパス――最も長い時間がかかる経路――であることによる。

作業のスケジューリングについては、これまでずいぶん多くのアルゴリズムが考案されてきたが、ここではひとつだけ、優先リ

整備士　作業の開始・完了

	0	4	6	9	11	16	18
アル	T1	T3		T5	T6		完了
ボブ	T2		T4			空き	完了

ストスケジューリングを取り上げよう。考え方は単純だ。重要な順に作業リストを作り、完了した作業をリストから消していく。誰かが空いて作業にかかれる場合は、その誰かに優先リストの最も重要な未着手の作業にかかってもらう。複数の整備士が空いている場合は、名前のアルファベット順で割り当てる。このアルゴリズムは、優先リストの作り方については何も規定していない。たとえば、整備工場のオーナーの奥さんがオイル交換を頼んできたら、その仕事は優先リストの先頭に載るかもしれないし、客が特急で頼むからとオーナーにこっそり二〇ドル渡したら、その仕事は先ほどのオイル交換のすぐ下に載るかもしれない。

全体としてどういうことになるかを示すため、前ページの図における時間の単位は一時間で、優先リストはＴ１、Ｔ２、Ｔ４、Ｔ３、Ｔ５、Ｔ６だとしよう。整備士がアル《A》一人だったとしたら、本格的なスケジューリングは不要だ。アルが優先リストの作業をその順番でこなすだけの話で、全作業を完了するのに三四時間かかる（各作業の所要時間の合計）。ここで、この整備工場が整備士をもう一人雇ったとすると（名前はボブ《Bob》）、同じ優先リストを使った場合のスケジュールは上のようになる。

Ｔ１とＴ２は優先リストの先頭にあり、どちらも最初から実施可《レディ》なので、アルにＴ１を、ボブにＴ２を割り振る。アルが四時間後にＴ１を完了したと

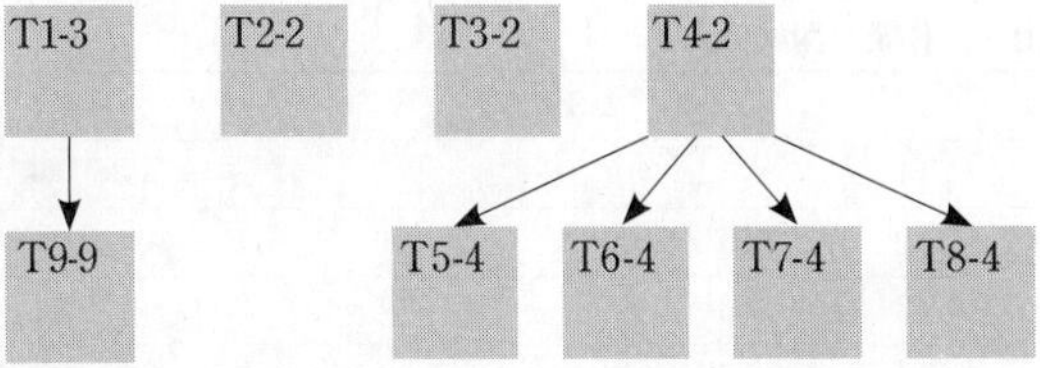

整備士	作業の開始・完了				
	0	2	3	4	8	12
アル	T1		T9			完了
ボブ	T2	T4		T5	T7	完了
チャック	T3	空き		T6	T8	完了

き、優先リストで次に来るのはT４だ。しかし、ボブがT２を完了していないので、T４はまだ実施可ではない。そこで、アルはT４を飛ばして、優先リストでその次にあるT３に手をつける。表の残り部分についてはなんら難しいことはない。このスケジュールはこれ以上望めないほどの効果を上げている。なにしろ、三四時間分をスケジュールしなければならないが、二人の整備士に一七時間ずつ割り振る方法はない（作業を二人の整備士で分担できれば可能だが、それはルール違反）。このスケジュールでは、全作業が最短時間で完了するし、空き時間も最小限で、スケジュール作成でよく用いられる二つの評価基準に向上が見られている。

物事を改善すると逆に悪化する場合

作業の有向グラフと優先リストとの相互関係は複雑で、思いもよらない状況が生じることがある（上図）。

整備士	作業の開始・完了					
	0	2	3	6	7	15
アル	T1		T8		空き	完了
ボブ	T2	T5		T9		完了
チャック	T3	T6		空き		完了
ドン	T4	T7		空き		完了

優先リストは作業を番号順に並べただけのT1、T2、T3、……、T9、整備工場にはアル、ボブ、チャック《Chuck》という三人の整備士がいるとすると、スケジュールは前ページ下の表のようになる。

スケジューリング的には、こちらもこれ以上望めないほどいい。作業は三四時間分あり、三人の整備士が一二時間ずつ作業して合計三六時間になるところを、クリティカルパスの一二時間以内ですべての作業が完了し、空き時間が最小限に抑えられている。

この整備工場が繁盛しているなら、整備士をもう一人雇うかもしれない（名前はドン《Don》）。前ページの図と優先リストに従って作業する場合、空き時間がかなり増えそうだということくらいは予測がつくが、できあがるスケジュールは驚くような結果を見せる（上の表）。

このスケジュールを検討してみると、問題の発端はドンに最初にT4が割り当てられたことだ。これによりT8が実施可《レディ》になるのが早くなりすぎてアルが作業に着手できてしまい、結果的にT9の開始が前のスケジュールより三時間遅くなっている。これはまさに不測の事態である。待機する整備士を増やしたら、普通は完了が遅れるとは思わないだろう。

この整備工場には、整備士を増やす代わりにできることがある。

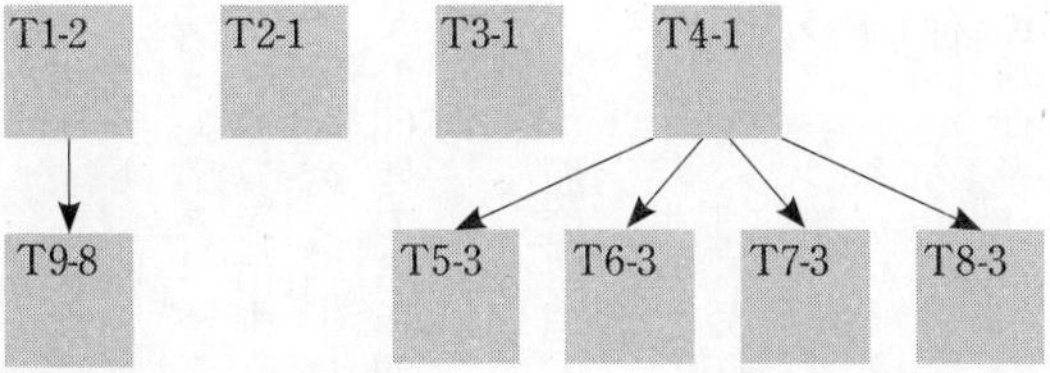

整備士	作業の開始・完了					
	0	1	2	5	8	13
アル	T1		T5	T8	空き	完了
ボブ	T2	T4	T6	T9		完了
チャック	T3	空き	T7	空き		完了

各種作業に使われている器具をグレードアップするのだ。そうしてみたところ、どの作業にかかる時間も一時間ずつ短縮された。当然、このグレードアップによる御利益《ごりやく》が期待される。作業にかんする元の有向グラフは、次のように改められる(上の図)。

同じ優先リストをもとに(そしてもちろん、アルゴリズムは優先リストスケジューリングで)三人の整備士に作業を割り振ると、上のようなスケジュールができあがる。

このスケジュールは、「すべてを改善すると物事が逆に悪化することがある」現象の典型と言えよう。器具をグレードアップしてクリティカルパスが短くなったのに、作業はスピードアップするどころか停滞してしまった！　スケジューリングのアルゴリズムはほかにもたくさんあるにはあるが、魔法の杖のようなものはまだ見つかっていない。これまで研究されてきたアルゴリズムはどれも、最適なスケジュールを作るとは限らないのである。さらに悪いことに、万能アルゴリズムはそもそも存在しないかもしれない——少なくとも、現実的な時間で処理が終わるようなものは！

ただし、必ずうまくいくアルゴリズムがひとつだけある。与えられた有向グラフを満たす考えられるすべてのスケジュールを作り、評価基準として何を使うにせよ、それをいちばんうまく最適化するものを選ぶのだ。このやり方には大きな問題がある。作業が多い場合は特に、スケジュールの数が膨大になりうることである。この状況については、数学界ではP対NP問題の名で知られているテーマを取り上げる第9章で詳しく見ていくことにしよう。

即席料理のコック、二人のジョージ、マネーボール

大学院生だったころ、私はときどきぜいたくをして朝食を外でとった。行きつけの軽食堂《ダイナー》は一九六〇年代の典型のような店だった。テーブルがいくつかと、一人掛けの椅子が並んだメラミン化粧板のカウンター、そしてそれらに囲まれるように大きな長方形の鉄板が据えられており、コックがそこで料理する様子を見ることができる。ウェイトレスが金属製の筒に付いたクリップに注文を挟むと、コックは手が空いたときにそれを筒からむしり取って注文の料理を作り始める。

その店のコックの動きときたら、《ダンシング・ウィズ・ザ・スターズ》のようなダンス

番組に出てきそうな誰よりも美しく無駄がなかった。鉄板のどこかに卵やハッシュドポテトの焦げかすがこびりつくと、それを刮ぎ落とし、油を垂らして薄く引く。鉄板は四分割して使い、ある一角で卵を料理しつつ、その隣でパンケーキやフレンチトーストを焼き、そのまた隣でハッシュドポテトを作りながら、残った一角でハムやベーコンに火を通す。急ぐ様子はまるでなく、いつも絶妙のタイミングで鉄板の前に戻ってきて、両面半熟焼きと指定された卵をひっくり返したり、ベーコンやハッシュドポテトが焦げないようにしたりする。建設・土木現場の作業員を見ていて飽きないという人がいるが、私は現場の作業員より腕のいい即席料理のコックを見ていたい。

いろいろな作業が一篇の詩のように滑らかに流れていくという状況は、業務のスムーズな統合が求められている事実上すべての企業が目指すところでもある。では、どうするのがいちばんいいのだろうか？　そうした努力がかなり真剣に行なわれている場のひとつがプロスポーツの世界で、その究極の目標は雰囲気のいいチーム作り、すなわち実績ある個人を集めて意識統一されたひとつの集団にまとめあげることである。よく採用されるアルゴリズムはどれも見事に功罪相半ばという感じだ。そんなアルゴリズムのひとつに、「逸材を札束で」とでも呼べるものがある。NFLのワシントン・レッドスキンズのオーナーだったジャック・ケント・クックは、ヘッドコーチとして雇ったジョージ・アレンについて、「私が糸目を付けずに金を出したら、ジョージが無駄遣いした」と語っている（訳註　アレンがヘッドコーチだった時代、レッドスキンズはプレーオフには何度も進出したが、スーパーボウルを制することはなかった）。

ニューヨーク・ヤンキースのオーナーだったジョージ・スタインブレナーは、最高のプロに最高額を出せば最強のチームができるという考えを固く信じていた。ニューヨーク・ヤンキースの二〇〇六年の年俸総額は二億ドルを上回った。しかし、チームはプレーオフには進出したものの、一回戦にあたる地区シリーズでデトロイト・タイガースに敗れ去り、タイガースファンのみならず、私のような筋金入りのアンチヤンキースも歓喜の声を上げた。

この真逆《まぎやく》を行くアルゴリズムもある。「金額÷過去に達成された望ましい結果」を最小化するように選手を集めると(「年俸÷前シーズンのホームラン数」を指標に中軸打者を獲得するなど)限られた予算で良い結果が得られるというものだ。「マネーボール」の名で知られるこのアプローチを考案したのは、オークランド・アスレチックスのゼネラルマネージャーであるビリー・ビーンで、彼が作り上げたチームは数シーズンにわたって特筆すべき成績を上げたが、年俸総額はかなり低く抑えられていた。ビーンの信奉者のひとりがポール・デポデスタで、彼は私がこよなく愛するロサンゼルス・ドジャース(実は私はシカゴ・カブスのファンで、ドジャースをこよなく愛しているのは妻なのだが、妻が喜ぶなら夫は満足だ)のゼネラルマネージャーに就任すると、マネーボール哲学でチームを低迷させた。デポデスタはあっという間に解任され、後釜には野球ビジネスの経験豊富なニック・コレッティが座り、それ以降の四年でドジャースはプレーオフに二回進出している。

以上の例はプロスポーツの世界の話だが、どのような組織でも目指すところは似たようなものだろう。プロスポーツの世界で組織を成功に導く魔法の方程式が見つかったら、経営の専門家がその式を研究すること請け合いだ。目的はほかの企業に導入するため。そして今日はドジャース、明日はマイクロソフトと売り込みに走るのである。

この話の教訓は何か？　後で徹底的に検証するが、「問題があまりに複雑だと完璧な解き方がない」といったところだろうか。

プロの数学者でもないかぎり、バーチ＝スウィナートン＝ダイアー予想の解法を考案するのは無理だが、それなりにできる人ならスケジューリングアルゴリズムをいろいろ思いつくだろう。挑戦してみたくなっただろうか？　数学の問題のいいところは、紙と鉛筆と時間しか要らないことだ。ただし、この問題は数世代にわたる数学者による最大限の努力を退けてきたことをお忘れなく。

数学と科学は、過去に大きな未解決問題のとば口に立ったことがある。数学者は、二〇〇〇年にわたるたゆまぬ努力の末、一六世紀に四次以下の多項式の解を発見し、その次は五次多項式の一般解が当代一の代数学者の目標になった。物理学者も二〇世紀初頭に、紫外発散――熱平衡状態にある完全な黒体が無限大のエネルギーを放射するというパラドクシカルな予想――を解決しようと意気込んだ。

比較的最近になるが、社会科学者の前にも同じくらい難解な問題が立ちはだかった。ドイツ、イタリア、日本を抑圧した独裁政治が第二次大戦によって打破され、民主主義が世界に広まるなか、当時の社会科学者はその二世紀前から続けられていた探求に熱意を燃やした。その探求こそ、個人の票から社会の意志を決める理想的な方法を探すことだった。

こうした努力から、互いに関連性のある劇的な発見が導かれた――私たちには知りえないこと、できないこと、達成できない目標があるという発見である。もしかすると、どこかの数学者がスケジュールを作る完璧な方法がないことを発見し、クレイ数学研究所のミレニアム賞をさらっていくかもしれない。そうなったら、整備工場に電話して、車はあがったかと訊いてまだだと言われても、私たちは諦めるしかなくなるのである。

第１部　宇宙の記述

第1章　万物の尺度

わずか一字の違い

プラトンに言わせると、プロタゴラスこそ最初の「ソフィスト」、すなわち徳の教師だ（徳はギリシャ哲学者を大きく魅了した主題だった）。プロタゴラスの最も有名な言葉は「人間は万物の尺度である。あるものについてはあるということの、あらぬものについてはあらぬということの」[1]（『ソフィスト列伝』ジルベール・ロメイエ＝デルベ著、神崎繁、小野木芳伸訳、白水社より引用）というものだ。この後半部分をもってプロタゴラスは最初の相対主義者とされているが、私には前半部分のほうに意識が向く。というのも、私はプロタゴラスがわずか一字の差で間違っていると思っているからだ。物事には尺度がある。これは根源的な性質と言える。それに対し、人間は万物の尺度（measure）ではない。万物の測定者（measurer）である。

測定は人類の偉業のひとつに数えられる。言語と道具の発明は、文明の存在をもたらした最初の立役者かもしれないが、測定なしには文明はたいして進歩しなかっただろう。測ることと、その言わずもがなの前段階である数えることとは、人類による数学と科学への第一歩だった。プロタゴラスの言葉は今もなお、次のようなたいへん興味深い疑問を投げかける。すなわち、私たちはあるものをどのようにして測定するのか、そして私たちにはあらぬものを測定できるのか？

3と呼ばれているものとは？

大学の数学教師は、性格の異なる二つのタイプの講座を受け持つ。どちらかと言えば高度な内容を、数学の専門職に就いてそれをいずれ使うであろう学生に教えるタイプと、どちらかと言えば易しい内容を、この講座を取るか麻酔なしで歯を抜くかと訊かれたら後者を選びかねない学生に教えるタイプだ。後者のひとつに、ビジネススクールの必修になっている数学がある。この講座を取る学生のほとんどは、自分はいずれCEOになると思っており、数学にかんする質問に答えるというありそうもない状況に陥ったときは、数学の専門家でも雇って答えさせようと考えている。また、文学や歴史を専攻する学生向けの数学も後者に入る。この講座を受講するような学生の大半にとって、数の主な用途はラベルであり（「オレの靴のサイズは8」とか）、ラベルをもっと違うもの、たとえば有名人や都市の名前にすれば世の中はもっとうまく回ると思っている。自分のはサイズが8の靴だと言うより、エルヴィスの靴だとかデンバーの靴だとか言うほうが覚えやすいだろうというわけだ。笑うことなかれ、ホンダが売っているのはアコードやシビックであり、ホンダモデル1やホンダモデル2ではない。

幸いなことに（わが校では全教員がどちらかと言えば易しいタイプの講座をよく受け持つ）、二つめのタイプには、私がひいきにしている学生向けのものがある。その学生とは未来の小学校教師で、小学校教員養成課程の数学を二学期にわたって履修する。彼らには敬意を禁じえない。彼らが教師になろうとしているのは、子どもが大好きで、子どもたちの人生をよりよくしたいからだ。金《カネ》目当てということはまったくないし（たいして儲からない）、悩みと無縁でいたいからというわけでもない（彼らは往々にして、不適切な用具、無関心な上層部、敵意むきだしの親、政治家からメディアまであらゆる方面からの批判といったものと向き合い、不愉快きわまりない環境で教えることになる）。

小学校教員養成課程の数学を履修する学生はたいてい、講座初日は不安そうにする。数学が得意ということはあまりなく、数式を見るのも久しぶりだったりするからだ。私は、リラックスして臨んでくれればいい成績を収められると思っているので、講義の冒頭でアインシュタインの有名な言葉、「数学が苦手だからといって悩まないでください。私のほうがずっと苦手ですから」[2]を紹介し、次のような話をすることにしている。

私は半世紀近く数学を教えたり研究したりしてきたが、君たちの「3」にかんする知識は私のそれとほとんど変わらない。なにしろ「3」とは何かすら説明できないのだ。もちろん「三つのもの」なら、オレンジ三個やクッキー三個など、いくらでも挙げられるし、3を使った計算だって、2に3を足せば5になるとか、いくらでもできる。数学がなぜこれほど便利かというと、ひとつには「2に3を足すと5」という言明をいろいろ使い回せるからだ。二ドルのマフィンと三ドルのフラペチーノを買うのに五ドル（またはクレジットカードが）要るとわかるとか。いずれにしても、「3」とはポルノのようなもの——見ればそれとわかるが、きちんとした定義などできるはずがない。

多い、少ない、同じ

木《ツリー》とは何かを、あなたなら子どもにどう教えるだろうか？　まさか生物学上の木の定義から始めたりはしないだろう。とりあえず子どもを公園や森に連れて行き、これが木だと指さして教えるに違いない（都市部にお住まいなら、本やパソコンで写真を見せるのもいい）。「3《スリー》」の場合も同じだ。三枚のクッキーや三つの星など、三つのものの例を見せる。木を説明するなら、幹や枝や葉などの共通点を挙げるのではないだろうか。そして3を説明するなら、子どもに一対一の対応付けをやらせてみるとか。絵本の見開きの片側にクッキーが三個、反対側に星が三個描かれていて、子どもはクッキーをそれぞれ違う星と線で結ぶ。結び終わったとき、余っている星がなければ、クッキーと星とで数が同じだとわかる。星のほうがクッキーより多ければ星が余るし、星のほうがクッキーより少なければ、すべてのクッキーから線を引く前に星が足りなくなる。

一対一に対応付けることは、有限集合のひじょうに重要な性質も明らかにする。その性質とは、どのような有限集合もその真部分集合と一対一に対応付けできないことだ（真部分集合とは、元の集合の全部ではない一部の要素からなる集合）。たとえば、一七枚のクッキーは、それより少ない数のクッキーとは一対一に対応付けできない。

正の整数の集合

正の整数1、2、3……は数えることと計算することの基礎だ。多くの子どもが数えることとそのものを面白がり、そして遅かれ早かれ次の疑問にぶつかる。いちばん大きな数というものはあるのか？　その答えにはたいていひとりでたどり着く。いちばん大きな数だけクッキーがあったとしても、お母さんはもう一枚焼けるではないか。そのとおり、数（正の整数）がいくつあるかを示す数（正の整数）はない。では、正の整数がいくつあるかを示すのに使える何かをつくれないだろうか？

その何かはある。それは一九世紀の数学の偉大な発見のひとつであり、集合の「基数」と呼ばれている。集合が有限なら基数はいたって普通で、集合の要素の個数のことになる。有限集合の基数には、前の項で議論したとおり、二つの重要な性質がある。まず、同じ有限の基数を持つ任意の二つの集合は、互いに一対一に対応付けできる。子どもが三つの星を三枚のクッキーと線で結べるのとまさに同じことだ。次に、有限集合はそれより基数の小さい集合とは一対一に対応付けできず、特にそれ自身の真部分集合とは一対一に対応付けできない。子どもが最初に三枚のクッキーを持っていて、一枚食べたとしたら、残りの二枚のクッキーは最初の三枚のクッキーとは一対一に対応付けできない。

ヒルベルトのホテル

ところが、ドイツの数学者ダーフィト・ヒルベルトは、すべての整数からなる集合をその真部分集合と一対一に対応付けできることを示す、興味深い方法を考え出した。まず、客室が無限にあるホテルを想像する——客室番号はR1、R2、R3……。満室になっていたこのホテルに、無限人の宿泊客G1、G2、G3……が新たに到着して泊めてくれと言ってきた。こんな儲かるチャンスをみすみす逃したくないし、今いる宿泊客に少しくらいは面倒をかけてもかまわないと考えた支配人は、R1の客をR2へ、R2の客をR4へ、R3の客をR6へ、という具合に移した。宿泊客に、今の番号の客室からその二倍の番号の客室に変わってもらったのである。このプロセスが終わると、偶数番のすべての客室が満室になり、奇数番のすべての客室が空室になった。そこで支配人は、G1を空いたR1に、G2を空いたR3に、G3を空いたR5に……というふうに割り振った。地球上のどのホテルとも違って、ヒルベルトのホテルが満室のサインを灯すことはない。

このように、客をN号室から$2N$号室に移すことで、正の整数と正の偶数とのあいだで一対一対応をつくることができた。正の整数が一つ残らず正の偶数と、そして正の偶数が一つ残らず正の整数と、$N \leftrightarrow 2N$の関係で対応付けされており、どの正の整数もほかとは違う正の偶数と一対一対応になっている。私たちは無限集合（正の整数）をその真部分集合（正の偶数）と一対一に対応付けた。このことを通じて、無限集合が有限集合と大きく違っていることがわかる。無限集合はその真部分集合と一対一に対応付けできるが、有限集合ではそれができないのである。

ポンジルベニア

無限集合が絡むと、ありとあらゆるおかしな状況が発生する。チャールズ・ポンジーという二〇世紀前半の米国の詐欺師が考え出した、高利回りを約束して出資者を募る仕組み（今では「ポンジースキーム」などと呼ばれている）がある。このポンジースキームはきわめて悪質なものだ（よって違法。米国ではネズミ講クラブなどの新しいバージョンがときおり大発生する）[3]。ポンジーは、前からの出資者に後からの出資者の資金を分配金としてまわして、自分の出資者が儲かっているように印象づけた——少なくとも前からの出資者については。出資したばかりの者は貧乏くじを引かされる。というのも、新たな出資者が見つからない限り、この方式では出資者に利益を払い続けられないからだ。さらに、新たな出資者はいずれ尽きる。普通はそうなるが、ポンジルベニアでは違う。

まだポンジルベニア暦ではBP（ポンジー前《ぜん》）に属する年のこと、人口密集国であるポンジルベニアは多額の負債に苦しんでいた。ヒルベルトのホテルの客室と同様、国民の数は無限大だった――ここでは彼らをI1、I2、I3……と呼ぶことにする。10で割り切れる番号の国民（I10、I20……）には一ドルの純資産があり、それ以外の全員には一ドルの負債があった。したがって、I1～I10の総資産額はマイナス九ドルで、I11～I20についても、I21～I30についても、どこまでいってもそうだ。番号が連続する一〇人によるどのグループも、総資産額はマイナスだった。

心配ご無用、必要なのは賢い資産の並べ方。というわけで、チャールズ・ポンジーが登場する。彼は米国では犯罪者だが、ポンジルベニアでは国の英雄だ。彼はI10から一ドルとI20から一ドルを集めてI1に渡し、I1の純資産を一ドルにする。次に、I30から一ドルとI40から一ドルを集めてI2に渡し、I2の純資産を一ドルにする。その次は、I50から一ドルとI60から一ドルを集めてI3に渡し、I3の純資産を一ドルにする。そうしてI10の番になったら、I10はその時点では資産ゼロだから（最初は一ドル持っていたが、すでにI1に渡っている）、ポンジーは次のまだ手つかずの一ドル所有者から一ドルを集めてそれを渡す。このプロセスを、全国民を対象に繰り返す。すると、終わったときには全国民が一ドル持っているのだ！

全国民に一ドルの資産を与えたくらいでは国の英雄にはなれない。そこでポンジーはその巧妙な財務計画の第二段階に突入する。国民誰もが一ドルを持っているので、ポンジーはI2、I4、I6、I8……から一ドルを集めてI1に渡す。するとI1は無限に裕福になって海辺のヴィラに隠居する。そして、I3、I5、I7、I9……は一ドルずつ持っている。ポイントは、まだ無限にたくさんの国民がいて、その誰もが一ドルを持っていることだ。ポンジーは次に、一ドルをI3、I7、I11、I15……（一つおきの奇数番の国民）から集めてI2に渡す。するとI2も海辺のヴィラに隠居する。この時点でも、一ドルを持っている国民はまだ無限にいるので（I5、I9、I13……）、ポンジーは一ドルをI5、I13、I21……（そのまた一つおきの奇数番の国民）から集めてI3に渡す。これによってI3もやっぱり海辺のヴィラに隠居するが、一ドルを持っている国民はそれでもまだ無限にいる。第二段階が終わった時点で、国民誰もが海辺のヴィラで人生を満喫している。彼に敬意を表して国名を変えるわけである。

ポンジルベニアでポンジーが行なった知能的な解決法には無限級数の並べ替えが絡んでおり、一般にこれは数学を専攻する学生が実解析の講座で初めて習うトピックだ。本書では詳しく説明しないが、お金の集め方にいくつか問題があって、それらは無限算術と有限算術との演算の違いにかんする核心をついている。ポンジルベニアの総資産額を計算するのに、I1〜I10の資産額の合計（マイナス九ドル）とI11〜I20の資産額の合計（マイナス九ドル）と……という具合に足していった結果は、(I10＋I20＋I1)＋(I30＋I40＋I2)＋(I50＋I60＋

13)＋……＝(1＋1＋−1)＋(1＋1＋−1)＋(1＋1＋−1)＋……＝1＋1＋1＋……という具合に足していった結果とは異なっていた。二つの違うお金の集め方（計算方法）から異なる結果が得られるのだ。現実世界の簿記では資産をどう並べても総額は必ず同じになるが、ポンジルベニアの優秀な簿記係はどこかのおとぎ話のように藁から黄金を紡ぎ出せるのである。

ゲオルク・カントール（一八四五〜一九一八）

カントールが登場するまで、数学者は無限の性質を攻略できていなかった。というか、真剣に取り組んだことがなかった。カール・フリードリッヒ・ガウスのような大数学者さえ、無限は数学において確定的な数量を決して記述できず、言葉のあやにすぎないと断じている。ガウスが言わんとしたのは、無限はどこまでも大きい数を見ていくという形で検討はできるが、無限そのものを意味のある数学的実体とは見なせないということだ。

カントールは無限に興味を抱いたが、それは彼の変わった生い立ちから予想できたことかもしれない。彼はユダヤ教の家庭に生まれ、プロテスタントに改宗し、カトリックの女性と結婚している。また、家族には芸術の才能に恵まれた者が多く、名のあるオーケストラの団員を何人も輩出したほか、カントール本人が残した何枚かのデッサンからは、彼にも芸術の才能があったことがうかがえる。

カントールは、解析学の権威だったカール・テオドール・ヴィルヘルム・ワイエルシュトラスの指導のもとで数学の学位を取得し、初期の仕事をワイエルシュトラスの研究路線に沿って進めた。数学者としては一般的な方針だ。だが、無限の性質への興味に抗《あらが》えなくなり、カントールはこのトピックを熱心に研究するようになった。彼の仕事は数学界で大きな注目を集めたが、同時に大きな論争も巻き起こした。カントールの仕事はガウスの見解と真っ向から対立するものだった。というのも、無限を有限の場合と同じように確定的な数量として扱ったからである。

この見方をどうにも受け入れられなかった数学者のひとりが、才能に恵まれていたが独善的でもあったドイツの数学者レオポルト・クロネッカーだ。カントールがハレ大学という二流の大学に甘んじていたのに対し、クロネッカーは名門ベルリン大学の教授という地位を利用して影響力を行使した。クロネッカーは保守的な数学者で、無限にかんしてはガウスの言うことを信じて疑わず、カントールの仕事を手を尽くして貶《おとし》めた。それが効いて、カントールは何度となく鬱病や被害妄想の発作を起こし、晩年はほとんど精神病院で過ごした。病状は改善せず、カントールは自分の数学は神のお告げだと公言してみたり、ほかの興味に走って、シェークスピア作品を書いたのはフランシス・ベーコンだと世に示そうとしたりした。

にもかかわらず、カントールは入院と入院の合間に息を呑むほどあざやかな仕事を成し遂げ、数学研究の向かう先を変えている。悲しいかな、カントールはその生涯を、後半生のかなりの時間を過ごした精神病院で終えた。モーツァルトやゴッホの偉大さがはっきり理解されたのは彼らの死後だったが、カントールの仕事の場合もそうだった。ヒルベルトはカントールの偉業のひとつである超限算術を「数学的思考による最も驚くべき成果であり、純粋に知的な分野における人間活動の最も美しい具現のひとつ[4]」と評し、さらに「カントールが残してくれた楽園からわれわれを追放することは誰にもできない[5]」とまで言っている。ベルリン大学で教授の座に就いていたのがクロネッカーではなくヒルベルトだったら、カントールの人生はどうなっていたかと思わずにはいられない。

ヒルベルトのホテル――再び

カントールによる大きな発見のひとつは、正の整数より基数の大きい無限集合――正の整数と一対一に対応付けできない無限集合――の存在である。そんな集合の一例が、無限に長い名前を持つすべての人の集合だ。

無限に長い名前は文字A～Zと空白文字からなる並びで、それは正の整数ひとつひとつにアルファベット一文字または空白文字が割り振られたものに等しい。「Georg Cantor」といった人名は、ほとんどが空白文字だ。一文字めはG、二文字めはE、……、六文字めは空白文字、……、一二文字めはR、そして一三文字め、一四文字め、……（この場合の三点リーダーは同じ状況がどこまでも続くことを示す）はすべて空白文字である。「AAAAAAAA……」のような人名は、空白文字ではない文字だけで構成されており、この名前の文字は全部Aになっている。言うまでもなく、ヒルベルトのホテルの宿泊カードへの記入にたいそう時間がかかることになるが、その問題はここでは考えない。

無限に長い名前を持つ人の集合は、正の整数と一対一に対応付けできない。このことを確かめるため、一対一に対応付けできるものと仮定してみる。ならば、無限に長い名前を持つ人全員にヒルベルトのホテルの客室を割り振れるはずで、すでにその作業は終わっているとしよう。これから反証として、客室が割り振られていない無限に長い名前の人（「謎の客」と呼ぶ）がいることを示す。

反証するために、謎の客の名前を一文字ずつ決めていく。まず、客室R1の客の名前を見て、その名前の一文字めと違う文字を選ぶ。この「違う文字」が謎の客の名前の一文字めだ。次に、客室R2の客の名前を見て、その名前の二文字めと違う文字を選ぶ。この「違う文字」が謎の客の名前の二文字めになる。要するに、客室Rnの客の名前のn文字めを見て、それと「違う文字」を選んで謎の客の名前のn文字めにするわけだ。

こうしてできた名前から、謎の客には客室が本当に割り当てられていないことがわかる。謎の客はR1にはいない。謎の客の名前の一文字めはR1の客の名前の一文字めと違うからだ。謎の客はR2にもいない。謎の客の名前の二文字めはR2の客の名前の二文字めと違うからである。そして、これがどこまでも当てはまる。謎の客はヒルベルトのホテルのどの客室にもいない。よって先ほどの仮定は成り立たないことがわかり、無限に長い名前の人の集合は正の整数と一対一に対応付けできない、と証明されたことになる。

数学にかんする見事な帰結には、ピュタゴラスの定理のように発見者の名前が使われる。

研究に値する数学的対象には、「カントール集合」のように重要な貢献者の名前が付く。数学の優れた証明法にも不朽の名声が与えられ、先ほどの謎の客の名前の決め方は「カントールの対角線論法」として知られている（ホテルの宿泊客の名前を上から下へと並べた一覧をつくり、それぞれの名前の一文字めが一列めに、二文字めが二列めに、……となるよう名前を整列したとき、一行めの名前の一文字め、二行めの名前の二文字め、三行めの名前の三文字め、……を結ぶ線は、この一覧、すなわち大きさ無限大の正方形の対角線をなす）。実は、カントールはこの三冠を達成している数少ない数学者のひとりで、数学的対象と証明法だけでなく、その名が冠された定理もある。

連続体仮説

わりと簡単に見て取れると思うが、先ほどの証明法を使うと、0と1のあいだにある実数の集合も正の整数と違う基数を持っていることを示せる。0と1のあいだにある実数（これを「実数連続体」と呼ぶ）は、十進表記の場合、A〜Zの代わりに1〜9を用い、空白文字の代わりに0を用いた、無限に長い名前にほかならない。たとえば、1/4＝0.25000……である。カントールは基数の算術を考案し、正の整数の基数をアレフ0、実数連続体の基数を*c*と呼んだ。

カントールの対角線論法を用いると、ずいぶんいろいろなことを証明できる。カントールはそれを使って、有理数の集合の基数がアレフ0であること、そして代数的数（整数係数を持つ多項式の根であるすべての数）の集合の基数についても同様であることを示した。また、対角線論法は、「いちばん大きな（有限の）数というものは存在しない」という子どもの結論を、無限の場合についてに示すのにも使える。カントールは、有限集合であろうと無限集合であろうと任意の集合Sについて、Sのすべての部分集合からなる集合は集合Sと一対一に対応付けできず、したがってその基数も集合Sより大きいことを示した。つまり、いちばん大きな基数というものは存在しないのである。

隙間を埋める

レオポルト・クロネッカーは、カントールの人生を貶めようとしているとき以外は、才気溢れる数学者であり、数学絡みとしてはつとに有名な言葉、「神は整数を創り給えり。その他一切は人の仕業」[6]を残している。人類が最初に取り組んだ問題のひとつに、数直線上で整数どうしのあいだにある隙間を埋めるというものがあったが、それが一九世紀に、アレフ0とcのあいだに基数が存在するかという問題となって、数学者の前に再びその姿を現した。前項で紹介したように、有理数の集合や代数的数の集合など、数学者が真っ先に考えそうな集合については、その基数がアレフ0でもcでもないという証明はできなかった。カントールは、アレフ0でもcでもない基数は存在しない——実数連続体のどのような部分集合も基数はアレフ0か c である——という仮説を立てた。この予想はのちに連続体仮説と呼ばれるようになる。連続体仮説の証明または反証は、数学界の最優先事項のひとつだった。ダーフィト・ヒルベルトは二〇世紀初頭のある重要な数学会議において、みずからが選んだ有名な二三の問題のなかで連続体仮説を真っ先に挙げた。二〇世紀の数学者はこの二三の問題に立ち向かい、どれかひとつでも解決した数学者はその名を馳せることになった。

選択公理

数学の舞台に「選択公理」というものが登場したのは比較的最近のことだ。それどころか、カントールが登場するまでそんな公理が必要だとは誰も思っていなかった。選択公理は言うは易し。空《くう》でない集合からなる集合があったときに、それぞれの集合から要素をひとつずつ選び出すことができる、というものだ。実を言うと、私は初めてこの公理を見たときこう思った。「なんでこんな公理が要るんだ？　無限個の集合から何かを選び出すなんて、無尽蔵の予算で買い物をするようなもの。それぞれの店〔集合〕に行って、『これをくれ』というだけのことじゃないか」いずれにしても、選択公理についてはなにしろ論争が絶えない——公理というものにも争うべきことがありうるとすればの話だが。

論争の的になっているのが「選択」という言葉である。法律家に条文を厳正に解釈しようとするタイプと拡大解釈するタイプがいるように、こと「選択」という言葉の解釈となると、数学者にも選択公理を認めない構成主義者と認めるリベラル派がいる。選択とは能動的なプロセスであり、行なわれる選択（またはその選択を行なう手順）を具体的に示す必要があるのか、それとも、選択を行なうことができるという意味で（ヘンリー・キッシンジャーによる「私が属していた政権で誤ったことが行なわれた」[7]というコメントが思い出される）単なる存在の言明なのか、という話だ。あなたが選択方法をはっきりさせたい筋金入りの構成主義者だったとしても、正の整数の集合からなる集合であれば問題は起こらない――どの集合からも最小の整数を選べばいい。もっと言うと、集合の集合には選択関数（各集合に対する値がその集合で行なわれた選択になっている関数）を考えて問題が起こらないようなものがたくさんある。それに対し、実数直線の空でないすべての部分集合からなる集合を考えた場合、最も小さい数を選ぶ明確な方法がない。さらには、明確でない方法もない。誰もやったことがないし、数理論理学者の多くもできないと考えている。

「正の整数の集合」と「実数の集合」には大きな違いがある。正の整数からなる空でないどのような集合にも最小の正の整数が存在するのに対し、実数からなる空でない集合については、最小であることが明らかな実数がないことだ。最小の数があるなら、正の整数の集合の場合とまったく同じやり方で選択関数を見つけることができるはずで、単純に、空でない集合のなかから最小の実数を選べばいい。

お気づきかもしれないが、最小の要素が明らかにない実数の集合としては、すべての正の実数の集合などがある。これぞ最小という数を思いついたとしても、その集合の要素の半分はもっと小さい正の値を持っている。だが、「実数には普通とは違う順番の並べ方があって、その並び順なら実数からなる空でないどの集合にも最小の数がある」という可能性が絶対ないとは言い切れない。そんな並べ方があるなら、選択関数は先ほど定義したもの——各集合で最小の数——になるはずだ。実を言うと、このアイデアは「整列原理」の名で知られており、選択公理と論理的に同値である。

実数のすべての部分集合からなる集合の選択関数を探す、などと考えると頭痛がしてきそうなら、バートランド・ラッセルが考えた次のようなジレンマはどうだろう。無限足の靴に対して、それぞれの一足から片方を選ぶのは簡単だが（たとえば左足用を選ぶ）、無限足の靴下の場合は、それぞれの左右を区別する方法がないので、靴下のそれぞれ一足から片方を選択する方法を明確に記述することはできない。

数学者の大多数は選択の存在を想定するほうを好む。なにしろ、（ひょっとすると、どこかの抽象ネバーランドにおいて、私たちには示せない方法でなら）選択は存在すると考えて選択公理を受け入れると、おびただしい数の素晴らしい帰結が導かれるのだ。そのうちダントツに面白いのがバナッハ＝タルスキのパラドックスで[8]、これを説明して聞かせた相手は、数学者という人種はおかしいという印象を持つほどだ。なにせバナッハ＝タルスキの定理によると、三次元の球を有限個の断片に分割し、それらに回転や平行移動を施すと、元の二倍の半径を持つ球を作ることができるのだから。そんなことを言われたら、数万円出して小さな黄金の球を買って、退職して海辺のヴィラに引っ越せるほどの黄金になるまでバナッハ＝

タルスキして半径を倍にするという操作を繰り返したくなるかもしれないが、これについてはチャールズ・ポンジーさえあなたに手を貸せない。残念ながら、球を分割（現実の物理的なプロセスを表す「切断」などの言葉を使っていないことに注意されたい）して得られる断片は、「非可測《ひかそく》集合」と呼ばれる抽象ネバーランドにしか存在しない。非可測集合は、これまで誰も目にしたことがないし、今後も決してないだろう。目にすることができたなら、それは非可測集合でなくなるからだ。ともあれ、選択公理を受け入れると、どこかの抽象ネバーランドにそんな集合がいくらでも存在することになるのである。

矛盾のない公理系

ほかの数学者が同意するかどうかわからないが、私は公理系を出発点に推論するのが数学者、公理系について推論するのが数理論理学者だと考えている。ただ、数学者と数理論理学者は、矛盾する帰結が導かれうる公理系はよくない公理系だという点で意見が一致する。矛盾する帰結が導かれないような公理系は、無矛盾であると形容される。概して数学者は、無矛盾だと数学界が（まだ証明できていないかもしれないが）思っている公理系を使って仕事をし、数理論理学者は、公理系が無矛盾であることの証明を目標のひとつにしている。

幾何学にもいろいろあるように（ユークリッド幾何学、射影幾何学、球面幾何学、双曲幾何学など）、集合論にもいろいろある。最も幅広く研究されているのは、エルンスト・ツェルメロとアドルフ・フレンケルが提案した集合論で、二人が考案した公理系には選択公理を追加することが可能だ。[9] これが集合論の業界標準バージョンで、ZFC集合論と呼ばれている。ZとFは前出の二人、Cは選択《チョイス》公理のことである。数学者は略語がこの上なく好きだが、それは数学者のあいだでは、できるだけ少ない記号でできるだけ多くの意味を表すのが美しいとされているからで、ここでは連続体仮説もCHと略記しよう。

ヒルベルトの第一問題に対する初の重要な否定的見解は、一九四〇年にクルト・ゲーデルによって発表された（ゲーデルについてはのちの章で詳しく取り上げる）。彼はZFCの公理が無矛盾なら、追加公理としてCHを含めてより大きな公理系（ZFC＋CH）を作っても無矛盾であることを示した。

それまで連続体仮説は数学者の守備範囲だったのだが（アレフ0でもcでもない基数を持つ実数の集合を探すか、そのような集合が存在しえないことを証明しようとしていた）、この証明を機に数理論理学の領分へと移った。そして一九六〇年代前半、スタンフォード大学のポール・コーエンが二つの途方もない帰結を導き、数学界を震撼させた。彼はまず、ZFCが無矛盾なら、CHはその公理系のなかで決定不能であることを証明した。つまり、CHが正しいかどうかはZFCの論理と公理を使っても決定できないというのである。コーエンはまた、CHの否定（"¬CH"とする）をZFCに含めてできるZFC＋¬CHという公理系も無矛盾であることを示した。これをゲーデルによる前の仕事と考え合わせると、CHが真でも偽でも、おそらく無矛盾であろうZFCにCHを加えると、やはり無矛盾である理論ができあがると示されたことになる。数理論理学の言葉で言うと、CHはZFCと独立なのだ。この仕事はたいへん意義深いと見なされ、コーエン（二〇〇七年春に亡くなった）は一九六六年にフィールズ賞を受賞した。

これはつまり何が起こったのか？　「ある重要な仮説がそれまで普及していた公理系と独立だったと証明された」という状況の再来と捉えられよう。ユークリッド幾何学が研究の対象だった時代、平行線公準（与えられた直線l上にない一点を通るような、lと平行な直線が一本だけ引ける）がほかの公準と独立だということが明らかになった。標準的な平面幾何学は平行線公準を取り入れているが、平行線公準が成り立たない幾何学も存在するし、双曲幾何学では、直線l上にない点を通るようなlと平行な直線が少なくとも二本引ける。数理論理学者に言わせると、平面幾何学は平行線公準を取り入れたモデルであり、双曲幾何学は平行線公準の否定を取り入れたモデルである。

連続体——現状

現代の傑出した物理学者のひとり、ジョン・アーチボルト・ホイーラー（このあと、量子力学を扱う章で改めて紹介する）は、整数の離散構造と実数連続体の基本性質はどちらも物理学の営みにたいへん重要だと思っていたようで、物理学者の観点から次のように比較している。

熱と音、場と粒子、重力と時空幾何学を相手に何十年と戦いながら歩兵のごとく前進を続ける物理学者に対し、数学者は騎兵隊のごとく軽やかに先を走り、実数系の論理的根拠と考えられていたものをもたらした。しかし、量子との遭遇により、われわれは知識をビット単位で獲得していること、そして連続体はわれわれの手に永遠に届かないことを知った。それでもなお、連続体の概念は日々の仕事において、数学にとってそうであるように、物理学にとっても不可欠であり、それは今後も変わらないだろう。われわれはどちらの研究分野のいかなる取り組みにおいても、連続体を採って確固たる論理的正確さを捨てること、または正確さを採って連続体を捨てることができるが、ひとつの目的に両方の態度を同時に採ることはかなわない。[10]

ホイーラーは、現実に対する現状の量子論的な見方（ホイーラーの言う確固たる論理的正確さ）と連続体という便利だがありえない数学的理想化とのあいだに衝突を見ている。数学者は幸運だ。なにしろ、研究の目的が有用性なのか、それとも現実の大いなる記述なのかを決めなくていい。気にするのは面白そうかどうかだけである。

ＺＦＣ集合論の範囲内でＣＨを決定できないというコーエンの帰結を受けて、そしてＣＨがＺＦＣと独立だということを鑑みて、今後の研究という点ではどのような選択肢があるのだろうか？　ＺＦＣとＣＨにかんする問題は、公理的な枠組みとしてのＺＦＣに満足している数学者の領分からは基本的に取り除かれた。数理論理学者はというと、大半はこの問題のZFC部分に没頭しており、ほとんどの仕事は、CHを真とする集合論におけるほかの公理の構築にかんしてなされている。のちの世代の数学者は業界標準を変えることを決断し、ZFCからほかの系に乗り換えるかもしれない。

以上の話にいったいどのような価値があるのだろう？　数学の立場から見ると、二〇世紀における数学の発展によって、ヒルベルトの第一問題を解決することの重要性は消えてしまったが、実数連続体が基本的な数学的対象のひとつであることに変わりはない。ウイルスや恒星といった基本的な物体の構造にかんする知識を増やすことが、それぞれの分野で何より重要であるのとまったく同じように、連続体の構造にかんする知識を増やすことは何より重要だ。現実世界の立場から見ると、物理的な現実は離散的な構造（量子力学において）と連続体（それ以外において）をどちらも使っている。私たちは現実の究極の性質をまだ見抜いていないが、連続体にかんする知識が増えれば、現実の理解にかんして長足の進歩を遂げられるかもしれない。

もうひとつ、連続体を前提としたほうが、計算が往々にしてはるかに簡単になる。連続体を諦めると、たとえば円というものがありえなくなる。それは無数の点が中心から等距離にずらりと並んだだけのものになり、丸い池の周りを散策するにしても、2×π×池の半径で計算される円周に沿ってではなく、ある点とその隣の点を結ぶ線分の連なりに沿って歩くことになる。歩く距離の計算は骨の折れる仕事になるだろう。そのうえ結局、小数点以下気が遠くなるような桁まで$2\pi r$と同じだったということになるのだ。円は現実世界に存在しない連続体の理想形だが、円の実用的な価値、そして円を想定することによる計算の簡単化は、連続体と併せて諦めるにはあまりにもったいない。

最後に、異なる公理系を満たすモデルを探すと、現実世界の理解に役立つ驚くような帰結がもたらされることが多い。ユークリッド（エウクレイデス）の平行線公準が満たされないモデルを導く試みによって双曲幾何学が発展し、それはやがてアインシュタインの一般相対性理論という、大きなスケールにおける宇宙の構造と振る舞いにかんする最も正確な理論に採用された。双曲幾何学を築いたニコライ・イヴァーノヴィチ・ロバチェフスキーも述べているように、「いかなる数学分野も、それがどれほど抽象的であれ、現実世界の現象の記述に用いられる日を迎えずに終わることはない[11]」のである。

第2章　現実との整合性

パスカルの賭け

フランスの数学者・哲学者のブレーズ・パスカルは、哲学と確率を組み合わせた最初の人物だろう。パスカルは、神が存在しないかもしれないという可能性をあえて認めたうえで、理性ある者は神を信じるべきだと主張した。彼の議論の基盤となっていたのが期待値という確率の概念、すなわち賭けの長期的な儲けの額だ。神が存在するほうに賭けて勝った場合、見返りとして永遠の命が手に入る。神が存在する確率が低くても、こちらに賭けることによる見返りの平均のほうが、神が存在しなかった場合の見返りの平均よりはるかに勝るというわけだ。これと微妙に違うバージョンが、夜中に車の鍵をなくしたら街灯の下を探せというやつで、こちらは、鍵がそこに落ちている確率は低いかもしれないが、真っ暗なところでは見つかるはずがないという話である。

一九世紀の始まりとともに、当時の代表的な思索家の何人かが物理学と化学の成功に注目し、その考え方や帰結の一部を社会科学に応用しようとした。社会学――人間の社会的な振る舞いを研究する分野――の創始者のひとり、オーギュスト・コントもそうで、彼の実証主義哲学は『社会再組織に必要な科学的作業のプラン』という著作に要約されている。彼の哲学の一端は理論と観察との関係という観点から説明できて、コント自身はこう述べている。「いかなる理論も観察された事実を基にする必要があるということが真理であれば、事実は何らかの理論の指針なしには観察できないということも同様に真理である。かかる指針なしには、われわれの言う事実とは支離滅裂で無益なものであろう。また、われわれは事実を集めおくことができないであろうし、だいたいにおいて事実を事実と認識することすらできないであろう(1)」

天文学と数学に重要な業績を残した、サイモン・ニューカムという人物がいる。彼はコンピューターで――彼の時代、これは電子機器の名称ではなく職業名(計算者)だった――、天体の位置計算を改訂する計画を統括していた。彼はアルバート・マイケルソンによる光速の計算に協力したほか、チャンドラーウォブルという変わった名前の現象――地球の自転軸のふらつき――の計算精度向上にも貢献した。ニューカムの活動は自然科学にとどまらなかった。彼の『経済学原理』(一八八五)は、著名な経済学者ジョン・メイナード・ケインズから、「先入観のない科学者が、定説に基づく経済書を多読することによる悪影響なしに、経済のような発展途上の主題にかんして時としてもたらすことができる、独創的な仕事のひとつ」と評価されている。二〇世紀を代表する経済学者がこの褒めようだ。さまざまな業績その最後を飾るに相応《ふさわ》しく、ニューカムはアーリントン国立墓地に埋葬され、その葬儀にはタフト大統領が出席している。

言うまでもなく、コントもニューカムもその時代を代表する知識人のひとりなのだが、二人とも「(少なくとも公《おおやけ》に)しなければよかった予想」を募ったら史上トップ一〇〇に入りそうな予想をしたことでも知られている。コントは哲学にかんする著書のなかで決して知りえないことについて検証し、その一例として恒星の化学組成を挙げた。ところがその数年後、ロベルト・ブンゼンとグスタフ・キルヒホフが分光法を発明し、恒星が発する光のスペクトルを分析することでその化学組成を同定できるようになっている。ニューカムは動力飛行に興味を持っていたが、自分の計算——のちに間違いだったと判明——に基づいて、新たな推進方式とははるかに強靭な素材が開発されることなしに動力飛行は不可能という結論に達した。ところがその数年後、オーヴィルとウィルバーのライト兄弟が、木製の骨組みと制御用のワイヤーと内燃エンジンだけでできていると言ってもいい機体で動力飛行を成し遂げている。

ニールス・ボーアが茶化して言ったように、「予想は難しい——とくに未来のことは[3]」。わかりうることとわかりえないことの予想は数学においても難しいが、そうした予想にはごく一部の専門家にしかわからない研究が絡むことが多く、一般大衆のアンテナに引っかかることはまずない。それに対し、現実の世界で知りうることとやできることの限界にかんする予想は注目を集めがちだ。そして、恒星の化学組成は決して知りえないなどと予想しても、それが正しいと証明されるまでには極端に長い時間がかかる。そうした予想をすることは、勝ち目のない命題を立てるようなもの、パスカルの賭けで損なほうに賭けるようなものだ。やはり誤りだったということになりそうだし、正しいと証明される可能性はきわめて低い。

物理学者はつらいよ

物理学が収めている並外れた成功には感心せざるをえないが、その成功には数学が大きく貢献している。私は子どものころ、ある日のニューヨークタイムズ紙に、その日に起こる部分日食の詳細を見つけてずいぶん驚いたことがある。記事には食が始まる時刻、食が最大になる時刻、食が終わる時刻、さらには食の通り道の地図――米国で日食を見ることができる地域――が載っていた。アイザック・ニュートンが提案した片手に余る数の法則を、いくらかの数学的計算と組み合わせると、こうした現象をあれほどの精度で予測できる。これは今考えても驚嘆の極みであり、人類の知性による大勝利のひとつであることに疑いの余地はない。

物理学の偉大な理論はほとんどが科学的手法の成果だ。実験が行なわれ、データが集められ、そのデータを説明する数学的な枠組みとして定理が構築される。そして、予測が行なわれる。なされた予測が未観測の現象にかんするもので、その現象の存在がのちに確認されれば、その理論の有効性は大きく高まる。海王星の発見はニュートンの重力理論の重要性を高め、水星の近日点移動はアインシュタインの一般相対性理論の実証に貢献した。

物理学はときに応用数学の一分野に過ぎないと見られるが、これは物理学に対して大いに不公平だと思われる。物理学と数学の違いは、肖像画と、第二次大戦後のアメリカで全盛を迎えた抽象表現主義の絵画とでの画法の違いに通じるところがある。肖像画を描くよう依頼されたとしたら、仕上がりはモデルに似た絵でなければならないが、抽象表現主義にかんする私の限られた理解に基づいて言えば、カンバスの上に表現したいと感じたものは何でも抽象表現主義として認められる――少なくとも、抽象的すぎてそれが具体的に何であるかが誰にもわからなければ。数学のなかにも実用性の高い分野があることを思うと、この喩えは数学に対していくぶん不公平かもしれないが、あまりに難解で専門家にしかわからない分野も存在し、それらにはいかなる実用性もない。私は抽象表現主義をたいして理解していないばかりか、たいしていいとも思っていないのだが、もしかすると見方が変わるかもしれない。抽象表現主義の代表的な画家、ジャクソン・ポロックの絵が、近ごろ一億四〇〇〇万ドルほどで売れた。この喩えもそう的外れではなかったということか。というのも、きわめて抽象的ないくつかの数学分野にひじょうに大きな――そして予想だにされなかった――実用的価値が見つかることがあるからだ。一億四〇〇〇万ドルの実用的価値の大きさには文句のつけようがない。

物理学は並外れた成功を収めている。だが失敗も並外れている。

熱にかんする初期の理論のひとつにフロギストン説がある。それによると、可燃性のものすべてに、フロギストンという無色、無臭、重さゼロの、燃焼により遊離する物質が含まれている。フロギストンにかんしては、真に公理的な説を考え出した者は誰もいなかったと思われるが、いたとしても、アントワーヌ・ラボアジェが燃焼に酸素が要ることを示した時点で、フロギストン説はあっさり息の根を止められただろう。厳しい吟味に耐えられなかった――観測可能な現実と一致しなかった――ことを理由に、フロギストン説にかんする論文は一切書かれなくなったはずだ。これは、どれほど美しい物理学理論でも、醜く矛盾した事実と衝突した場合に避けられない運命である。そうなった理論に残された望みの綱は、新しい理論に取って代わられた後も特定の条件下で引き続き有効という状況が来るのを待つくらいしかない。いくつかの優れた理論はとても便利で、取って代わられた後も大きな価値を維持している。その一例がニュートンの重力理論で、地球の潮汐《ちょうせき》などの日常的な出来事の大多数を見事に的中させ続けている。ニュートンの重力理論はアインシュタインの相対性理論に取って代わられたが、幸いなことに、使うのがたいへん難しい相対性理論のツールを満潮や干潮の予測に使う必要はない。

数学者が現実との整合性を確認することはほとんどないが、例外はあって、ジョージ・セリグマンからこんな話を聞いた。セリグマンは私が学生だったころに代数学を受け持っていた教師のひとりで、彼の講義はずいぶん楽しかった。実数――前の章では実数連続体というかたちで取り上げた――は次数1の一種の代数系を成す。[4] 実数より馴染みが薄くなる複素数

（虚数 $i=\sqrt{-1}$ を使って構成される）は次数2の似たような構造を成し、四元数は次数4の、ケーリー数と呼ばれる数は次数8の構造を成す。セリグマンによると、二年ほどを費やして次数16の構造にかんする帰結を導き、さあ発表という段になったとき、そのような構造は存在せず、前出の四種類の構造しかないことを誰かが証明した。なんということか、そのとき権威ある《数学年報《アナルズ・オブ・マセマティクス》》に二篇の論文が掲載を求めて投稿され、片方は次数16の数学的対象の構造を概説しており、他方はそのような数学的対象が存在しないことを証明していたのだった。セリグマンからすると二年にわたる仕事が無に帰したわけだが、そんな挫折にもかかわらず、彼は長く実り多い研究生活を送った。

とはいえ、数学はたいてい、「何人の天使が針先で踊れるか」というような問題にかんして、なんとも弾力性に富んだ対応が可能だ。問題が未解決なら、踊る天使は特定の数だとする結論を導く論文や、天使の数に上下限を設ける論文を書ける。この問題に答えが出た暁《あかつき》には、間違っていた結論が解決につながる一段階と見なされる可能性があるし、答えのない問題だったと示された場合さえ、踊る天使の存在にかんする公理または非存在にかんする公理を追加してできる二つの公理系について調べるというのが、何の不都合もない合理的なアプローチだとされる。実はこのアプローチこそ、連続体仮説がツェルメロ＝フレンケル集合論の公理と独立であることを示すために採用されたものにほかならない。物理学者は、導いた結論が現実と一致する必要性を常に意識しており、まさに肖像写真家だ。それに対し、数学者は抽象表現主義者のごとく、どれだけの絵の具をどうカンバスに投げつけても、胸を張ってそれを芸術だと言える――「緒言」に登場したイギリスの数学者G・H・ハーディがそうしたように。

数学理論と物理学理論の違い

物理学と数学では「理論」という言葉の意味合いが違っており、私の手持ちの辞書はこの違いをうまく説明している。それによると、科学の理論とは、同じ範疇に属する現象の説明として用いられる首尾一貫した一般的な主張の総体であり、数学の理論とは、ひとつの主題にかんする原理、定理、またはそれに類するものの体系である。わが家の本棚には理論電磁気学と群論にかんする本がある。群論は私の専門ではないが、私はその議論を追うのにほとんど苦労しない。そこへいくと、学生時代、私の電磁気学の成績はDで(公平を期すと、あれは彼女というものが初めてできた学期のことであり、電磁気学の授業に対する注意力は疑いようもなくそらされていた)、私の退官後の目標のひとつは、あの理論電磁気学の本を最後まで読み通すことだ。今から暇を盗んで読み始めているのだが、読み進むのに今でもたいへん苦労している。問題は電磁気にかんする数学が難解なことではない。数学が物理現象の解釈、さらには物理現象についての感触と並置されていることである。

一般に、数学理論は吟味される対象の説明から入る。ユークリッド幾何学がその好例で、次の公理または公準から始まる。

1　任意の二点を直線で結べること。
2　任意の直線分を一直線状に無限に伸ばせること。
3　任意の直線分について、その線分を半径とし、その線分の端点のいずれかを中心とする円を描けること。
4　すべての直角が互いに等しいこと。
5　与えられた直線上に存在しない任意の点を通る、与えられた直線と平行な直線が一本だけ引けること。

定義されていない名詞があり（点、直線、など）、定義されていない動詞もあるが（結ぶ、無限に伸ばす、など）、言わんとすることは誰にもわかる。これらの公理を使うことに同意するという意味で受け入れると、ゲームが始まる。具体的には、そこを出発点に論理的な帰結を導く。これが数学者の仕事のすべてである。

理論電磁気学はクーロンの法則から始まる。この法則によると、二つの点電荷のあいだにかかる静電気力の大きさは、各電荷の大きさに比例し、電荷間の距離の二乗に反比例する。この法則はニュートンの万有引力の法則と似ている。ニュートンの万有引力の法則とは、二つの質点間の重力の大きさは、各物体の質量に比例し、距離の二乗に反比例する、というものだ。この理論が別物なのは、質量は本来的に正である一方で、電荷は正の場合も負の場合もあるからだ。クーロンの法則はどのような測定結果とも矛盾しないため、私たちはこの法則を出発点として受け入れている。ここでもやはり、ゲームはこの法則から論理的な帰結を導くことだ。ただし、物理学者の仕事がそれだけだと思ったら大間違いである。論理的な帰結が得られると実験が考案されるが、その目的は帰結の正しさ——数学で問題にされるのはここまで——を確かめるためではなく、帰結が観測結果と一致するかどうかを確かめるためだ。物理学の論理的帰結に対しては、こうした現実との整合性チェックが絶えず行なわれている。物理学理論の有効性とは、観測可能な現実とどれほど一致するかに応じたものだからである。

二つの理論が交わるとき

物理学者は大成功を収めている理論を二つ作り上げてきた。ひとつは一般相対性理論で、重力をひじょうによく説明しており、もうひとつは量子力学で、原子レベルや原子より小さいレベルにおける粒子の力学的・電磁気学的な振る舞いを（少なくとも、この二つの理論が何桁の精度で確かめられているかという意味で）さらにうまく説明している。問題は、一般相対性理論の影響が大きな物体の領域にしか現れないのに対し、量子力学の効果はとても、とても、本当にとても小さい世界でしか見られないことだ。物理学が対峙している唯一最重要の理論的課題が、この二つをどちらも包含する理論（一般に量子重力理論と呼ばれている）の構築だということでは、多くの物理学者の意見は一致している。現段階の候補はひも理論とループ量子重力理論だが、[5]白黒はっきりさせるのに役立つ現場が再現も発見もされてなく、勝者がなかなか決まらずにいる。たとえば、五つのブラックホールが一度に合体してひとつになった場合についてこの二つの理論が違う予想をしたとしても、そんな出来事が起こるまでには途方もなく長い時間を待つことになりかねない。

それに比べると、数学では理論をスムーズに組み合わせることができる。これに初めて成功したのはおそらくデカルトで、彼は著書『方法序説』に付録を書いて、解析幾何学の礎《いしずえ》を築いた。実用性の点では、解析幾何学についてデカルトが書いた数ページが、哲学にかんして彼が記した数々の著作を凌いでいる。解析幾何学によって、代数の精確な計算ツールを幾何学の問題に応用できるようになったからだ。以来、数学者は嬉々として、ある分野の結果を別の分野に応用している。トポロジー（位相幾何学）[6]と代数学は、見た目には共通点のなさそうな研究分野だが、曲面を研究したり分類したりするのにホモロジー群やホモトピー群（群の詳しい定義については第5章で扱う）といった代数学のツールを使うことで、トポロジーにかんする重要な帰結が得られているし、ある重要な代数的構造の代数的性質を導き出すのにその構造のトポロジー的な特徴を利用することで、同じく価値のある帰結が得られてもいる。

数学の魅力――少なくとも数学者にとって――のひとつとして、ある領域で得られた帰結を一見無関係な分野で使うと、えてして良い結果が得られることが挙げられる。私の最近の研究分野は不動点理論だ。不動点の好例といえば台風の目で、目の周囲は大荒れでも目の中ではそよ風も吹かない。多くの不動点問題が実解析と呼ばれる領域に分類されるのだが、私と同僚がある問題にかんして組み合わせ論――対象の数や並べ方を扱う数学分野――に大きく依存する解を発表したところ、それと時を同じくしてギリシャのある数学者が、やはり組み合わせ論を使って、だが私と同僚が採用したものとはまったく違う組み合わせ論分野を応用して、同じ問題を解いた論文を発表した。まだ実現していないが、いつの日か組み合わせ不動点論の学会が開かれても私は驚かない。

標準模型

私が高校や大学で物理を習ったころ、原子の描かれ方は、恒星の周りを惑星が回るように、陽子と中性子で構成される核の周りを電子が回っているというものだった（ただ、何人かの教師は、それが一〇〇パーセント正確な描写ではないとも言っていた）。力は四つあった――重力、電磁力、弱い力（放射性崩壊を司《つかさど》る）、そして強い力（核内陽子の正電荷による相互反発に打ち勝って核を一つにまとめる）である。ニュートリノやミューオンなどの粒子の存在は知られており、電磁力が電子のやりとりによる結果だということは理解されていたが、ほかの力の仕組みについては結論が出ていなかった。

それから半世紀、ほとんどの内容が補強され、標準模型[7]として統一された。今では、なんとも愛嬌のある命名法に従う三つの族の粒子があること、そしてどの力も各種粒子の相互交換を通じて伝わることがわかっている。だが、標準模型が決定打だったとしても、疑問はまだたくさんある。たとえば、「何が質量を生んでいるのか？」（本書執筆時点の最有力候補はヒッグス粒子と呼ばれるものだが、まだ誰も見たことはなく、次の世代の粒子加速器でなら言われ続けている）、そして「なぜ電磁力は重力より一〇の三九乗倍も強いのか？」

量子重力理論の心引かれる特徴のひとつは、この四つの力の統一が考慮されていることだ。三〇年ほど前、シェルダン・グラショウ、スティーヴン・ワインバーグ、アブダス・サラムが、ある理論[8]でノーベル賞を受賞した。この理論は電磁力と弱い力を電弱力として統一しているのだが、この統一はビッグバン直後に発生した超高温状態でのみ存在する。そして、多くの物理学者が正しいと認めている理論によると、想像を絶する高温下ではすべての力が一つにまとまっており、温度が下がるにつれて個々の力が分かれていく。混合液中のいくつかの成分が冷えるにつれて液から分離していくように。

そんな理論に私も出会いたいものである。しかし、それを少しでも理解できるようになるには、何十年という研究を要するに違いない。私が研究してきたどの数学分野とも間違いなく似ても似つかないだろうから。たいていの数学理論は、比較的少ない数の公理や定義を持つ、ひじょうに一般的な構造で始まる。代数もそうした構造のひとつだ。そのいい例がすべての多項式の集合で、多項式どうしの加算や減算や、定数倍や別の多項式との乗算といった演算を行なっても、結果はやはり多項式である。ただし、除算は許されない。整数割る整数が整数にならないことがある（5÷3など）のと同じで、多項式をほかの多項式で割って多項式にならないことがあるからだ。

代数の研究は、ほかの仮説を追加することで先へ進む。代数からはバナッハ環《かん》と呼ばれる分野が生まれ、そこから非可換《ひかかん》バナッハ環、さらにそこから非可換半単純バナッハ環が生まれた（追加された語句が、それぞれ追加された仮説を表している）。物理学ではこのやり方が通じないようで、理論の公理は絶えず再検討の対象になっている。そして、標準模型は演繹による結論というより、あくまで模型《モデル》だ。この仮説から得られる結論は、より性能の高い冷蔵庫を作るためではなく、標準模型の有効性を確かめるために使われるのである。

物理学の限界

概して前の世紀からだが、物理学はその限界に取り組むようになった。標準模型は粒子と力について論じているが、物理学のより現代的なアイデアのひとつによると、情報というものも粒子や力と肩を並べる基本的な概念だ。特に、物理学の限界にかんして発見されてきたことのほとんどが情報絡みと言える。

いくつかの限界は、私たちの必要とする情報に——それが本当に存在していても——アクセスできないという単純な原因によって生じている。ビッグバンの前に何が起こったかは——実際に何か起こっていたとしても——知りえない。情報が光速を超えて伝わることがないからである。また、「丘の向こう」に何があるかも知りえない。光が届くのにビッグバンからの今までより長くかかるほど遠い領域が宇宙にあって、その部分が光速より速く私たちから遠ざかっているとしたら、そこからの情報が私たちに届くことはありえないからだ。

別のいくつかの限界は、対象にかんして得られる情報の精度に原理的な限界があることから生じている。ハイゼンベルクの有名な不確定性原理によると、粒子の位置をより精確に突き止められるようになるほど、その粒子について知ることができる運動量（一般には「速度」と覚えられていることが多いが）の精度が落ちる。不確定性原理を初めとする量子力学による帰結（次の章で大きく取り上げる）は、人類知の歴史上、最も目を見張るとともに直観に反する帰結に数えられる。これらの限界は、私たちの予想する能力にも限界を課す。全知にかんするラプラスの有名な言葉は否定されるのだ。この宇宙は、万物がどうなっているかを私たちから隠すことで、万物がこれからどうなるかを私たちに知られないようにしているのである。

理論が相争うとき

二〇世紀の中頃、宇宙が広範なスケールにわたって時間的にも空間的にも不変に見えるという事実にかんし、それを説明する理論のおもだった候補が二つあった。ひとつは途方もない爆発によって宇宙が創世されたとするビッグバン理論[9]で、こちらが勝ちそうな雲行きだったが、定常宇宙論[10]という強力なライバルがいた。定常宇宙論の重要な仮定のひとつに、宇宙空間において一〇〇億年間に一立方メートル当たり一個の水素原子が無から創生されるというものがある。量的にはたいしたことではないが、これを仮定するには、物理学の土台をなす原理のひとつ、質量保存＝エネルギー保存の原理を諦めなければならない。しかしながら、科学的な原理を実験で確かめるにも限界がある。一九五〇年代に（そしてたぶん今でも）この帰結を退けられるだけの精度での測定は不可能だった。

物理学では、どのような仮説にも不確定性がついてまわる（この不確定性は不確定性原理とは無関係）。仮説を前にして私たちにできることは、何らかの帰結を導き、それを実験で確かめることなのだが、どのような実験にも精度に限界がある。一〇〇億年間に一立方メートル当たり一個の水素原子が創生されるところを観測するためといって、どこか一立方メートルを選んで一〇〇億年観測し続けるというわけにはいかない。それに、一立方メートルの宇宙空間を喜んでじっと観測する誰かまたは何かを見つけるのが大変だという以前に、選んだ一立方メートルで不運にも何も起こらない可能性がある。定常宇宙論が語っているのは当然のことながら平均であって、具体的な事象ではない。定常宇宙論はのちに争いに負けたが、その理由は原子の創生が観測されなかったからではなく、変わらない宇宙では宇宙マイクロ波背景放射がないはずだったからだ。この背景放射はビッグバン理論においてビッグバンの名残として予想されたもので、一九六〇年代にアーノ・ペンジアスとロバート・ウィルソンによって観測され、ビッグバン理論は文句なしの勝者になったのである。

物理学はしばしば、観測の代わりに統計的な手法に頼らざるをえない状況に直面する。たとえば、さまざまな理論が陽子の崩壊を予測しているが、実際の崩壊間隔が途方もなく長いことから、解決策として、陽子崩壊が何らかの頻度分布に従うと想定して大量の陽子を観察する。多くの物理学理論が、統計的な検証に基づいて認められたり誤りとされたりしている。社会科学の理論についても似たようなことが行なわれるが、社会科学の理論は九五パーセントの確度を基準に受け入れられたり退けられたりすることが多いのに対し、物理学の理論ではそれよりはるかに厳しい基準をクリアする必要がある。

それに対し、数学の理論にかんしてこのような攻防が繰り広げられることは決してなく、統計的な証拠をもって解決とされることはない。連続体仮説の真偽のような大問題の場合にそうだったように、問題の解決は数学にとって新たなプラスになる。確かに、数学界でも理論に流行《はや》り廃《すた》りはあるし、ある数学理論がそれより包括的な理論に取って代わられることもある。現実世界の現象にかんして競合する説明がある場合、数学は論争の解決に必要なツールをいくつか提供するかもしれないが、実験や測定の裏付けなしにはそうしたツールは事実上無益である。

第1部の最終章では、宇宙の小さなスケールの構造を最もよく記述する数学モデルが、離散構造と連続体のどちらであるかについて見ていく。どちらの理論も数学の観点から見ると等しく妥当なのだが、宇宙の記述ということになると、一方を採って他方を棄てざるをえないかもしれない。

華やかさvs実用性

相対性理論は二〇世紀物理学の最も華麗な帰結ではないだろうか。美しさと深遠さを兼ね備えており、アルベルト・アインシュタインを伝説の人物に仕立て上げた。この理論は物質とエネルギーが等価であることを示し、それに基づいて格段に破壊的な兵器が作られたり、米国外では広く使われているのに米国内では人気のないエネルギー技術が開発されたりしたが、これらを除くと、相対性理論には一般市民にどんな御利益《ごりやく》があっただろうか？

手短に答えると、「たいしてない」。相対性理論には重力も絡んでいて、かつて水車を回すのに使われていた重力は今では発電機を回すのに使われている。しかし、私たちの生活のエネルギー源は発電機で生み出された電気であり、発電機を回している水の重力落下ではない。相対性理論が世の中に与えたインパクトが大きかったことは間違いないが、電子や光子の物理現象の研究からもたらされたインパクトに比べると見劣りする。

電子や光子についてより深く理解しようという物理学分野が量子力学だ。アインシュタインを初めとして数多くの偉大な物理学者が量子力学に貢献しているが、アイザック・ニュートンのように頂点から蹴落とされた者はいない。いずれにせよ、量子力学は、おそらく物理学のほかのどの分野よりも日常生活を変えてきた（古典物理理論に属する電磁気学が強力な対抗馬と言えるかもしれないが）。量子力学は数々のテクノロジーを生み出してきただけではない。人類による現実の本質の理解に大きな変革をもたらしてきたし、大きく異議を唱えてもきた。

これは一体どういう意味か？

数学で最も重要とされる定理をピュタゴラスが証明して以来、概して数学には成し遂げようとしていることがはっきり見えていた。ピュタゴラスは知っていたし、古代エジプトの時代から知られていたことだが、三辺の長さがそれぞれ三、四、五のものなど、典型的な三角形のいくつかは直角三角形だった。ピュタゴラスは$3^2+4^2=5^2$であることに気づいてそれを一般化し、直角三角形では斜辺の二乗がほかの二辺の二乗の和と等しいことを示した。彼は自分が何を証明したいのかをわかっていたし、証明できたときには自分が何を手にしたのかがわかっていた。この定理の重要性を鑑み、彼は証明を祝って一〇〇頭の牛を丸焼きにするよう命じている。私はときどき学生にこのエピソードを紹介し、これは数学の定理の重要性を示す尺度になるという話をする。算術の基本定理（自然数は素数の積として一通りに表すことができる）、代数学の基本定理（実係数を持つあらゆるn次多項式はn個の複素根を持つ）、そして微積分学の基本定理（積分は逆微分を用いて求められる）はどれも牛六〇頭分の定理で、これらと肩を並べる定理はほかにないと私は思っている。

物理学では事情が違う――とくに量子力学では。物理学者も数学者も、興味深い新たな帰結を導こうとするなかで手にしているもので「遊ぶ」のだが、数学者は新たな帰結が得られてもその意味を心配する必要はほとんどない。それはそういうものであり、次の段階は、得られた帰結の応用を探すこと、または得られた帰結をもとにまた新たな帰結を導くこととなる。

一方、物理学者は得られた帰結が何を意味しているのか――その数学が現実世界の何を表しているのか――を考えなければならない。量子力学という分野はひじょうに豊かで奥深く、物理学者がその意味を議論することもう一世紀になろうとしている。この理論の創始者のひとりであるニールス・ボーアは、それをこんな言葉で見事に表現している。「量子力学に大きな衝撃を受けていないのなら、あなたにはまだそれが理解できていない(1)」

リチャード・アーレンズ

私が初となる教師の職をUCLAに得たのが一九六七年の秋、映画『メリー・ポピンズ』が公開された数年後だった。あの映画の助演には、メリー・ポピンズのおじであるアルバート役を演じたイギリスの老コメディアン、エド・ウィンが名を連ねている。私がUCLAに就職した年、数学科の古参にリチャード・アーレンズがいたのだが、彼の外見がまたエド・ウィンにそっくりだった。はげあがった頭を取り巻くように髪が生えていて、絶えず楽しそうな雰囲気を醸し出していた。

私は仕事絡みでアーレンズの論文をいくつか読む機会があったのだが、どの論文も読み応え満点だった。興味深くて予想外の帰結が盛り込まれており、どれも必ずといっていいほど興味深くて予想外の方法で証明されていた（数学では多くの帰結がとても有名な方法を使って証明されているため、証明を数行読み進んだところで「これは『カントールの対角線論法』だ」とかつぶやいて次の項まで読み飛ばせることが多い。ちなみに、「カントールの対角線論法」とは、無限に長い名前を持つすべての人の集合を正の整数と一対一に対応付けできないことを示すのに使ったあれだ）。

アーレンズはその堂々たる研究生活のある段階で、数学者は量子力学に目を向けることが必要だと考え、数年かけてそれを実践した。のちにそのことについて彼に水を向けると、必死に勉強したが基本的に収穫はゼロだったという答えが返ってきた。リチャード・アーレンズの「収穫ゼロ」は彼以外にとってはずいぶんな収穫だったと察せられるが、とにかく量子力学は深くて複雑だということだ。

何か質問は?

私は長年にわたり、カリフォルニア州立大学ロングビーチ校数学科の大学院生アドバイザーを務めた。アメリカの大学には、認定された大学院生に易しい部類の講座を受け持たせることで金銭的な支援を行なう、ティーチング・アソシエートという制度があるのだが、彼らを管理するのも私の仕事のひとつだった。新年度が始まるたび、私は教えるのに役立ちそうなアドバイスと思われることをまとめて、簡単な話をすることにしていた。テーマのひとつは難しい質問への対処だ。学生はときとしてその場では答えられないような質問をしてくる。私にはそういう経験があるし、数学の教師ならほとんど誰でも経験していると思う。そんなときは、「それはとても面白い質問だね。こちらの宿題にして後で答えるということでいいかな」などと応じるといい。そうすることで、質問者と質問の両方を尊重することになるし、教員の基本的な使命のひとつ——質問にできる限り答える——を守ることにもなる。なにしろ、正しい答えに簡単にたどりつかないことがあるし、後で正しい答えを得るほうがその場で間違った答えを出すより重要だ。

私は本書の読者に——特にこの章にかんして——同じアドバイスを贈りたいのだが、実はときどき答えがわかっていない話題が出てくる。物理学の最高の頭脳をしてわかっていないのだから、私にわかろうはずもない。なので、読者にはその辺を大目に見ていただきたい。現実の本質と知りうることの限界について量子力学が示してきたことには、人を惹きつけてやまない魅力がある。だが、この一大長篇の最終稿が書き記される状況にはほど遠いし、もしかすると書き記されることはないのかもしれない。それでもなお、現実と知りうることの限界とにかんして人類が量子力学を通じて学んできたことは、文句なしに面白く、魅力に溢れており、これを本書で取り上げないわけにはいかない。

マックス・プランクと量子仮説

一九世紀末が近づくにつれ、世界中の物理学者が自分たちの時代が終わろうとしていると感じ始めていた。ある物理学者などは、物理学の未来は宇宙の物理定数（光速など）の精度をどこまでも高めるといったつまらない仕事になると思い、自分の学生にほかの道へ進むよう勧めている。

それでも、まだ決着のついていない、（一見すると）あまり重要でなさそうな問題がないことはなかった。そんな未解決問題のひとつに、物体の放射にかんするものがあった。鍛冶場で鉄を熱すると、最初のうちは暗赤色に光るが、それがどんどん明るい赤になり、やがて白く光るようになる。言い換えると、色の変化と温度の変化に一定の関係があるのである。従来の物理学はこの現象を説明できずにいた。それどころか、当時有力だったレイリー＝ジーンズ理論によると、黒体と呼ばれる理想物体から放射されるエネルギーは、光の波長が短くなるにつれて無限に大きくなると予想されていた。波長の短い光は紫外域に当たることから、レイリー＝ジーンズ理論が黒体の放射エネルギーとして有限値を予測できないことは、「紫外発散」(2)として知られるようになった。

科学理論が障害にぶつかったとき、いくつか違った成り行きが考えられる。まず、その理論が障害を乗り越えることがあり、これはその理論に新たな展開が見られるとよく起こる。また、その理論はいくらか改訂されることがある。ソフトウェアと同じように、理論の初期バージョンは微調整を要することが多いのである。そしてもうひとつ、どのような科学理論も限られた数の現象しか説明できないために、また新たな理論を考える必要に迫られることがある。

レイリー＝ジーンズ理論は、エネルギーはあらゆる周波数で放射されうるという実に常識的なことを前提にしていた。これを車のスピードに喩えると、理論上の限界までどのようなスピードでも出せることに相当する。たとえば、時速一〇〇キロが上限なら、時速三〇キロや、四〇キロや、五六・四二八一キロなら出せるはずである。しかし、このいくつか数を挙げるという行為はある意味人を欺く。この三つはどれも有理数だからだ。先に見たように、一〇〇より小さい実数は数え切れないほどある。

一九〇〇年のある日、ドイツの物理学者マックス・プランクは、紫外発散を回避しようとあれこれ考えるうち、突飛な前提を思いついた。エネルギーがあらゆる周波数で放射されうるとする代わりに、可能な周波数は有限個しかなく、そのどれもがある最小周波数の倍数だと仮定したのだ。車のスピードで言うなら、たとえば五の倍数のスピード――時速二五キロや四〇キロなど――しか出せないというようなことに当たる。プランクはほとんどすぐさま、この直観に反する仮説によってあのジレンマが解消され、この仮定に基づいて得られた放射曲線が実験で得られた曲線と一致することを示すことができた。その日、昼食後に幼い息子と散歩していたとき、プランクはこう言った。「お父さんは今日、ニュートンが得た考えと同じくらい革命的で偉大な概念を思いついたよ」[3]（『人間の進歩』岡喜一・道家達将訳、法政大学出版局より引用）

だが同業者はすぐにはそう思わなかった。プランクは評判の高い物理学者だったが、量子――エネルギーがとびとびの形で存在する――というアイデアは、最初はあまり真剣に取り合われなかった。それは紫外発散を解消するための数学的なトリックのようなものであり、発散を解消できたのは現実世界が従っていないルールを使ったからだと見なされたのである。アイザック・ニュートンが自然現象の記述に不可欠な要素として数学を取り入れて以来、理論家が紙と鉛筆を手に腰を据えて数学的な帰結を導くほうが、実験家がうまくいく実験を考案して実行に移すより概してたやすくなっている。そのため、数学は現象を記述するための便利な言語でしかなく、現象の本質に迫る直観的な洞察をもたらすものではない、と往々にして考えられていたのだった。

プランクのアイデアは五年ほど日の目を見なかったが、一九〇五年にアインシュタインがそれを使って光電効果を説明し、その八年後にはニールス・ボーアもそれを使って水素原子のスペクトルを説明した。あの日から二〇年も経たないうちに、プランクはノーベル賞を受賞した。そして、量子力学は物理学の基本理論のひとつとなり、原子の世界の振る舞いを説明するとともに、今日《こんにち》のハイテク産業の多くを可能にした。

ナチが台頭すると、ドイツの科学は深刻な痛手を被《こうむ》った。屈指の科学者の多くが、自分がユダヤ人であるか親戚にユダヤ人がいることを理由に国を逃げ出し、そうでない科学者も多数、ナチ政権を嫌って祖国を去った。プランクはナチを遺憾に思っていながらドイツに残ることにしたのだが、それが悲劇の決断となる。一九四五年、プランクの次男が処刑された。前年の七月二〇日に、数名のドイツ軍高官がヒトラーを暗殺しようとして失敗したのだが、その計画に荷担したとされたのだった。

量子革命は続く

マックス・プランクの革命的なアイデアは、紫外発散を解消する以上の成果をもたらした。科学において思いも寄らない世界への扉が開けた瞬間は、このほかには一度しかあるまい。アントニ・ファン・レーウェンフックが原始的な顕微鏡で水滴を観察し、その存在を想像されたこともなければ目撃されたこともなかった数々の生命形態を発見したときくらいのものだろう。

量子革命は私たちの世界を変えた——技術的に、科学的に、そして哲学的に。まず、一九三〇年代以降に開発された驚異の技術——コンピューター、医療用スキャナー、レーザーなど、ICチップが搭載されているものは何でも——は、原子より小さい世界の振る舞いを理解するために量子論を取り入れたことによる成果である。また、量子力学は、それが着想される以前に存在しなかった科学分野を誕生させたうえ、化学や物理などの古くからあるいくつか学問の質を大幅に向上させた。そして、量子力学に基づく発見はあまりに深遠で、私たちは思わず現実の本質に思いを馳せてしまう。これは何千年ものあいだ、激しい哲学的議論になってきたトピックだ。

量子力学を扱う本はそれ専用の図書館を建てられそうなほどあるので、本書ではなかでもとりわけ戸惑いを与える話題である「波と粒子の二重性」、「不確定性原理」、「量子の絡み合い」の三つを取り上げよう。

光は波か粒子か？

論争の規模の点でも、論争が続いた期間の点でも、「光とは何か？」を凌ぐ科学上の疑問はあるまい。古代ギリシャの哲学者も中世の哲学者も等しく悩み、光を物質だとする理論と、光は波であり周囲の媒体の振動だとする理論とのあいだを揺れ動いた。ほぼ二〇〇〇年ほどして、アイザック・ニュートンがこの議論に加わった。ニュートンは、数学や力学や重力のことで忙しくないときに、時間を見つけて光学という分野を生み出した。ニュートンも光の性質については同じように悩んだが、最終的には物質だとする考えに賛同した。

物質の性質はいいとして、波の性質にはたとえばどんなものがあるだろうか？　波ならどれも同じように振る舞うとは限らない。波の最たる例である音は角を回り込むが、光は回り込むようには見えない。これまた波であることが明らかな水の波は互いに干渉する。二つの水の波が衝突すると、波は元の波より強まるか弱まる。両方の波の山が互いに強めあうところでは強まり、片方の波の山が他方の波の谷と重なるところでは弱まるわけだ。

著名な物理学者のクリスティアン・ホイヘンス（一六二九〜一六九五）が光は波動的な現象だという見方を強硬に推していたものの、ニュートンがほとんど万人から崇められる存在だったため、光を波とする理論は一世紀以上も実証も反証もほとんどされなかった。そこへ決定的な実験をついに行なうことになるのがトーマス・ヤングだ。ヤングは二歳にして文字を読み、成人するまでに一二の言語を話せるようになった神童だった。ほかにも、裕福な家庭に生まれるなど、いくつかの面で幸運に恵まれていた。

トーマス・ヤングは博識家で、その業績はさまざまな科学分野にわたっているほか、科学以外にもある。彼は物性論に大きな貢献があり、「ヤング率」は物質の弾性の記述に今でも使われる基本パラメーターだ。ヤングはエジプト学者としても有名で、エジプトのヒエログリフ解読を前進させた最初の人物でもある。

ケンブリッジ大学で優れた成績を収めたヤングは、医学を学ぶ決断をする。ヤングは眼の病気や症状に強い興味を抱いた。彼は、あらゆる色を見るためには赤、緑、青さえ見えればいいと看破し、色覚にかんする理論を打ち立てた。さらに、まだ医学部の学生だったうちに、焦点を合わせるときに眼の形が変わる仕組みを発見した。その後まもなく、乱視の原因を、角膜の湾曲が不規則になることによる視覚のぼやけだと正しく診断している。

眼に対する興味が、色覚や光の性質の研究を始めることへとつながった。そして一八〇二年、ヤングは光が波動現象であることを文句なく示す実験を行なうことになる。

二重スリットの実験

粒子と波では、スリットを通るときの振る舞いが違う。沖から浜へと向かう波が、狭い隙間が一ヵ所空いている防波堤にぶつかるところをイメージしてみよう。波はその隙間から同心円状に拡がっていく。狭い隙間が二ヵ所、ある程度近い位置に空いていた場合、波はそれぞれの隙間から同心円状に拡がるが、どちらの波も他方からの波と相互作用（専門用語では「干渉」）する。片方からの波の山（波が最も高いところ）が他方からの波の山と出会うと山どうしが強めあい、片方からの波の山が他方からの波の谷（波が最も低いところ）と出会うと互いに打ち消しあって、山と谷が出会った位置の波の高さが低くなる。

似たような配置の狭い隙間に粒子が出会うと、これとは異なる振る舞いをする。二枚の長方形のボール紙を互いに平行に立て、手前のほうに狭いスリットを一本入れてみる。スプレー絵の具の噴霧器で手前のボール紙を狙って絵の具を吹きつけると、奥のボール紙のスリットの真後ろに絵の具のしみが一つだけできる。ただし、しみの輪郭はぼやける。絵の具の粒子が中心から拡がって、中心から遠くなるほど絵の具が薄くなるからだ。今度は手前のボール紙にスリットを平行に二本入れ、それらを狙って絵の具を吹きつけると、奥のボール紙の二本のスリット両方の真後ろに先ほどと同じようなしみができる。

ヤングはこの違いを活かした実験を考案した。彼はボール紙に二本のスリットを平行に入れ、暗くした背景にスリットを通して光を当てた。すると、光の明るい帯と真っ暗な領域との繰り返しが観察された。これは波の干渉を示す典型的なサインだ。明るい帯は光の波の「最も高いところ」(山) どうしが出会ったところで起こり、暗い領域は片方の波の山が他方の波の谷と打ち消しあったところで起こったのである。

アインシュタインと光電効果

ヤングの二重スリットの実験は、光が波か粒子かという問題に決着をつけたかのように見えた。そこへ、アインシュタインが「奇跡の年」と言われる一九〇五年に自説を披露する。彼がこの年に書いた論文のひとつは、光電効果を説明するものだった。セレンのような光電性の物質に光が当たったとき、光の持つエネルギーが十分大きくて、物質の表面から電子が叩き出されることがある。このように光が電気を生むことが「光電」効果という名前の由来だ。

光の波動論の予想では、光が強くなるほど、放出される電子のエネルギーは大きくなるはずだった。しかし、フィリップ・レーナルトが一九〇二年の有名な実験で、そうはならず、放出される電子のエネルギーは光の強さと無関係であることを示した。どれほど強力な光源を持ってきても、放出される電子のエネルギーは同じだったのだ。レーナルトはまた、放出される電子のエネルギーは照射される光の色によって変わることも示した。波長の短い光を使ったときのほうが、波長の長い光を使ったときより、放出される電子のエネルギーが大きかったのである。レーナルトがこんな結果を得たのは、指導教官（とその興味の対象）が学生のキャリアに影響を及ぼすことがいかに多いか、ということの証左でもある。なぜなら、レーナルトのハイデルベルク大学での指導教官はローベルト・ブンゼン、すなわち、異なる色のすじとして識別できる光のパターンが元素の特徴を表していること、そしてそれを恒星の成分の同定に使えることを発見した人物だったからだ。レーナルトはみずからの優れた実験が評価されて一九〇五年にノーベル賞を受賞したが、この年、アインシュタインはレーナルトが発見した現象の背後にある理由を説明しようとしていた。

アインシュタインは光電効果を説明するのに、プランクが考えた量子というアイデアを持ち出した。アインシュタインは、光は粒子の集合（個々の粒子は「光子」と呼ばれている）として振る舞っており、光子ひとつひとつが光の周波数に応じたエネルギーを持っていると仮定した。光の波長が短いほど、含まれている光子のエネルギーが高くなる。バットのスイングスピードを速くするほど、より多くのエネルギーがボールに伝わる――ボールに当たればだが。短い波長（高エネルギー）の光子が、十分なエネルギーを持っていた電子に当たって、その電子を金属から叩き出した場合、その電子が持つエネルギーは、長い波長（低エネルギー）の光子に当たった電子の持つエネルギーより多くなる。言ってみれば、バリー・ボンズが力で持っていったホームランであり、「風の街」シカゴにあるカブスの本拠地リグレー・フィールドで、内野の守備固めが風で運んだホームランではない。

光電効果の説明により、アインシュタインは一九二一年にノーベル賞を受賞した。レーナルトが行なったような見事な実験はノーベル賞を得たが、アインシュタインが示したような偉大な説明はノーベル賞を得たばかりか、歴史をつくった。レーナルトはというと、アインシュタインに主役の座を奪われて不満を抱いたのか、自分が発見した光電効果の説明を自分で見つけられなかったこと（そして光電効果にかんして理論と実験の両面で君臨できたかもしれない機会を逃したこと）に腹を立てたのか、アインシュタインの相対性理論を「ユダヤ人の科学」とけなし、ナチの熱烈な支持者になっていった。

物質は波か粒子か？

学位論文が平均してどれくらい長いものなのかは見当もつかないが、分野によってまちまちに違いない。私のは七〇ページほどのタイプ原稿で、論文を三つ絞り出して専門誌に発表できた程度の成果が盛り込まれていた——三つとも長いこと忘れられているが。ほかの分野ならもっと長い学位論文があるにちがいない。もちろん数学にかんしても。

短いものもある。ずっと短いものも。一九二四年、ルイ・ド・ブロイは、なんとも短い学位論文を書き、そのなかで物質も波のような性質を持ちうるという斬新なアイデアを提示した。彼の学位論文の核は、粒子の波長（明らかに波の性質）と運動量（粒子の性質）のシンプルな関係を表す一つの式だった。一九二七年、それが実験的に確かめられ、ド・ブロイは一九二九年にノーベル賞を受賞する。

この特筆すべきアイデアの感じをつかむため、前出の噴霧器を調整して、絵の具の粒が一直線の方向に、それも限りなく少しずつ――数秒ごとに一粒ずつとか――飛び出すようにする。この噴霧器を二重スリットに向け、吹きつけを開始して気が遠くなるほど長い時間待ってから、スリットの向こう側を覗いて奥のボール紙の様子を確認する。誰も驚かないと思うが、結果は絵の具を一気に吹きつけたときと基本的に同じようなことになる。具体的には、二つのスリットの真後ろを中心に、輪郭のぼやけた二つのしみがつくのである。

これとまったく同じ実験を、絵の具の噴霧器の代わりに電子銃を使い、絵の具の粒の代わりに電子を発射すると（そして、電子が当たった画素を光らせて電子の衝突を記録する検出器を使うと）、奇妙で（おそらくド・ブロイ以外の人にとって）なんとも意外なことが起こる。輪郭のぼやけた二つの光のしみではなく、暗い部分と明るい部分が交互に現れるパターン――波の干渉の典型的なサイン――が現れるのだ。結論はほかにありえない。この条件下では、電子は波のように振る舞う。物質も光と同様に、ときには粒子のように振る舞い、ときには波のように振る舞うのである。

分かれる判定——ビームスプリッターを用いた実験

この分野では、興味深い実験の多くにビームスプリッターが用いられている。想像してみよう。ある光子が二塁打を放ち、野球のダイヤモンドのホームベースから走り出して二塁に滑り込む。ただし、この実験で光子は普通の経路——一塁をまわって二塁へ——と、野球ではアウトを宣告される経路——三塁をまわって二塁へ——のどちらからでも二塁へ行ける。いわば二重スリットの実験の現代版だ。前の実験と同じように、二塁後方に光子検出器があり、光子の衝突を記録する。光子が通る二つの経路は二塁で出会い、干渉が起これば検出される。ビームスプリッターは一塁まわりと三塁まわりという二つの経路のどちらかへ光子を送り出し、二つの経路はランダムかつ等確率に選ばれるとする。この別バージョンでも、二重スリットの実験の場合と同じように、光子検出器は干渉縞を検出する。光子は波として振る舞うのである。

では、実験を少し変えてみよう。光子検出器を一塁コーチスボックス（三塁コーチスボックスでもかまわないが）に追加する。ランナーが目の前を通過したことが——または通過しなかったことが——コーチに必ずわかるのと同じように、その光子検出器には光子が通ったかどうかがわかる。なんとこのことが、二塁後方に現れる光のパターンに劇的な影響を及ぼす。今度は二カ所に明るいしみが現れ、光子が粒子として振る舞っていることを示すのだ。

光子はどのようにして知るのか？

（光子検出器で）観測されると、光子は粒子として振る舞う。（光子検出器がなく）観測されないと、光子は波として振る舞う。どうにも奇妙である。観測されているかどうかを、光子はどうやって把握しているというのだ？　これは量子力学の核心にある謎のひとつで、さまざまに形を変えてひょっこりその姿を見せる。

もっと奇抜な話もある。一九七〇年代、ジョン・ホイーラーが、今では選択遅延実験として知られている巧妙な実験を提案した。光子検出器を「ホームベース」から離れたところ、たとえば一・二塁間の二塁寄りに置き、それにオン／オフスイッチを付ける。光子検出器がオンなら、光子は粒子として振る舞い、検出器がオフなら光子は波として振る舞う。実質的に前の二つの実験を合体させたものだ。

ここでホイーラーは、光子がホームベースを離れた後に、光子検出器のオン／オフを切り替えてはどうかと考えた。これが選択遅延実験と呼ばれているのは、検出器のオン／オフの決定が、光子が波と粒子のどちらとして振る舞うかを光子が選択した後になっているはずだということによる。可能性は二つありそうだ。光子の振る舞いは光子がホームベースを離れた瞬間に決まるか（だがその場合は、光子検出器のオン／オフをどのようにして知るのか？）、または光子検出器の最終状態によって決まるかである。後者の場合（実験の結果は断固こちらだった）、光子はホームベースを離れるとき、同時に両方の状態をとっているか、あいまいな状態をとっているかしており、光子検出器の脇を通って観測されていることに気づくか、観測されずに二塁にたどりつくかすると、状態が決まる。

前にも触れたように、量子現象の数学的記述には確率が用いられる。観測される前の電子は、空間内に決まった位置を持たない。電子の位置は確率波で定義され、その電子が空間内のある部分に存在する確率が与えられる。観測される前、その電子は至る所に存在する——そこにいる確率のほうがあそこにいる確率より高いというようなことはあるが。また、その電子はそこからあそこへと移動するのに、そこからあそこへの移動として考えられるあらゆる経路を通るのだ！　しかし、観測というプロセスが波動関数を「収縮」させるので、その電子は至る所に存在することができなくなり、代わりにどこか特定の場所に落ち着く。観測はさらに、その電子がそこからあそこまで考えられるあらゆる経路を通って移動する能力も奪い、代わりに可能な膨大な数の経路から一つを選ぶ。

ホイーラーは、量子力学がいかに直観に反しているかを、自然は壮大な選択遅延実験という形で実演できるとも考えた。何十億光年と離れたところにあるクエーサーを光源とし、地球とのあいだにある銀河を重力レンズとして使えば、ビームスプリッターを使った実験の代わりになるというのだ。これで光子は二つの異なる経路のどちらかを通って地球に到達できる。二つの経路は宇宙空間で焦点を絞られていて、経路の途中に光子検出器がなければ干渉パターンが見られるはずだし、光子検出器が置かれていれば光子は粒子のように振る舞うはずだ。直観に反することに、何十億年も前にクエーサーを出発したはずの光子が、波と粒子のどちらかとして振る舞うという「決断」を下しているように見えるはずなのである。この実験が実現した暁《あかつき》には、光子は観測されると粒子として振る舞い、されないと波として振る舞うという、同じ結論が得られることだろう。

確率波と観測――人間の場合の例

確率波という概念も観測によって確率波が収縮するというアイデアも不可解に思えるかもしれないが、米国のどの大学でも毎年似たようなことが繰り広げられている。新入生の多くは専攻未宣言の状態だ。学生らは、将来性が生化学にあるのか、経済にあるのか、ほかにあるのかわかりかねている。そこで、大学側が一般教養の方針として多くの分野の科目を取るよう仕向けていることもあり、学生はさまざまな科目を組み合わせて履修する。こうした学生は確率波のようなもので、まだ選択が行なわれていない彼らの専攻は、生化学や経済に限らず、あらゆる選択肢の確率が入り交じったものだ。

それがあるとき、学生は専攻を選択する必要に迫られる。たいていはアドバイザーに相談して、考えられる選択肢、各専攻の要件、各専攻から考えられるキャリアパス（まだ学生がそれを知らなかった場合）などを聞いて自分の選択を決める。この選択により確率波は収縮し、学生は専攻宣言済みの状態となる。

誰かがあなたを観測するまで

一九五〇年代のディーン・マーチンのヒットに、「誰かがあなたを愛するまで、あなたは誰でもない……」という歌詞の曲がある。量子力学では、誰かか何かがあなたを観測するまで、あなたはただの確率波だ。では、現実の宇宙では何をもって観測とされ、それはいつなされるのか？　物理学者のあいだで主流となっている見方によると、観測とは宇宙との相互作用である。現実というものに対する私たちの直観的な理解――物体は決まった状態と属性を持つ――は、量子力学が提示する世界と相容れない。量子力学の世界では、実体は確率的に混ざり合った状態と属性を持っており、宇宙と相互作用して初めて、最初は確率でしかなかった何かから物体が生まれるのである。

シュレーディンガーの猫

エルヴィン・シュレーディンガーは、量子の振る舞いの本質的な気味悪さをイメージするための、なんとも刺激的な方法を思いついた。彼は、猫と、毒ガス入りのビンと、一時間以内に崩壊する確率が五〇パーセントの放射性原子とが入った箱を考えた。放射性原子が崩壊すると、毒ガスを放つメカニズムが作動し、猫を殺す（シュレーディンガーは猫を飼っていなかったに違いない。それとも、飼っていた猫へのかわいさより憎さがまさっていたか）。

一時間経ったとき、猫の状態はいかに？[4]

この問題に対する従来の答えは、猫は死んでいるか生きているかのどちらかで、箱を開ければわかる、というものだ。一方、量子力学はこの問題に対し、猫は半分生きていて半分死んでおり（または生きても死んでもいない）、箱が開かれ、観測によって波動関数が収縮したときに答えが確定する、と答える。

半分生きていて半分死んでいる猫というのは直観に反するかもしれないが、これが量子力学による解釈だ。私たちには反論のしようがないではないか？　観測（猫を実際に見る必要はなく、結果を左右する放射性原子の状態にかんする情報が得られればいい）なしにどうやったらわかるというのだ？　姿をほとんど見ないご近所は、半分生きていて半分死んでいる状態であり、世間と何らかの形で相互作用して初めてその生死が決まるというのか？　二〇〇七年のことだが、ある男性がテレビの前でミイラ化した状態で発見された。死後一三ヵ月が経って（そのあいだテレビはつけっぱなしだった）ようやく、誰かが様子をうかがうことにしたのだった。

数値計算法として、量子力学は物理学でおそらく最も精確だろう。確認されている小数点以下の桁数は、米国の債務額の（一セント単位までの）桁数より多い。物理学者のなかには、物理学にできるのはここまで――コンピューターやMRIを作れるような計算ルールを与えるところまで――と思っている者がいる。だが、それよりずっと大勢の物理学者が、量子力学は現実について何か深遠で重要なことを語っていると思っている。とはいえ、現実とは何かについて物理学者のあいだでまだ意見の一致を見ていないし、彼らにできてないなら、物理学者ならぬ私たちには難しい。

量子消しゴム

光子や電子は確率波であり、観測されると実体になる、というアイデアは多くの実験のテーマにされてきた。わけても巧妙な類《たぐい》の実験が量子消去の実験で、マーラン・スカリーとカイ・ドリュールによって考案されたものが、二〇〇〇年に実現されている。野球バージョンの実験環境に戻ろう。光子がどちらかのコーチの脇を通るとき、コーチが（野球のコーチらしく）背中をたたいて識別ラベルを付け、光子のとった経路がわかるようにする。この場合、明らかに観測が行なわれるので、その光子は粒子として振る舞う。二塁後方の光子検出器に示されるパターンは、粒子の特徴であるおなじみの二つのしみだ。

ここで、ラベルの付いた光子が二塁に達しようというまさにそのとき、何らかの方法でラベルが剝がされるとする（光子を相手にラベルを貼る／剝がすというのも奇抜なことに思えるかもしれないが、方法はある。ただ、その詳細はここでの議論には重要でない）。これで、ラベルが貼られていた痕跡はなくなる。ラベルが消されたのだ（このため「量子消しゴム」の実験とも呼ばれている）。すると、光子が二塁へ達した経路を示す証拠がなくなり、干渉縞が再び現れる。

すごく変？　まったくもって。驚き？　ではない。これはスカリーとドリュールがまさに予想したとおりの結果だ。量子力学の教えを私たちはこう理解している。すなわち、光子や電子は確率波だが、宇宙と相互作用すると粒子になる。宇宙と相互作用したことを私たちが検出できない――これこそ量子消去で成功していること――なら、光子や電子は確率波なのだ、と。なぜこう振る舞うのか、ほかの振る舞い方はないのか、という疑問は、人類にその答えがわかりえない問題のうちに入っているのかもしれない。宇宙のありようを明らかにするだけでなく、なぜ宇宙のありようはこれだけなのか――それともほかにもありようがあるのか――を明らかにすることも、物理学の長期的な目標に数えられている。

私たちのテクノロジーはここまで来たと示すように、《サイエンティフィック・アメリカン》誌の二〇〇七年五月号のある記事に、量子消しゴムの作り方が載っている。(5) そう複雑な仕掛けには見えない。なのに、私が何か組み立てようとすると、いつも余る部品が出てくる（なぜメーカーは部品を正しい数で出荷してくれない？）。以前読んだ記事によると、原子爆弾第一号のテストを目前に控え、物理学者たちは爆発によって地球上の全生命を脅《おびや》かすような反応が起こりはしないかと心配したが、それはほぼありえないとする事前の計算を信じた。しかしそのとき、私が何かを組み立てようとするであろうことは計算に入っていなかったはずなので（当時の私は五歳）、家庭用量子消しゴム作りは工作が得意な方々におまかせしたい。

不確定性原理

数学には、幾何学のような視覚に大きく訴える分野や、代数学のような記号だらけの分野があるが、代数学の問題を幾何学的に見たり、幾何学の問題を代数学的に見たりすることで、多くの重要な帰結が得られている。そうは言っても、私たちにはたいてい物事の見方に好みがある。アインシュタインは自分の場合をきれいに言い表していて、晩年に語ったところによると、彼は物理を言葉で考えることがほとんどない。イメージが浮かんだのかもしれないし、概念どうしの関係が見えたのかもしれない。うらやましい能力である。私もイメージしながら考えることはあるが、そのイメージはほとんどと言っていいほどそれを説明する言葉から連想されたものだ。

二〇世紀に入って数十年、物理学が原子より小さい世界に深く分け入るにつれ、起こっている現象をイメージとして捉えるのが難しくなっていった。そのため、ヴェルナー・ハイゼンベルクを初めとする一部の物理学者は、原子より小さい世界を記号による表現だけで論じることを好んだ。

このややこしい問題に取り組んだハイゼンベルクは、第一次大戦末期のハイゼンベルクとはまるで別人である。当時の彼はローリング・ストーンズの曲名をもじって言えば「ストリート・ファイティング・マン」で、大戦が終結してドイツ政府が崩壊した後、ミュンヘンの街中で共産主義者との戦闘に参加していた。これは彼がまだ十代後半だった頃のことで、反抗期が過ぎると、彼は興味の対象を政治から物理学に移して才能を発揮し、ニールス・ボーアの助手のひとりになった。これを機に、ハイゼンベルクはボーアが考案した原子の「太陽系」モデルに徹底的に親しんだ。このモデルでは、惑星が太陽の周りを回るように、電子は核の周りを回ると描かれる。当時、ボーアのモデルは理論的に窮地に陥っていて、何人かの物理学者がそれを救おうとしていた。そのひとりが前にも出てきたエルヴィン・シュレーディンガーだ。シュレーディンガーによる解決法では、原子より小さい世界が粒子ではなく波でできていることが含意されていた。それに対し、ハイゼンベルクは違うアプローチを採り、既知の実験結果が得られるように操作できるような、複数の量をひとまとめにして扱う、数学の世界では行列と呼ばれていた表記システムを考案した（行列とは小さなスプレッドシートのようなもので、縦と横に列をなして数字が四角く並べてある）。シュレーディンガーとハイゼンベルクのどちらの方法も、ボーアの原子モデルより現象を数多く考慮しているという意味で機能した。それればかりか、この二つの理論は等価で同じ結果を違うアイデアで得ていたことがのちに証明されている。

一九二七年、ハイゼンベルクは、自分にノーベル賞をもたらすにとどまらず、哲学の展望を永遠に変えてしまうような発見をすることになる。前にも見たように、フランスの数学者ピエール・ラプラスは、宇宙に存在するあらゆる物体の位置と運動量がわかれば、未来のいかなる時点におけるあらゆる物体の位置も厳密に計算できると主張して、決定論的科学の真髄を説いた。しかし、ハイゼンベルクがこの年に提唱した不確定性原理(6)によると、あらゆるい。ものの位置と与えられた未来の時点におけるその行き先とを両方、厳密に知ることはできない。

このことによる困難は、巨視的な世界ではまず表に出てこない。たとえば、誰かがあなたを狙って雪玉を投げつけても、あなたはたいていその雪玉の未来の位置を予測でき、飛んでくるコースから逃げたりできる。だが、あなたも雪玉も電子の大きさだったとしたら、雪玉がどこへ飛んでいくのかわからないため、どちらへ動けばいいかわからなくなる。

ハイゼンベルクの不確定性原理の背後にあるアイデアは、日常的な出来事に目を向けると感覚的に摑める。たとえば、ガソリンスタンドでの給油とか。購入金額の単位はドルとセントで、米国の金融システムの量子、すなわちこれ以上分割できない最小通貨単位は一セントだ。金額は直近の一セント単位に丸められ、この処理によって、一ガロン(約三・七八五リットル)が何ドル何セントかを正確に知っていても、実際に買えたガソリンの量を厳密に知ることができなくなる。

ガソリンが(古き良き時代のように)一ガロン二ドルの場合、購入金額を一セント単位に丸めることによって、ガソリンの量に最大1/200ガロンの差が出る(そのとおり、それなりの丸め方をするとこの差は1/200ガロンの半分にできるが、ガソリンスタンドのメーターはたぶん一二・五三〇〇〇一ドルを一二・五四ドルに切り上げている)。ある直線道路上の既知の場所をスタートし、車が一ガロン当たり三〇マイル(リッター約一二キロ)走るとすると、1/200ガロンで〇・一五マイル——七九二フィート(二四〇メートルほど)——走れる。したがって、ガソリン代が一セント単位で計算されるという事実により、位置に七九二フィートの不確定性が生じる。思い起こせば、私が初めて自分の車を運転したのは一九六一年の夏のこと。緊急用にガソリン代として二五セント硬貨を二枚、グローブコンパートメントに入れておいたものだ。当時は一ガロン二五セントほどだった。私の車は一ガロン三〇マイル走ったので、一セント当たりの位置の不確定性は一・二マイルになる。ガッソリン代が下がるほど、位置の不確定性は大きくなる。さらに、ガソリンがタダだったとしたら、あなたは一セントも払わなくて済むが、車がどこにあるかがまったくわからなくなる。

不確定性原理も同じような感じで影響を与える。この原理によると、二つの関連する変数――共役変数と呼ばれる――の不確定性の積は、前もって決まっている一定量より必ず大きくなる。最もよく知られている共役変数は、音の持続時間と周波数ではなかろうか。音を長く保持するほど、周波数はより精確に判断でき、保持する時間を極端に短くすると音はクリック音のようになって、周波数を判断できなくなる。

不確定性原理の詳細で話をややこしくしているのは、位置と運動量（運動量は質量と速度の積）が共役変数であるという事実だ。粒子の位置を精確に決められるようになるほど、運動量にかんする情報が少なくなり、運動量を高精度に決められる場合には、位置が限定的にしかわからなくなる。運動量は質量と速度の積なので、車に与えて速度がゼロからほとんど変わらないような微少な運動量も、電子に与えるとその速度は猛烈になる。

ハイゼンベルクの不確定性原理は、ミスがつきものの人間が現象を十分精確に測定できないという能力不足のことだとときおり誤解されている。そうではなく、これは知りうることの限界にかんする主張であり、量子力学的な世界観から直接導かれた帰結だ。量子力学の根幹である不確定性原理は、レーザーやコンピューターといった日常的な製品を作る際に現実的な影響を与えてきたし、また、ギリシャの哲学者が初めて説いて以来疑われたことがなかった、因果律にもとづく単純な宇宙観を掃いて捨てもした。ハイゼンベルクは不確定性原理の帰結のひとつにかんして次のように述べている。

原子の中で起こっている物事をわれわれの言語で説明できないことは驚くに値しない。なぜなら、すでに述べたように、われわれの言語は日常生活での経験を記述するために作り出されたものであり、日常経験はきわめて多数の原子が絡むプロセスでのみ成り立っているからだ。さらに、われわれの言語を修正して、あのような原子の振る舞いを記述できるようにするのはたいへん難しい。というのも、言葉で説明できるのはわれわれが頭のなかで想像できる物事だけであり、想像する能力も日常経験の結果だからである……原子が絡む事象にかんする実験において、われわれは物体や事実を取り扱う必要があり、日常生活で起こるいかなる現象とも勝るとも劣らず現実のものである現象を取り扱う必要がある。だが、原子や基本粒子そのものがそれと同じように現実のものかというと、そうではない。これらが形作っているのは物体や事実の世界ではなく、潜在性や可能性の世界なのである……原子は物体ではない。(7)

原子とは物体でないならいったい何なのだ？　ハイゼンベルクのお告げから何十年も経った今でも、物理学者――そして哲学者――はこの問題に頭を悩ませている。観測されるまでは確率波で観測後は物体、という私たちが前に見つけた答えは、すっかり満足できるものではないが、現時点で私たちが手にしている最善の答えである。

ロウワーウォビゴンで行なわれたある調査

私たちが見ている量子力学三題の最後を飾る「量子の絡み合い」（「量子もつれ」、「エンタングルメント」とも）は、日常的な設定に翻案できる。レイクウォビゴン[8]のすぐ南にあるロウワーウォビゴンという町は、レイクウォビゴンと違って子どもはみんな平均的で、さらには町全体が平均的だ。あまりに平均的で、ランダムに選ばれた質問――「アスパラガスが好きですか？」とか――について調査を行なうと必ず、回答者の五〇パーセントが「はい」と答え、五〇パーセントが「いいえ」と答える。

ある日のこと、ある調査会社がロウワーウォビゴンに暮らす夫婦の意見を標本調査することにした。調査員に与えられた質問は三つ、問一は「アスパラガスが好きですか？」、問二は「マイケル・ジョーダンは史上最高のバスケットボール選手だったと思いますか？」、問三は「この国は正しい方向へ進んでいると思いますか？」

二人の調査員が各家庭を回った。調査員の一人がこの三つの質問からひとつだけを夫に質問し、もう一人が同じ三つの質問からひとつだけを妻に質問する。その際、調査員は二人とも質問をランダムに選ぶ。夫と妻への質問は同じこともあるし、違うこともある。結果を集計したところ、質問の五〇パーセントが「はい」と答え、五〇パーセントが「いいえ」と答えたのだが、注目すべきことがあった。夫と妻への質問が同じだった場合に、二人の回答が例外なく一致していたのだ。

調査員たちは頭をかきむしってこの奇妙な結果の説明をあれこれ考えた。そしてようやく誰かが、どの夫婦も前もって回答を打ち合わせていたのではないかと思い至った。質問を具体的に知らなくても、たとえば次のようなルールを決めていたらどうだろう。質問に「だった」という言葉が含まれていたら「はい」と回答し、なかったら「いいえ」と回答する。「夫婦が右のルールでしめし合わせている」というこの仮説を確かめる方法はあるか？　それがなんとある。どの夫婦もこうした質問／回答ルールを決めていたとすると、「はい」と「いいえ」のパターンは、三つの質問の内容に応じて、「はい」が三つ、「いいえ」が三つ、「はい」二つと「いいえ」一つ、「はい」一つと「いいえ」二つという四パターンのどれかになる。

次に、夫と妻が質問にどう回答するかを見てみよう――夫と妻で質問が異なる場合も含めて（もちろん、ご存じのように、夫と妻は同じ質問には一致した回答をする）。二人の調査員が三つから質問を選ぶ場合分けは九通りある。「はい」三つまたは「いいえ」三つにな

夫への質問番号	夫の答え	妻への質問番号	妻の答え
1	はい	1	はい
1	はい	2	はい
1	はい	3	いいえ
2	はい	1	はい
2	はい	2	はい
2	はい	3	いいえ
3	いいえ	1	はい
3	いいえ	2	はい
3	いいえ	3	いいえ

るルールが採用されていたなら、夫と妻の回答はどの問題についても必ず一致するはずだ。「はい」二つと「いいえ」一つになるルールが採用されていた場合について、問一と問二に対する回答が「はい」、問三に対する回答が「いいえ」だったとして考えてみよう。

上の表に、すべての組み合わせをまとめてみる。

ご覧いただけるように、九通りある場合分けのうち五つ（表の一、二、四、五、九行め）で、夫と妻の回答が一致する。回答パターンが「はい」二つと「いいえ」一つまたは「はい」一つと「いいえ」二つになる質問／回答ルールの場合、回答は九ケースのうち五ケースで一致し、回答パターンが「はい」三つまたは「いいえ」三つになる質問／回答ルールの場合、回答は必ず一致する。つまり、夫婦が質問／回答ルールを決めている場合、そのことはデータに現れる。なぜなら、調査員が家庭に赴いて夫と妻それぞれにランダムに質問をすると、ふたりは少なくとも九回のうち五回は一致した回答をするからだ。

謎に対する答えが出たと確信し、調査員たちはデータを検証してみた。すると驚いたことに、夫婦で回答が一致していたのは約半分の割合だった。こうして、夫婦たちは質問／回答ルールを決めていたわけではないという結論に達したが、まだ謎が残っていた。同じ質問をされたとき、夫と妻はどうやって回答を一致させたのか？

簡単なことだよ、とある調査員が言い出した。先に質問されたほうが、自分がされた質問と自分の回答を後に質問されるほうに伝える。そうすれば、後に質問されるほうは同じ質問を訊かれた場合に一致した回答を返せるじゃないか。これに対する対策はシンプルだった。夫婦で意思の疎通を図れなくすればいい。予防措置として、夫婦を離ればなれにして、通信機器の有無を（こっそり）確認してから、違う部屋で質問をした。それでもなお、同じ質問をされた夫と妻は、一致した回答を返してきたのだ！

これはどう説明すればいいのだろう？　可能性は二つあるが、そのどちらだったとしても今の科学が扱っていない現象を信じる必要がありそうだ。ひとつは、夫と妻は直観力のようなもの――具体的な通信手段ではなく、配偶者が質問にどう答えるであろうかという認識――を持っているという可能性である。なにしろ、大勢の夫や妻に、伴侶が言ったことを途中で引き取って最後まで補う能力があるというのだから[9]。もうひとつは、結婚とは実は単なる結びつきではなく一体化であるという可能性である。夫と妻は、この状況ではひとつなのである。私たちは夫と妻を別々の個人として見ているが、調査員から訊かれる質問にかんする限り、二人は単一の存在であり、片方に質問することは他方に質問することなのだ。これは

「直観力」というアイデアとは違う。直観力の場合、夫と妻は独立した存在であり、配偶者が質問にどう答えるであろうかがわかるので質問に対して一致した回答をする。微妙な違いだが、違うことには変わりない。

量子の絡み合いと、アインシュタイン＝ポドルスキー＝ローゼンの実験

量子力学的な性質の多くが、光子が突き付ける波と粒子のジレンマのようなものを持っており、それらは観測または測定が行なわれるまでいくつかの異なる確率の重ね合わせという形で存在する。そんな性質のひとつが、光子のスピンだ。光子は、軸が選択され、光子が観測されると、選択された軸のまわりを右回りか左回りにスピンするのだが、左回りにスピンする確率は五〇パーセント、右回りにスピンする確率も五〇パーセントで、どちらになるかはランダムに決まる。この事情は、ロウワーウォビゴンの住民の、調査質問に対する回答の傾向と同様のものと言ってよい。

カルシウム原子は、エネルギーを吸収したのち、元の状態に戻るときに二個の光子を放出するのだが、そのしかたは、ロウワーウォビゴンに暮らす夫婦の、調査質問に対する回答の傾向に似たパターンを示す。このような光子は「絡み合っている」と表現される。両方の光子が最初はスピンを持っておらず、左回りスピンになる確率と右回りスピンになる確率が等しい確率波だったとしても、一方の光子のスピンの測定結果が他方のスピンの測定結果を自

動的に決めるのだ。少なくとも、これが物理学者のあいだで広く受け入れられている見方である。

アルベルト・アインシュタインにとってこの見方はどうにも腑に落ちないものであり、彼と物理学者のボリス・ポドルスキーとネイサン・ローゼンは、それを問題にした思考実験（EPR実験[10]として知られている）を一九三五年に考案した。三人は、どちらの光子のスピンも測定前は決まっていないという考え方に異議を唱えた。何光年も離れている二つの実験グループが、カルシウムから放たれた光子のスピンを測定しにかかったとしよう。光子Aのスピンが測定され、数秒後に光子Bのスピンが測定される場合について、量子力学は光子Bが光子Aの測定結果を「知っている」と予想する。光子Aからの信号が光子Bに届いて、どのスピンになるべきかを光子Bに伝えるだけの時間がないというのに！

アインシュタインによると、選択肢は二つしかない。主にニールス・ボーアによって打ち立てられた、量子力学のいわゆるコペンハーゲン解釈を受け入れ、両者のあいだに信号が行き交わなくても、光子Bは光子Aに起こったことを知っているとするのがひとつ。この可能性はロウワーウォビゴンにおける「直観力」に対応しており、こういうことがあるから、量子力学は現実の世界で神秘主義への扉を開いているかのようなイメージをもたれてしまうのだ。なんといっても、ほかの物体に起こったことを測定可能な情報伝送なしに知ることより謎めいたことがあろうか？　もうひとつは、この現象を説明するもっと深い現実があり、まだ見つかっても測定されてもいない何らかの物理的性質に現れている、と信じることだ。こちらはロウワーウォビゴンの「打ち合わされた回答」に対応している。アインシュタインは後者の見方を固く信じたままこの世を去った。この考え方は物理学者のあいだで「隠れた変数」の名で知られている。

ベルの定理

一九三五年から一九六四年までのあいだに、隠れた変数による説明の賛否を議論する論文が一〇〇篇以上書かれたが、どれも根拠のはっきりしない主張や異議に過ぎなかった。そこへ、アイルランドの物理学者ジョン・ベルが、隠れた変数理論を実地テストに付すことになる実に巧妙な実験を思いついた。ベルが提案した実験では、三つある軸のどれかのまわりのスピンを光子ごとに測定できる機器を用いる。各光子のスピン軸はランダムに選択され、二個の光子のスピンが記録される。測定データはペアで記録され、たとえばペア(2, L)は、測定対象として軸2が選択されたこと、そして光子はその軸を左回りにスピンしていたことを示す。

軸1または軸2が選択されたときは左回りにスピンし、軸3が選択されたときは右回りにスピンする、というプログラムが二個の絡み合った光子それぞれに刷り込まれているとしよう。二個の光子の軸がランダムに選択されるなら、軸選択の組み合わせは九通りある。ロウワーウォビゴンの二人の調査員が選ぶ質問の組み合わせが九通りあったのとまさに同じだ。

軸のスピンは共役変数の一例でもあり、光子のスピンを複数の軸について同時に決定することはできない。これも、各調査員は一つの質問しかできないというロウワーウォビゴンの状況に対応している。

ベルはこれを思考実験として考案したのだが、その目的は、アインシュタイン、ポドルスキー、ローゼンが示唆した、どちらの光子にも刷り込まれている隠れたプログラムが存在するという仮説の正しさを検証するためだ。三人が示唆したとおりなら、二個の光子は5/9を超える確率で同じスピンを持つはずである。ベルの実験はそれから数年で何千回と試行された。そして、光子のスピン方向が一致したことを検出器が半分を超える割合で記録したことはなかった。これは、光子に刷り込まれている隠れたプログラムは存在しないという否定しがたい証拠だった。

ほかに考えられる説明は？　隠れた変数による説明が排除され、次に最もありそうだったのは、光子が何らかの方法で信号を送りあっているという可能性だった。一番めの光子のスピンが記録されるや否や、その光子は他方の光子に「誰かがオレのスピンを軸1で測ったから、左回りになったぜ」などとメッセージを送信するというわけである。

相対性理論は信号を送る仕組みの存在については何の制約も課していないが、どのような信号も光速を超える速度では伝わらないことを要請している。一九八〇年代初頭になると、テクノロジーの進歩により、先ほどの実験のもっと精巧なバージョンを行なえるようになった。その実験では、二個の光子のスピンを検出するための装置がかなり離して置かれたほか、一番めの光子スピンの測定が済んだ後に二番めの光子の軸をランダムに選ぶ装置も用意された。この実験には新機軸が盛り込まれており、たいそう興味深いものになっていた。何かというと、テクノロジーが進んだおかげで、一番めの検出器から二番めの検出器へ光が届く前に二番めの光子の軸を選択できたのだ。したがって、先に測定される光子は信号を二番めの光子へ送れるが、その信号は、二番めの光子がそれを基に前もって行動を起こせるうちには届かない。二番めの光子のスピンが測定されるのは、一番めの光子から光速でやってくる信号が届く前なのである。この実験は、一九八二年にアラン・アスペ[11]によって、実験室において検出器を十数メートル離して行なわれ、同じ結果が得られている。間隔は一九九〇年代後半に一一キロメートルまで広げられたが、結果はやはり同じだった。同じ軸が選ばれると、光子のスピン方向は例外なく一致していた。だが、スピンの方向が一致する割合が半分を超えることはなかった。

これは量子力学の大いなる謎のひとつであり、マックス・プランクが量子というアイデアを初めて世に送り出して一世紀が経ってまだ解決されていない。特殊相対性理論は物質、エネルギー、または情報が光速を超えて伝わることを禁止しているのに、ここでは確率波が宇宙全体で一瞬にして収縮するという状況が発生している。

映画『スター・ウォーズ』シリーズの一作め（エピソード4）に印象的な場面がある。オビ・ワン・ケノービがフォースの激しい乱れを感じるところだ。あなたが確率波の乱れを感じるのにオビ・ワン・ケノービになる必要はない。観測が行なわれると、宇宙があなたの代わりに一瞬にして至る所で確率波を収縮させてくれる。

でも、その方法は？　今のところ、提案やアイデアならある——人類には決して知りえないことだとするアイデアも含めて。たとえ私たちには知りえなくても、それを知ろうと努力し続けることは、必ずやテクノロジーと哲学両面の進展につながり、私たちの世界を大きく変えるだろう。アインシュタインの相対性理論を実証した一九一九年の探検を率いたサー・アーサー・エディントンは、この上なくうまいことを言っている。「宇宙はわれわれの想像以上に奇妙であるだけではない。われわれに想像できるより奇妙なのだ[12]」。波と粒子の二重性にしろ、不確定性原理にしろ、量子の絡み合いにしろ、いったい誰が想像できただろう？

第一ラウンド

イギリスの文学者サミュエル・ジョンソンにとっての伝記作家ボズウェルが、ジョン・ホイーラーにもいてしかるべきだ。科学が直面しているジレンマを彼ほど簡潔に要約できる物理学者も数学者もおそらくいない。大きなものの物理学（相対性理論）と小さなものの物理学（量子力学）の対立を生んでいる大きな要素のひとつは、それぞれの記述に使われている数学モデルである。本当に、本当にとても小さいレベルにかんする文句ない勝者は——現時点では——離散的な見方だ。というのも、マックス・プランクの仮説を基に離散的な記述がなされ、それがあらゆる重要な物理量の数値予測で信じられないほどの成功を収めているからである。この勝利は、二五〇〇年ほど前に存在したある宗教じみた神秘主義者グループに正当性を与えることになるのだが、彼らについては次の章で取り上げよう。

第２部　不完全な道具箱

第4章　不可能な作図

教　団

それは、宗教と神秘主義にかんして同じ信仰で結ばれた男たちによる強力な秘密結社だった。それがある日、ひとつの深遠な発見が彼らの信仰体系をまるごと崩壊させることになる。そしてその深遠さゆえ、その発見は文明世界の思想までも転換させることになるのだった。

これでは大ベストセラー小説『ダ・ヴィンチ・コード』（越前敏弥訳、角川文庫）で重要な役割を演じた、謎のベールに包まれた強力なカトリック秘密結社、オプス・デイの説明だと思われるかもしれない。それとも、木星の衛星が地球以外の天体の周りを回っているという、ガリレオによる大地を揺るがす発見に直面した一七世紀のカトリック教会中枢のこととか。だが、この秘密結社が存在していたのはガリレオの二〇〇〇年も前のことだ。創始者は哲学者にして数学者のピュタゴラス、結社のモットー――「万物は数なり」――は、宇宙は整数またはその比でできているという彼らの世界観を反映していた。それを揺るがした発見とは、2の平方根——正方形の対角線と辺の比——が通約不可能な数であること、すなわち二つの整数の比では表せない、無理数であるということだった。

ギリシャ人はこの事実の数値的証明と幾何学的証明をどちらも考え出している。数値的証明が拠《よ》り所《どころ》にしているのは奇数と偶数の概念だ。2の平方根が整数の比 p/q で表せると仮定すると、この二つの数は共通因数（公約数）がないように選ぶことができる（小学校で習ったように、分数を約分するには、分母と分子を共通因数で割る）。$p/q=\sqrt{2}$ なら、$p^2/q^2=2$ で、$p^2=2q^2$ となる。p^2 は2の倍数なので、p は偶数でなければならない。奇数の二乗は奇数になるからである。p と q には共通因数がないので、q は奇数のはずだ。$p=2n$ と置くと、$(2n)^2=2q^2$、したがって $q^2=2n^2$ となり、p が偶数であることを示したときと同じ推論によって、q が偶数であることが示される。すると、q が偶数でもあり奇数でもあるという結論になってしまう。

2の平方根が通約不可能であることとの発見は、木星の衛星の発見が天文学の発展に与えた影響に匹敵するほど、ギリシャ数学の発展に深い影響を与えた。ギリシャ人は、数の哲学（数への信仰と言ってもいい。数はギリシャ語で arithmos で、英語で算術を意味する arithmetic の語源であることもわかりやすい）に見切りを付けて、幾何学にかんする論理的帰結に目を向けた。こちらなら妥当性が保証されているということで。

ギリシャの幾何学——のちにユークリッド（エウクレイデス）によって定式化されること

になる——は、初めは線と円に基づいていた。幾何学の探究に用いられた道具は、直線や線分を引くための直定規と、円を描くためのコンパスである。ギリシャ人が直定規に目盛りがないことを要請し、いかなる形でも距離が示されないようにした理由については、何も記録が残っていないようだ。もしかすると、ギリシャの初期の幾何学者たちにはシンプルこの上ない道具しかなく、コンパスと目盛りなしの直定規を使うというのは、それが幾何学をする伝統的な方法だからというだけのことだったのかもしれない。いずれにしても、線や円を用いて作図されたもの以外の図形をギリシャ人が探し求めてようやく、目盛り付き直定規の有用性が表舞台に登場し始めた。目盛り付き直定規は洗練さに欠く側面を幾何学作図に持ち込んだものの、その可能性を大きく拡げた。こちらの探求が始まったのは、キリストが生まれる四〇〇年ほど前、古代ギリシャの土台を揺るがすことになるまた別の大きな出来事が始まった直後だった。

史上初の疫病大流行《パンデミック》

紀元前四三〇年、アテナイ市民がペロポネソス戦争を戦っていたとき、疫病がこの都市を襲った。歴史家のトゥキュディデスもこの疫病に倒れたが死を免れ、病状の恐ろしい進行を書き残している(1)。それによると、眼と喉と舌が赤く充血し、続いてくしゃみ、咳、下痢、嘔吐が始まる。皮膚は潰瘍のようなただれや膿疱《のうほう》で覆われ、焼けるような、いやすことのできない喉の渇きが伴う。この疫病はエチオピアに端を発してエジプトやリビアへと広がり、ギリシャに達したのだった。流行は四年近くも続き、アテナイの人口の三分の一が犠牲になった。最近になってようやく、それが実は腸チフスだったことがDNA分析によって明らかになっている。(2)

アテナイ市民がどれほど追い詰められたか、私たちには想像することしかできないが、この惨状が緩和される可能性が少しでもあることなら何でもやったに違いない。デロス島の神殿にお伺いを立てたところ、祭壇を二倍の大きさにせよとの神託だった。かの祭壇の形は、立方体だった。

立方体の辺の長さを倍にするのは簡単だが、そうしてできる祭壇の体積は元の八倍になってしまう。ギリシャ人は幾何学を実に得意としており、体積が元の二倍になるような立方体を作るには、辺の長さを元の立方体の2の三乗根倍にしなければならないと気がついた。だが、求められている長さの辺をコンパスと目盛りのない直定規だけで作図できる賢人はいなかった。エラトステネスによると、祭壇を作ることになっていた職人たちが、この問題を解く方法をプラトンに相談したところ、彼はこう答えたという。あの神託はその大きさの祭壇を本当に求めているわけではなく、あのように告げることで、数学と幾何学をおろそかにしたことをギリシャ人に恥じさせようとしたのだ、と。(3) ギリシャにおける数学教育の欠陥にかんする説教など、職人たちやアテナイ市民が疫病流行の真っ最中に聞きたかったことではあるまい。

疫病は四年で勢いを失ったが、任意の長さの線分を作図するという問題は生き残った――この知的難題にギリシャ人が歓びを感じたからか、それとも疫病の再発予防策のひとつとしてか。いずれにしても、任意の長さの線分を作図するという問題は、何人かの数学者によってさまざまなアプローチで解決された。

最もエレガントな解法は、アルキュタスが提案したものではないだろうか。彼は、円柱、円錐、円環面（「トーラス」とも。タイヤのチューブのようなもの）という三つの曲面の交差を基に解法を構築した。この解法には少なからぬ数の高度な技が用いられている（立体幾何学は平面幾何学よりかなり複雑だ。私は高校で立体幾何学を取ったが成績はBマイナスだった。あれは今なお私が受けた数学科目のなかで最も難しかった部類に入る）。平面曲線を用いたこれより簡単な解法がメナイクモスによって二つ見つかっており、それぞれ二つの放物線の交差、および双曲線一つと放物線一つの交差が基になっている(4)。

問題の答えを探し求めると、その問題が解決不可能だったとしても、（数学者が）誰も足を踏み入れたことがない実り多き領域にたどり着くことがよくある。このことは本書の至る所に顔を出すテーマであるが、アルキュタスやメナイクモスによる解法はその典型的な例だ。メナイクモスは、双曲線と放物線の発見者とされており(5)、この二つに円と楕円を加えた四つは円錐曲線と呼ばれている。この四つはどれも平面と円錐の交差であり、この四つすべてが、自然界に何かにつけ出てくるだけでなく、今のテクノロジーの時代を特徴付ける数多くの機器に取り入れられている。たとえば、放物線はパラボラアンテナの反射面に、楕円は腎結石の砕石機に、双曲線はLORAN《ロラン》などのナビゲーションシステムに活かされている。

ギリシャ人は、単に数学の問題の解を見つける以上のことをした。解を実際に使ったのだ。プラトンは、幾何学を応用した道具を発明した。プラトンの器械として知られているこの道具を使うと、与えられた線分に対して長さがその三乗根である線分を作図できた。だが、立方体倍積の物理的な作図に挑んだ碩学《せきがく》はプラトンだけではない。エラトステネスもこの作業に取り組んでいる。彼の作図は、線の回転と線に沿ってスライドする三角形を用いる単純なもので、三乗根ばかりか任意の整数乗根の作図に応用できた。エラトステネスは自分の作図にあれこれ解説を加えたうえ、ライバルの技法をけなして締めている。

「よき友よ、汝もし小立方体よりその二倍の立方体を得むと思い、また任意の立体を他の立体に然るべく変えむと思うとき、その手だては汝の手中にあるなり。汝また、ひだの長さ、穴の深さ、あるいは空の井戸の広き底をも、この手段をもて測りうべし。すなわち、二個の定規の中間に（二個の）中項を、両端の一致するがごとくに挿入しうれば可なり。汝、アルキュタスの円柱のごとき困難なる業をなさむとすべからず。メナイクモスのごとく三種の円錐を切らむとすべからず。また敬虔なるエウドクソスの述べしがごとく、曲れる線を張りめぐらさむともすべからず」[6]（『数学の黎明』ヴァン・デル・ヴァルデン著、村田全・佐藤勝造訳、みすず書房より引用）

エラトステネスをこのような利己的な発言に駆り立てたのは、ベータ（ギリシャ語のアルファベットの二番め）というあだ名を付けられていたからかもしれない。彼の同時代人は、彼の数ある業績（地球の外周を初めて精確に測定したこと、恒星目録を編纂したことなど、数学や天文学や地理学への膨大な数の貢献）も最高のなかの最高に与えられるべき至上の栄誉には値しないと思っていた。

「［エラトステネスは］同時代人からあらゆる学問分野で優れた博識の持ち主と見られていたが、どの分野でもあと少しというところでその頂上を極めていなかった。この後者の事実をもって彼はベータというあだ名を頂戴していた。もうひとつのあだ名であるペンタスロスにも同じ含意がある。これは、『一位の走者または格闘者ではないが、さまざまな競技で二位を獲得する万能選手』という意味である」[7]。古代ギリシャ人も、二位の別名は「敗者」だと思っていたようだ。

疫病予防ほどの重要性は持たなかったようではあるが、ほかにもいくつかの幾何学の問題がギリシャの数学者を悩ませた。そのうちの二つ、円積問題と角の三等分は、ギリシャ人によって、直定規とコンパスによる従来の作図法の領域を出ることで解決された。もうひとつの問題、任意の正多角形（すべての辺が同じ長さで、すべての角が両隣の角と同じ角度である多角形。正方形や正三角形は正多角形だ）の作図は、彼らの手には負えなかった。

英語の square the circle ――与えられた円と同じ面積の正方形を作図する――という表現は、不可能な作業という意味でよく用いられる。立方体の倍積と同様、この作業もできない相談ではない。アルキメデスが書き残したあっさりした作図法では、与えられた円を巻物でも広げるかのように「展開」し、与えられた円の円周と同じ長さの線分を作っている[8]。ただ、円周を展開することは直定規とコンパスによる作図ではない。同じように、角の三等分という作業――与えられた角に対してその三分の一の角度を持つ角を作図すること――は、使う直定規に目印を付けることで簡単に達成でき（これもアルキメデスが考案したとされている）、ユークリッド幾何学が許す直定規とコンパスによる作図という従来の枠をやはり外れている。これらの作図法が示しているように、ギリシャ人は、ユークリッド幾何学の正式な制約を念頭に置きつつ、解法が問題の提示領域外でしか見つからない場合も含めて、問題の解法を積極的に探し求めた。

　これらの作業は直定規とコンパスによる作図という枠のなかでは成しえないと、ギリシャ人が予想したことがあったかどうか、私たちには知る由《よし》もない。アルキメデスのような数学者がこうした問題のひとつにそれなりの労力を注ぎ、そうした結論に達していたかもしれないと信じるのはたやすい。私たちが確実に知っている事実は、こうした作業が不可能であることが証明され、それが少なくとも五世代にわたる数学者を満足させているのに、今なお数え切れないほどの人が途方もない時間を「証明」の作成に費やしており、その結果が数学の専門誌に送りつけられていることだ。こうした問題に時間を費やしているのは、たとえば角の三等分や円を正方形にすることが不可能だと数学者が証明済みであることを知らない者や[9]、それをわかっていながら、数学的な不可能は絶対ではないとか、不可能だという証明には欠陥があるとか信じている者である。

　正三角形、正方形、正六角形の作図法には直定規とコンパスによるシンプルなものがあり、正五角形についてはそれより少し複雑な作図法がある。これらはどれも古代ギリシャ人に知られていたが、ほかの正多角形については従来の作図法では無理であることが証明されている。[10] 一九二〇年代後半、目印の付いた直定規をスライドさせて正七角形を作図する方法の概略を記した、アルキメデスのものとされる手稿（ほかに誰がいる？）が見つかったが、ここに挙げた四つの問題は、アルキメデスの時代から二〇〇〇年経ってようやく数学界を満足させる解決を見た。

数学界のモーツァルト

偉大な数学者と銘打つリストに欠かせないのが、数学界のモーツァルトことカール・フリードリッヒ・ガウス（一七七七～一八五五）で、その数学の才能はずいぶん幼いころから誰の目にも明らかだった。彼は三歳にして、父親の帳簿を眺めては、計算間違いを探して直していた。モーツァルトはまだほんの子どもの時分から楽曲を作曲していたことで有名だったが、ガウスも同じようにその天才ぶりを幼いころから発揮していたことが知られている。小学校の算数の時間に、数を１から100まで足し算するという問題が出されたとき、ガウスはほとんど間髪入れずに手元の薄石板に「5050」と書いて「できた！」と叫んだ。子どもにこれほど素早く正しい答えがわかったことに教師はびっくり仰天した。ガウスが用いたテクニックは、数学者のあいだで今でも「ガウスの方法」として知られている。ガウスが気づいたのはこういうことである。

$$S=1+2+3+\cdots+98+99+100$$

という式を書き、その下に同じ足し算を逆順に

$$S=100+99+98+\cdots+3+2+1$$

と書く。左辺どうしを足すと$2S$になり、右辺どうしを数が一〇〇組あると思って足すと、各組とも和が101になる（$1+100, 2+99, \ldots, 99+2, 100+1$）ことから、$2S=100\times101=10100$となって、$S=5050$が得られる。(11)

さらにすごい事実がある。一四歳のとき、対数表を与えられたガウスはそれをひとしきり眺めて、「与えられた数Nより小さい素数の数は、Nが無限に近づくほどNをNの自然対数で割った値に近づく」とそのページに書いた。この帰結は解析的整数論の最重要項目のひとつで、ようやく一九世紀の終わりごろに証明された。ガウスは証明こそしなかったが、一四歳にしてこれを予想できたというだけでもただただ驚異的である。(12)

一九歳のとき、ガウスは直定規とコンパスで正一七角形を作図できることを示した。さらに、彼の作図法は作図可能な正多角形に$2^{2^N}+1$という形で表される素数が絡んでいること

も示していた（この形で表せる素数は、フェルマーの最終定理で有名なフランスの数学者ピエール・ド・フェルマーによって初めて研究されたことから、フェルマー素数[13]の名で知られている）。古代ギリシャ人に知られていた作図法以外に誰かが正多角形の作図法を証明したのは実に二〇〇〇年以上ぶりのことだった。

　ガウスの業績をまとめるには相当な時間と空間が必要で、それも彼の注目すべき物理学や天文学での業績を除いての話である。彼の実績は幼いころの期待どおりだったと述べるだけで十分だろう。ガウスは今でも史上最高の数学者二人ないし三人のうちの一人に挙げられる。

ピエール・ワンツェル――知られざる神童

　私は数学史家ではなく、本書を執筆するまでピエール・ワンツェルという名前に馴染みがなかったので、今日《こんにち》の数学者の多くが私と同じではないかと思う。ワンツェルは一八一四年に応用数理学の教授の息子として生まれた。ワンツェルもガウスのように数学の才能を子どものころから見せつけており、ガウスが父親の帳簿の間違いを直したのに対し、ワンツェルはまだ九歳だったときに難しい測量の問題を解決している。高校と大学でめざましい成績を収めた後、ワンツェルは工科学校に入学した。だが、工学をするより数学を教えたほうが成功するに違いないと考え、彼は高等理工科学校《エコール・ポリテクニーク》の解析学の講師になった。彼は同時に、ほかの大学の応用数理学の教授に就いており、さらにはパリにある別の諸大学でも物理学と数学の講座を持っていた。

ガウスは、立方体の倍積と角の三等分の問題は直定規とコンパスによる作図では解決不可能だと述べたが、この主張に証明を与えなかった。これは多くの問題でガウスがとったお決まりの作法で、ときとして同業者に、ある問題に取り組んでいいものか、取り組んでみたらガウスがすでに解いていたということにならないか、という難しい判断を強いた。そこへ、ワンツェルがガウスの主張の証明を発表した初めての人物となり、この二つの問題にようやく決着を付けた。ワンツェルはまた、多項式の根にかんするアーベル＝ルフィニの定理の証明を簡略化し、それを用いて、角が作図可能なのはその角の正弦と余弦が作図可能な数である場合に限られることを証明した。その証明では、二〇度の角の正弦と余弦が作図可能な数ではないことを簡単な三角法を用いて示している。[14] ワンツェルはほかにも、どのような正多角形が作図可能かという問題を片付けており、作図可能な正多角形が、2のベキ乗と任意の数の相異なるフェルマー素数との積をnとする正n角形であることを証明している。

当時のフランスを代表する数学者でワンツェルの同僚だったジャン・クロード・サン＝ヴナンは、ワンツェルの日常習慣を次のように書き記している。「彼はたいてい夜に仕事をし、寝床に就《つ》くのは深夜になり、それから読書して、数時間ほど寝るが安眠を貪れず、コーヒーとアヘンにかわるがわる耽《ふけ》り、結婚するまでは食事を不自然で不規則な時間にとっていた」。サン・ヴナンはさらに、ワンツェルがその業績（九九パーセントはそれまでに生を享《う》けていた数学者に負っているが）以上のことを成さなかったことについても次のようにコメントしている。「私はその大きな理由として、仕事の仕方が不規則だったこと、就いていた職務が多すぎたこと、思考が絶えず移り変わったり不安定だったりしたこと、さらには自分の才能をみずからの手で損なったことを挙げたい[15]」

円を正方形にするのが不可能であること

一九世紀の中頃には、作図できる線分の長さは整数の加減乗除や開平の結果であることが証明されていた（三乗根はこれらの演算では得られないので、立方体の倍積も角の三等分もできない）。単位半径の円は面積がπなので、それを正方形にするにはπの平方根を長さとする線分を作図できなければならないが、その作図は長さπの線分を作図できて初めて可能になる。

この頃にはすでに、数学者は実数直線が二種類の数でできていることを示していた。ひとつは22/7などの有理数で、二つの整数による商、または整数どうしの比と見なすことができる。もうひとつは無理数で、整数どうしの比として表せない数である。前に見たように、ピュタゴラス学派は2の平方根が無理数であることを知っていた。それどころか、2の平方根が無理数であることは教養のあるギリシャ人のあいだでもよく知られており、その証明がソクラテスの対話篇のひとつにも登場しているほどだ[16]。無理数はさらに、代数的数（整数係数の多項式の根）と超越数に分類される。一八八二年、ドイツの数学者フェルディナント・

フォン・リンデマンが、πが超越数であることを証明する一三ページの論文を書き、直定規とコンパスによる作図では円を正方形にできないことを示した。以来、これはリンデマンの業績とされているが、それはかなりの部分をフランスの数学者シャルル・エルミートによる先行研究に負っており、πが超越数であることのリンデマンによる証明は、自然対数の底eが超越数であることのエルミートによる証明と似ている。今でこそ主要な問題の解決に報酬として賞金が用意されているが、一九世紀の数学者に与えられた報酬は名声だけだった。当時（今もだが）、名声の行き先は、大聖堂造りに喩えれば最後のレンガを積み上げた者であり、礎石を置いた者ではなかった。(17)

不可能から学ぶ

この章で詳しく見てきた問題はどれも偉大だ。偉大な問題はえてして、説明するのがわりと簡単で、好奇心をくすぐり、解くのが難しい。そしてその解は私たちがわかっていることの範囲を、問題そのものを超えて拡げる。さらにはこんな疑問を抱かせる。私たちが置いている前提はその問題を解くのに十分なのか？　私たちが手にしている道具はその問題を解くのに適しているのか？

立方体の倍積と角の三等分を探求して私たちが行き着いた先は、ユークリッドの平面幾何学を構成する線と円による単純な構造のはるか向こうだった。ユークリッドの『原論』（邦訳は縮刷版『ユークリッド原論』中村幸四郎著・訳、寺阪英孝・池田美恵・伊東俊太郎訳、共立出版など）の初版に与えられている平面幾何学の公準は次のとおりだ。

1　任意の二点を直線で結べること。
2　任意の直線分を一直線状に無限に伸ばせること。
3　任意の直線分について、その線分を半径とし、その線分の端点のいずれかを中心とする円を描けること。
4　すべての直角が互いに等しいこと。
5　（平行線公準）二本の直線が、同じ側の内角の和が二直角より小さくなるように第三の直線と交わっている場合、その二本の直線を十分に伸ばせば、内角の和が二直角より小さい側で必ず交わること。[18]

この公準で議論されているのは点と線と角と円だけだ。また、『原論』の骨子には平面幾何も立体幾何もその姿を見せているのに、議論されている幾何学図形は多角形と多面体、円と球だけである。アルキュタスとメナイクモスとエラトステネスが提案した倍積法は、『原論』にその骨子が示されているユークリッド幾何学の範囲を紛れもなく超えている。

円を正方形にする試みは、実数直線と数の概念とをより深く解析することにつながった。そして、正多角形の作図問題の解は、ある興味深い部類の素数と幾何学に驚くべきつながりがあることを明らかにした。これこそ数学の驚きと興味の絶えない側面だ。思いがけないつながりは数学分野どうしだけでなく、数学とほかの分野とのあいだにも存在している。

ただ、数学はときおり、人をして根拠のない結論へと飛躍させることがある。惑星の軌道を一貫したパターンに当てはめようとしていたヨハネス・ケプラーは、惑星が地球を除いて五個（当時）、正多面体が五種類という偶然に衝撃を受けた。惑星はもっと見つかることになるのだが、正多面体が五種類、すなわち正四面体、正六面体（立方体）、正八面体、正一二面体、正二〇面体しかないことは、ギリシャの数学者がすでに証明していた。不適切なデータを基に、ケプラーは次のようなモデルを考案した。

「地球の軌道はあらゆる事物の基準である。それに外接する正一二面体を置き、さらにその外側の円が火星の軌道である。また、火星の軌道のまわりの正四面体に外接する円が、木星である。木星のまわりには立方体がきて、その外側に接するのが土星である。さて、地球の軌道に内接するのは正二〇面体で、その内側の円が金星となる。金星の内側には正八面体がきて、その中には水星の軌道がある。これで、惑星の数に意味があることがわかるだろう……」[19]（『大発見――未知に挑んだ人間の歴史』ダニエル・ブアスティン著、鈴木主税・野中邦子訳、集英社より引用）

この上なく美しい体系だ。しかしまったくもって間違っている。パターンの魅惑はあまりに強い。火星の表面に人の顔が見えると思っても、実際には地形に光が当たり、人に見えるような特徴が強調されているだけなのと同じように、私たちは不適切なデータや情報から数学的なパターンを見出すことがある。しかし、ここでケプラーは、永遠に称えていいと思うが、困難の極みと言えるにちがいないことをやってのけた。ティコ・ブラーエがもたらした質の良いデータに自分のモデルを当てはめられなかったとき、自分のモデルのほうを捨てたのだ。そうすることで、彼は惑星の運行にかんするケプラーの法則を定式化し、それがニュートンによる万有引力の法則の発見につながったのである。

帰ってきたピュタゴラス学派

ピュタゴラス学派の基本教義は、宇宙は整数と整数比でできているというものだった。2の平方根が通約不可能であるという発見は、この世界観を打ち壊した――ピュタゴラス学派の時代には。ところが、興味深い紆余曲折の末、ピュタゴラス学派は正しかったということになるかもしれない！　量子力学という、この宇宙にかんして私たちが現時点で手にしている最も精確な記述は、実質的にはピュタゴラス学派が支持した世界観の現代版と言えるのだ。前にも見たように、量子力学によると世界は「量子」という基本単位の整数倍の集まりでできていて、質量も、エネルギーも、長さも、時間も、どれもその量子を基準に測定される。

2の平方根の住みかである実数系の数学は、実用性がひじょうに高くて知的な興味を大いにそそる理想的な構造をしている。しかし、現実世界では、正方形が現実の物質を用いて作られた場合、その対角線（これも現実の物質で作られている）は、手前の隅から向こうの隅までほんのわずかに届いていないか、向こうの隅をほんのわずかに超えている状態なのだ。するとこんなことを思ってしまう、古《いにしえ》の文明で知られていたのに長いこと顧みられていないほかのアイデアが、現代風の装いをまとってカムバックを果たそうと、ベンチで静かに出番を待っているのではなかろうか？

第5章　数学のホープ・ダイヤモンド

呪い

ホープ・ダイヤモンドは世界で最も有名なダイヤモンドだろう。有名である理由は、サイズでもなければ(四五・五二カラットというのは確かにすごいが、コヒノール・ダイヤモンドなら一〇五・六カラットもある)、あの美しいブルーでもない(微量のホウ素が混ざっていることによる)。なぜ有名かというと、その所有者はヒンドゥーの女神シーターの呪いを免れないと信じられているからだ。このダイヤモンドはそもそもシーターを奉る偶像の目が盗まれたものだから、シーターが復讐するというのである。

タヴェルニエという宝石商がこのダイヤモンドを盗み、ロシアへ行く途中に野犬に食いちぎられて死んだという伝説がある。(1) ホープ・ダイヤモンドはルイ一六世とマリー・アントワネットのものだったこともあったが、二人ともフランス革命で断頭台の露と消えている。このダイヤモンドの名前は、所有者のひとり、ヘンリー・トーマス・ホープに由来しているのだが、彼の孫であるヘンリー・フランシス・ホープはギャンブルと浪費で破産した。ホープ（有名なダイヤモンドは名前だけで呼ぶのが慣習）はやがてエヴァリン・ウォルシュ・マクリーンに購入された。彼女の富はこのダイヤモンドを買えるほどあったが、悲劇を未然に防ぎはしなかった。彼女の長男は九歳のときに自動車事故で亡くなり、娘は二五歳のときに自殺を企て、夫は精神障害を宣言されて精神病院で一生を終えている。ホープは行く先々で多くの不幸を残したが、それがかすむほどの苦難をなめたのが、もっと高次の解をと多項式の解を探し求めた、この章の登場人物たちだ。

数学者の就職面接

数学科の学生が講義で聞かされる、ある企業の職に応募した数学者の話がある。何ができるかと訊かれたその数学者は、自分は問題を解決できると答えた。すると面接官は、火が燃えさかる部屋へとその数学者を連れていった。部屋のなかにはテーブルがあり、その上には水の入ったバケツが置いてある。火を消すよう指示された数学者は、バケツを取り上げると火に水をかけて消し止めた。そして面接官に向かって尋ねた。「合格しましたか？」「二次試験を受けてもらいます」と面接官は答えた。数学者は火が燃えさかるまた別の部屋に連れていかれた。部屋のなかにはテーブルがあり、今度はその下に水の入ったバケツが置いてある。火を消すよう指示された数学者は、バケツを取り上げると……テーブルの上に置いた。なんでまた――と、ここまで聞いた学生は知りたがる――そんなことを？　なぜなら、数学者は新しい問題を以前解決した問題に還元したがるものだからだ。

数学の進歩は往々にして累積的で、以前の帰結を用いてさらに深くより複雑な帰結が導かれる。多項式――たとえば $ax^3+bx^2+cx+d=0$ は次数三の多項式の一般形――の解の探求もそんな物語のひとつと言える。多項式は私たちが計算できる唯一の関数で[2]、計算に加減乗除しか要さない。まれな例外を除き、対数や角度の正弦などの値を（たとえば電卓を使って）計算するとき、対数や正弦は多項式によって近似されており、計算されるのは近似値である。

初期の成果――一次方程式と二次方程式の解

多項式の解探しの物語は、古代エジプト王朝時代に静かに幕を開ける。王朝に仕えていた数学者たちには、一次方程式を解けるだけの技量があった。一次方程式とは $7x+x=19$ などのような形の式だ。これは今の米国では六年生で難なく解けて、左辺をまとめて $8x=19$ とし、両辺を8で割って、$x=19/8$ というのが答えになる。エジプトのアーメスは、代数を用いることができなかった。彼は初の数学文書のひとつである『リンドパピルス』で「あらゆる暗黒なるものを知るための心得」（数学の定義として現代の学生の多くが文句なしに同意するだろう）という表題の項を担当した人物で、代数の問題を解くのに回りくどいとしか言えないような方法[3]を用いている。

バビロニア人は古代世界の七不思議には空中庭園しか貢献していないかもしれないが、彼らが数学で達していた水準は当時としては立派なものだ。彼らは二次方程式（$ax^2+bx+c=0$の形の方程式）のある決まった形を解くのに、平方完成と呼ばれる方法[4]を用いていた。平方完成は、米国では高校の代数学で一変数二次方程式の解をあまさず得る方法として用いられており、結果として得られる式は解の公式と呼ばれている。二次方程式の解の公式については、九世紀前半にアラビアの数学者アル＝フワーリズミーによる記述がある。彼は、algebra（代数学）の語源を与えたともされている。

デル・フェロとくぼみ三次方程式

時は過ぎた——七世紀ほど。そのあいだ、方程式の解にかんしてこれといった進展はなかったが、一五世紀の中頃、イタリアの優秀な数学者たちが、方程式 $ax^3+bx^2+cx+d=0$ の解の探求に乗り出した。一般三次方程式とも呼ばれるこの式は、二次方程式よりずっと難物だと判明することになる。

多項式の次数が上がるほど、解くために必要となる数の種類が増える。$2x-6=0$ のような式は正の整数で解けるが、$2x+6=0$ になると負の数が要り、$2x-5=0$ には分数が必要になる。二次方程式になるとこれに二乗根と複素数が仲間入りし、$x^3-2=0$ のような式に三乗根が要るのは明らかだった。二乗根、三乗根などの累乗根はベキ根などと呼ばれることから、彼らの目標は「一般三次方程式の解をすべて与えるような、整数とベキ根と複素数で構成できる式を見つけること」と表現でき、そのような式は「ベキ根の解」と呼ばれる。

三次方程式をベキ根で解くという問題に初めて進展をもたらした数学者はシピオーネ・デル・フェロで、彼は一五世紀の終わり頃に、$b=0$ の場合に限った一般三次方程式の解を与える式を発見した。この $ax^3+cx+d=0$ という形は「くぼみ三次方程式」と呼ばれていたこともある。世間がこの進展を知ったら、デル・フェロの数学者としての名声は大いに高まったに違いない。しかし、これはマキャヴェリが権謀術数の重要性について本を書いていた時代のことであり、権謀術数はイタリアの学者社会でしばしば生き残りに不可欠だった。決闘——といっても知的なもの——は、当時の新進気鋭が大学の高いポストを獲得するための重要な手段だった。挑戦者はそれなりの地位にある学者に対して質疑——数学の問題——のリストを提示し、挑戦されたほうも独自のリストをもって対抗する。所定の時間が経つと、結果が公表される。そしてお察しのとおり、役得は勝者に移る。くぼみ三次方程式のリストを挑用いた解法はデル・フェロの奥の手だった。挑戦を受けたらくぼみ三次方程式のリストを挑戦者に突き付けていただろう。だが、知られている限り、デル・フェロが自分の切り札を出すことはなかった。(5)

才知の決闘——武器は方程式

デル・フェロはいまわの際《きわ》に、弟子のアントニオ・フィオーレにあの解を遺贈した。フィオーレという数学者は、師に才能は劣ったが野心では勝っていた。デル・フェロがあの解を保身の手段として温存したのに対し、フィオーレは名を上げるためにそれを使うことを決意して、有名な学者だったニコロ・フォンターナに挑戦状を送りつけた。

フォンターナは子どもの頃、兵士に剣で顔を切りつけられて大けがを負った。これが彼の発話に影響を及ぼしてタルターリャ（吃音者）とあだ名されるようになり、今ではこちらの名で知られている。フィオーレに三〇問のリストを突き付けられたタルターリャは、数学のさまざまなトピックにかんする三〇問のリストで対抗した。ふたを開けてみると、フィオーレのリストは三〇問すべてがくぼみ三次方程式だった。

典型的ないちかばちかの状況である。一問も解けないか、それとも三〇問すべて解けるか、ひとえにくぼみ三次方程式の解を導けるかどうかにかかっていた。そして、タルターリャは式

$$\sqrt[3]{n/2+\sqrt{m^3/27+n^2/4}}-\sqrt[3]{-n/2+\sqrt{m^3/27+n^2/4}}$$

を $x^3+mx=n$ の根として得たのだが、見てのとおり、これは行き当たりばったりの技法でたどり着けるようなものではない。

この式を$x^3+6x=20$について確認してみよう。結果は$x=\sqrt[3]{10+\sqrt{108}}-\sqrt[3]{-10+\sqrt{108}}$と表せる。この式を整理することは、米国では高校で上級の代数学を受講している生徒にいい問題だが、現代テクノロジーを好むなら電卓を使って$x=2$であることを確認でき、それがこの式の解のひとつである。

どの数学の教科書にも、教師が知っていて学生は一般に知らない、微妙な事実が隠されている。実は、くぼみ三次方程式の解などの結果を得るまでには、途方もない回数の試行錯誤が行なわれており、そのほとんどが失敗に終わっているのである。ベートーベンのような大作曲家はアイデアのスケッチブックを作っていたことが知られており、それを読むと、最終版ができあがる前にベートーベンが使うことを検討していた楽節がいくつか見つかることがある。多くの数学者が同じこと——失敗の記録——をしている。ある問題でうまくいかなかったやり方で別の問題が解けることがあるからだ。だが、そうした記録は一般に文書保管庫行きにはならないので、デル・フェロが自分のアプローチを見つけるのにどれほど長くかかったのかは知る由もない。それでも、現代の表記を用いると、デル・フェロの最終的にうまくいった解法を追うことはそう難しくない。

くぼみ三次方程式をx^3の係数で割ると、次の形が得られる。

$$x^3+Cx+D=0$$

教科書に普通載っている解法をお目にかける代わりに、デル・フェロによる方法を再現してみよう。数学者はよく、幸運に巡り会うことを祈りつついろいろなことを試すもので、デル・フェロは解が $s-t$ の形をしていると想定してみた。こうしたことを試してみるのにはそれなりの理由がある。変数をひとつではなく二つ（s と t）使うと、問題に対する自由度が一つ増えるからだ。これは数学者の問題解決戦略のなかでも標準的な攻略法であり、解く変数が増えるという代償を払って、解き易くなったうえにお釣りが来ることが多い。この置換を行なうと、くぼみ三次方程式は次のようになる。

$$(s-t)^3+C(s-t)+D=$$
$$(s^3-3s^2t+3st^2-t^3)+C(s-t)+D=$$
$$(s^3-t^3+D)-3st(s-t)+C(s-t)=$$
$$(s^3-t^3+D)+(C-3st)(s-t)$$

デル・フェロはこの時点で、大当たりを引いたかもしれないと思ったはずだ。$s^3-t^3+D=0$ かつ $C-3st=0$ になるような s と t が見つかれば、最後の式は

$$0+0(s-t)=0$$

となって、$x=s-t$ はくぼみ三次方程式の根になる。したがって、デル・フェロは次に示す二つの式から成る連立方程式を得る。

$$3st=C$$

$$t^3-s^3=D$$

これで、あとはこの二つの式を満たす s と t を見つけるだけとなった。ここで、水の入ったバケツをテーブルの下から上へ持ち上げる――この二つの式は一つの二次方程式に還元できるではないか！ $3st=C$ を t について解くと $t=C/3s$ となり、これを $t^3-s^3=D$ に代入すると次の式が得られる。

$$C^3/(27s^3)-s^3=D$$

両辺に s^3 を掛けて、すべての項を左辺にまとめると次のようになる。

$$s^6+Ds^3-(C^3/27)=0$$

この式は s^3 にかんする二次方程式である。次のように変形できるからだ。

$$(s^3)^2+Ds^3-(C^3/27)=0$$

二次方程式の解の公式を用いると、s^3に対する二つの可能な解を得るが、そのどちらの三乗根をとってtを式$t=C/3s$から計算しても、量$s-t$は同じになって、元のくぼみ三次方程式の解になる。

活字で整然と載っているのを見るとそう難しくなさそうに見えるかもしれないが、与えられた時間が一カ月で、自分の将来が懸かっていたとしたら、事ははるかに難しくなる。時間との死にものぐるいの競争のなかで、タルターリャは疲労困憊しながら（ごもっとも）この問題に対する巧妙な幾何学的なアプローチをなんとか見つけ出し、挑戦の期限の直前にこの解を導いたのだった。そしてフィオーレの問題をすべて解いて、楽々勝利した。タルターリャは寛大にも負け分の支払いを免除した――フィオーレは三〇回分の饗宴を賭けていた――が、フィオーレにはほとんど慰めにならなかっただろう。彼の名は埋もれていき、タルターリャの名声は高まった。

カルダーノとフェラーリ――頂上を極める

タルターリャの成功の話を聞きつけたひとりが、数学史上最たる奇人に数えられること請け合いの人物、ジローラモ・カルダーノだった。カルダーノは才能に溢れていたが、苦しみに満ちてもいた。痔、ヘルニア、不眠、性的不能など数々の病気に悩まされ、さらにはこうした身体的な問題に加えてさまざまな心理的な問題も抱えていた。彼は高所恐怖症で、狂犬をどうしようもなく恐がった。マゾヒストではなかったようだが、自分の身体に痛みを与える癖があり、その理由も、痛みを与えるのを止《や》めたときに大きな快感を感じるからだった。私たちがこうしたことをすべて知っているのは、カルダーノが詳細な自伝を書き残していて、どんな些細なことも、それがどれほど個人的なことであっても、漏らさず綴っているからだ。一六世紀に深夜のトークショーがあったら話題の中心だっただろうに。

　カルダーノはタルターリャの勝利に心を動かされ、タルターリャ宛てに何通も手紙を送って、成功の秘密を教えてくれと頼み込んだ。対するタルターリャは、現代人ならば「申し訳ありませんが、当方の代理人が書籍化を検討しております」と言うところの一六世紀風の返答をしていたのだが、カルダーノは食い下がってついに説得し、タルターリャがブレシアからミラノへ出かけてカルダーノを訪ねることになった。この滞在中、カルダーノはタルターリャから秘密を教えてもらえることになったが、タルターリャはその条件としてカルダーノに次の誓いを立てさせた。

　「聖なる福音書にかけて、そして紳士としての真義にもとづき、あなたからその発見を教わっても決して公表しないばかりか、真のキリスト教徒として、私の死後もだれにも理解できないように、暗号でそれを書き留めることを誓います」[6]（『なぜこの方程式は解けないか？』マリオ・リヴィオ著、斉藤隆央訳、早川書房より引用）

この時代に生きた多くがそうであったように、カルダーノは夢や予兆を大いに信じており、占星術師として開業もしていた。ある晩、彼は白い衣装の美しい女性の夢を見て、最初に出会った夢のとおりの女性に求愛した（そしてこの求愛は成就した）。その頃の彼は極貧の生活を送っており、望み薄だったのにもかかわらずである。また、タルターリャと会ってまもなく、彼はカササギのけたたましい鳴き声を聞き、それを幸運の兆しだと信じた。そして、ひとりの少年が仕事を求めて玄関口に現れたとき、カルダーノはなぜかそれをカササギが約束した幸運だと見て、その少年を雇い入れた。カササギ鳴き声理論もばかにできないかもしれない。というのも、その少年が相当な数学の才能を持っていたからだ。名をルドヴィコ・フェラーリといったその少年は、最初はカルダーノ家の召使いだったが、カルダーノは少しずつ数学を教え込み、フェラーリがまだ二〇歳にもならないうちにくぼみ三次方程式の解の秘密を伝授している。この二人の数学者は、一般三次方程式の解という問題に取り組むことにした。

カルダーノとフェラーリは大きな突破口を二つ開いた。まず、一般三次方程式をくぼみ三次方程式に還元する式変形を見出した。そこまで来れば、あとはタルターリャの技法で解くことができる。要は、この式変形で、水の入ったまた別のバケツをテーブルの下から上に持ち上げたわけだ。

ここでもやはり、一般三次方程式をx^3の係数で割って次のようにする。

$$x^3+Bx^2+Cx+D=0$$

ここで、$x=y-B/3$ と置くと式は次のようになる。

$$(y-B/3)^3+B(y-B/3)^2+C(y-B/3)+D=0$$

最初の二項を展開すると次のようになる。

$$(y^3-By^2+(B^2/3)y-(B^3/27))+B(y^2-(2B/3)y+(B^2/9))+C(y-B/3)+D=0$$

左辺を整理するまでもなく、y^2 の項が二つしかないことが見て取れるだろう。$(y-B/3)^3$ の展開に現れる項 $-By^2$ と、$B(y-B/3)^2$ の展開に現れる項 By^2 だ。この二つは相殺されるので、結果は y についてのくぼみ三次方程式になり、デル・フェロの技法で y について解くことができる。そして、$x=y-B/3$ なので、元の三次方程式の根である x が求められる。

これが第一の突破口だったのだが、第二の突破口はさらにすごかった。フェラーリが一般四次方程式を三次方程式に変換する方法を発見したのである。三次方程式の解き方なら今の二人にはわかっていた。この二つの突破口は、それまでの代数学で最も重要な進展だった。だが、どちらの進展も、元を辿るとタルターリャによるくぼみ三次方程式の解を支えとしており、この帰結を発表することをカルダーノの誓いが阻んでいた。

数年後、カルダーノとフェラーリはボローニャへ旅し、そこでシピオーネ・デル・フェロによる論文を読んだ。そこにはくぼみ三次方程式のデル・フェロによる解が載っており、それはタルターリャが見つけた解と同じだった。デル・フェロがあの解を先に得ていたのだから、それを用いてもカルダーノのタルターリャに対する誓いを破ることにはならない。カルダーノとフェラーリはそうみずからを納得させた。

カルダーノは歴史に名高い著作『アルス・マグナ』(「大いなる技法」の意)を一五四五年に出版した。代数学はまさにカルダーノの「大いなる技法」だった。彼は教皇を診たほどの(当時としては)名だたる医師であり、確率にかんする初の書物を著した人物でもあるが(カルダーノは常習的なギャンブラーだった)、彼は代数学への貢献によって最も記憶に留められている。くぼみ三次方程式を解くのに用いた手順にかんする先ほどの説明は、『アルス・マグナ』に載っているものだ。

『アルス・マグナ』で、カルダーノは自分がその肩に乗っている巨人たちの功績をすべて伝えている。三次方程式の解にかんする章の序文の冒頭は次のとおりである。「ボローニャのシピオーネ・デル・フェロは、ほぼ三〇年前にこの規則を見つけて、それをヴェネツィアのアントニオ・マリア・フィオーレに伝え、フィオーレとブレシアのニコロ・タルターリャとの試合は、ニコロにその解法を発見する機会を与えた。ニコロは私の懇願に応えて、証明は添えてくれなかったが、解法を与えてくれた。この助けを借りて、私は解法を[さまざまな」形で証明しようとした。非常に困難な仕事であった[7]」

だがタルターリャはこの公表に反発し、聖なる誓いを破ったとカルダーノを責めた。カルダーノはこうした非難には応じなかったが、短気なことで知られていたフェラーリが応じた。この応酬はタルターリャとフェラーリの公開討論で最高潮に達したが、フェラーリが地元の利を活かして勝利を収めている。タルターリャは自分の負けを見物人による地元びいきの応援の激しさのせいにした（一般庶民が、今日のようにサッカーの試合結果に一喜一憂するのではなく、才知の戦いに対して大騒ぎするというのも、なんとも昔は粋だったという気がするが、もしかすると、一六世紀には何かを応援したくてもその対象があまりなかったということかもしれない）。フェラーリは、当然のごとく、この勝利は自分の才能によるものと思っていた。この時を境に、多項式のベキ根解の探求は二世紀ほど小休止に入り、このドラマの最後の登場人物たちの到来を待つことになる。

今回のドラマの主な登場人物はみな辛酸をなめていて、短期連続ドラマの格好の題材といえる。カルダーノの妻は若くして亡くなり、長男のジャンバティースタは殺人の罪で処刑され、もう一人の息子は犯罪行為によって投獄された。カルダーノ自身は、異端論を説いて牢につながれたが（異端者でいるのには向かない時代だった）、のちに釈放されている。カルダーノの墓碑銘は『アルス・マグナ』の最後の一文「五年で記すも、幾千年残らん[8]」である。ルドヴィコ・フェラーリは毒で死んだ。多くの歴史家がそれを妹の計略だと考えている。

五次方程式の非可解性

一般三次方程式はくぼみ三次方程式に還元することで解けるようになり、四次方程式の場合は三次方程式に還元することで解けるようになった――多項式の次数が上がるほど事はより複雑になったが。この先、一般五次方程式を解くにあたっても、同じ道を歩めばいいように思えた。四次方程式に還元する変形を見つけ、フェラーリの式を使うのだ。だが、見込みは薄かった。もしかするとそのためなのか、二世紀が過ぎて数学はずいぶん発展したが、そのほとんどは微積分学とその関連分野でなされていた。五次方程式の一般解を求める試みは、数学界の最重要課題ではなくなっていたのだった。微積分のほうが目新しくセクシーなテーマだったのである。

数学界でも科学界でも、ある問題を解くために使える道具がまったく不適切で、研究が壁にぶつかることがときどきある。新たな違う技法が必要とされているのだ。だが往々にして、その新たな技法が実際に世に出るまで、その技法が必要だったことにさえ気づかないものであり、五次方程式の解の場合もそうだった。この問題が解決に向けてようやく動き出したのは一九世紀の初頭のこと、三人の才気溢れる数学者が、数学の進む道を永遠に変えることになるまったく新しいアプローチを採用して、新たな地平を切り開いたときだった。

パオロ・ルッフィーニ

カルダーノとフェラーリが四次方程式を解いてから二五〇年近く、数学者は五次方程式の謎を解明しようと挑み続けていた。この問題の落とし穴にはまった数学界の重鎮に、レオンハルト・オイラーとジョゼフ＝ルイ・ラグランジュがいる。ラグランジュは有名な論文『代数方程式の解についての考察』のなかで、自分はいずれ五次方程式の解の問題に戻るつもりだと述べており、彼がベキ根によって解けると考えていたことがよくわかる。

パオロ・ルッフィーニは、五次方程式がベキ根によっては解けないことを初めて示唆した数学者で、彼はその証明を『四を超える次数を持つ一般方程式を代数的に解くことが不可能であることを証明する、方程式の一般理論』に記し、次のように述べている。「四を超える次数を持つ一般方程式を代数的に解くことはいかなる場合も不可能である。私が（誤りがなければ）主張できると考えている非常に重要な定理を見よ。その証明を提示することが本書を刊行する主たる理由である。私の証明の礎《いしずえ》には、不朽の科学者ラグランジュとその卓越した考察がある[9]」

残念ながら、この緒言の懸念が当たった——証明に誤りがあったのである。しかし、ルッフィーニは真実を垣間見ていたうえ、解への道を辿っていくと、多項式の根が置換されたとき式がどうなるかにかんする解析のただなかを通ると気づいていた。ルッフィーニは、置換群というアイデアの定式化こそしなかったが、この理論で初となる基本的な帰結を数多くもたらしている。

ルッフィーニも不運につきまとわれた数学者のひとりだった。彼は自分の仕事を評価されることがほとんどなかったと言っていい——少なくとも生前には。彼に見合った敬意を表した一流の数学者はオーギュスタン＝ルイ・コーシーだけで、ルッフィーニの論文がフランスやイギリスを代表する数学者に吟味されたとき、その評価はどっちつかず（イギリス人）か、または否定的（フランス人）だった。ルッフィーニは自分の証明に穴があることをまったく知らされなかった。誰か高名な数学者が知らせていたら、彼は穴を埋めようとしただろう。普通、穴のある証明を直せる可能性が最も高いのは、その証明を最もよく知っている人物だ。しかし、ルッフィーニにその機会は与えられなかった。

群論入門——特に置換群

数学の最も重要な成果のひとつは、一見似ていない構造が共通の性質を数多く持っていると示したことだ。そのような性質は、一組の公理と、その公理を満たすすべての構造について導かれる帰結とに体系化できる。そうして体系化されたなかでもとりわけ重要な数学的対象が群《ぐん》と呼ばれているものである。

群の定義を導くため、ゼロでないすべての実数からなる集合を考えてみよう。任意のゼロでない二つの実数xとyの積はゼロでない実数xyで、この積は「結合」法則$x(yz)=(xy)z$を満たす。数1は任意のゼロでない実数に対して$1x=x1=x$という性質を持つ。そして、ゼロでない各実数には$xx^{-1}=x^{-1}x=1$を満たす逆数x^{-1}が存在する。これらは群Gを定義するために用いられる重要な性質で、群Gは、元《げん》（集合を構成する要素）と、二つの元gとhを組み合わせて群Gに含まれている元ghをつくる方法とからなっている。通常、元を組み合わせる方法は乗算と呼ばれ、その結果である元ghは積と呼ばれるが、これから見ていくように、その「乗算」が算術の掛け算と似ても似つかないような群がたくさんある。乗算は、群の任意の三つの元a、b、cについて結合則$a(bc)=(ab)c$を満たす必要がある。群には、その群の任意の元gに対する単位元が含まれていることも必要だ。単位元とは、それを1と表記したときに、$g1=1g=g$を満たすような元である。最後に、群の各元gには$gg^{-1}=g^{-1}g=1$となるような逆元g^{-1}が存在している必要がある。

群のある興味深い例は、五次方程式を解くという問題と重要で意外なつながりを持っているのだが、それを見ていくために、カードデックをシャッフルするとどうなるかを検証してみよう。シャッフルは、カードが元の位置からどこへ動いたかを考えることで完全に記述できる。たとえば、一回のパーフェクトシャッフルでは、上から二六枚のカードは左手に、下から二六枚のカードは右手に行く。「ウォーターフォール」シャッフルなどと呼ばれるおなじみのシャッフルでは、右手のいちばん下のカード、左手のいちばん下のカード、右手の下から二番めのカード、という具合にカードを左右交互に離していく。このパーフェクトシャッフルは上の表のように記述できる。この表では、デックのいちばん上のカードの位置を1、

開始位置	1	2	3	…	24	25	26	27	28	29	…	50	51	52
終了位置	1	3	5	…	47	49	51	2	4	6	…	48	50	52

いちばん下のカードの位置を52として、デックにおける各カードの開始位置と終了位置が示されている。

また、代数表記を使ってこの表の略記法を作ることができる。

開始位置（x）	**終了位置**
$1 \leqq x \leqq 26$	$2x-1$
$27 \leqq x \leqq 52$	$2x-52$

カードデック一組に対して行なう個々のシャッフルすべての集合は群をなす。二つのシャッフルgとhの積ghは、最初に行なわれたシャッフルgと次に行なわれたシャッフルhの結果である並べ替えだ。この群の単位元は、どのカードの位置も動かさないシャッフル——マジシャンや詐欺師がときおり行なう「ファントムシャッフル」——で、任意のシャッフルの逆元は、カードを元の位置に戻すシャッフルになる。たとえば、上の表を基に、先ほどのパーフェクトシャッフルに対する逆を一部見てみよう（次ページの表）。

また、その代数表記は次のようになる。

開始位置（x）	**終了位置**

開始位置	1	2	3	4	…	49	50	51	52
終了位置	1	27	2	28	…	25	51	26	52

xが奇数　　$(x+1)/2$
xが偶数　　$26+x/2$

これが本当に先ほどのパーフェクトシャッフルの逆になっていることを確かめてみよう。カードが$1 \leqq x \leqq 26$のような位置xからスタートする場合は、このパーフェクトシャッフルによってカードの位置が$2x-1$（奇数）になり、逆によって$((2x-1)+1)/2=x$となって、元の位置に戻っている。カードが$27 \leqq x \leqq 52$のような位置xからスタートする場合は、このパーフェクトシャッフルによってカードの位置が$2x-52$（偶数）になり、逆によって$26+(2x-52)/2=x$となって、やはり元の位置に戻っている。同じように、先に逆を行なってからこのパーフェクトシャッフルを行なっても、すべてのカードが元の位置に戻る。五次方程式の問題とは直接関係ないが、五二枚のカードからなるデックに対してこのパーフェクトシャッフルを八回行なうと、このデックのカードは元の順序に戻る。gがこのパーフェクトシャッフルを表すとすると、これを$g^8=1$と書くことができ、数学者はgを位数8の元と表現する。シャッフルが結合法則を満たすことを示すのは難しくないが、とくに面白くもないので証明は省略する。

このパーフェクトシャッフル――とその逆――がいちばん上のカードの位置を変えないことに注目しよう。デックのいちばん上のカードの位置が変わらないすべてのシャッフルについて検討したとしたら、それも群であることがわかるだろう。そのような任意の二つのシャッフルの積でいちばん上のカードの位置は変わらないし、そのようなシャッフルの逆によってもいちばん上のカードの位置は変わらない。群の部分集合が群をなす場合、その部分集合は部分群と呼ばれる。

すべてのシャッフルの群とゼロでない実数の群とでひとつ違っているのは、後者が可《か》換《かん》であること、すなわち、$3\times5=5\times3$ のように、二つの数をどのような順序で掛け合わせても結果が同じであることだ。シャッフルについてはそうだとは言えない。たとえば、シャッフル g は上から二枚のカードだけの入れ替え（ほかのカードの位置は変わらず）、シャッフル h はデックの二番めと三番めのカードだけの入れ替えだとして、三枚めのカードの位置を追ってみよう。g を先に行なうと、三枚めのカードの位置は変わらず、h を行なうと位置2へ移る。h を先に行なうと、三枚めのカードは先に位置2へ移り、次に g によって位置1へ移る。このように、シャッフルの順番が異なると、結果も違ってくる。シャッフルの順序（この群での乗算）は違いを生む。

普通のデックのカード数は五二枚だが、当然のことながら、任意の枚数のカードからなるデックもシャッフルできる。n 枚のカードからなるデックの考えられるすべてのシャッフルからなる群は対称群 S_n と表記される。S_n の構造――部分群の数と特徴――は、n の値が大きくなるほど複雑になり、そのことはなぜ五次方程式にベキ根の解がないのかを見極める上で重要な事実である。

ニールス・ヘンリック・アーベル（一八〇二〜一八二九）

ニールス・ヘンリック・アーベルはノルウェーの貧しい大家族の家に生まれた。一六歳のとき、彼は数学の名著を読破するという学習計画に乗り出した。だが、一八歳のときに父親が亡くなり、アーベルは、自身も健康が思わしくなかったにもかかわらず、家族を養う立場に立たされた。そんな義務を負っていたなか、彼は五次方程式に挑むことを決意し、最初はカルダーノとフェラーリのようにして解を得たと考えた。ところが自分の証明に間違いがあることに気づくと、今度は一般五次方程式の根を与える代数式を求めることは不可能というまったく逆の結論に達した。ルッフィーニと同じ一般的な路線を行きつつ、かのイタリア人数学者がはまった証明の落とし穴を避けて、アーベルは一般五次方程式がベキ根では解けないことを示し、三〇〇〇年以上前にエジプトで始まった探求に終止符を打ったのだった。

自分の証明の概要を綴った論文を発表したあと、アーベルはベルリンに渡り、幅広いトピックにかんする自分の成果を、新たに刊行された《クレレ》誌に発表しはじめた。そうした成果をドイツの数学者から好意的に受け止められたアーベルは、次はフランスを代表する数学者に認められることを期待しつつパリへと旅立った。

着いてみると、フランスは数学活動の一大拠点で、アーベルは友人への手紙に「ここではどんな新参者も自分の存在に気づいてもらうのにずいぶん苦労します[10]」と書いている。結核に罹《かか》って気落ちするとともに衰弱して、アーベルは故郷へ戻り、痛ましいことに二七歳という若さで亡くなった。アーベルには知る由もなかったが、彼の論文は数学界に徐々に大きな興奮を巻き起こしていったほか、彼の死の二日後にベルリン大学のポストを申し出る手紙が届いている。

エヴァリスト・ガロア

五次方程式の解にまつわる三人めの主役もやはり不運に見舞われている。エヴァリスト・ガロアは、パリ郊外でアーベルに九年遅れて生を享《う》けた。町長の息子だった彼は、学校ではこれといった才能を見せなかったが、一六歳の時、学校の教師による評価とはうらはらに、自分にはかなりの数学の才能があることに気がついた。彼は多くの著名な数学者も通った高等理工科学校《エコール・ポリテクニーク》を受験したが、凡庸な学業成績が彼の合格を阻んだ。彼は一七歳にして論文を書いてフランス科学アカデミーに投稿する。ところが、当時を代表する数学者オーギュスタン＝ルイ・コーシーがそれを紛失してしまう。ガロアはその後あまり時を置かずしてまた別の論文を提出した。すると今度は、科学アカデミーの事務局長だったジョゼフ・フーリエがその論文を受け取ってまもなく亡くなり、その論文も紛失した。かつてジョナサン・スウィフトは、ある者が天才かどうかは凡人が邪魔立てするかどうかでわかると述べている。ガロアがことさら不運に思えるのは、意図的ではなかったにしろ、彼の邪魔立てをしたのが天才たちだったことだ。

こういったもろもろの不手際に業を煮やしたガロアは、そのはけ口を当時の政治に求め、国民軍に入隊した。活動的な革命派だった彼は一八三一年、ある宴席で国王ルイ・フィリップへの脅威と見なされるような乾杯の音頭をとった。それに続き、彼は自分の命を奪うことになる過ちを犯す。ガロアはある女性に恋したのだが、その女性の別の男から決闘を申し込まれてしまうのだ。最悪の事態を恐れ、ガロアは前の晩に夜通しで数学にかんする小論を書き付けると、その発表に奔走することになる友人にそれを託した。決闘は翌朝行なわれ、ガロアはそのときの傷がもとでその翌日に亡くなった。まだ二〇歳の若さだった。

五次方程式が解けないことを最初に示したのはアーベルだが、ガロアはこの問題に対して、のちにひじょうに重要であることが判明する、はるかに汎用的なアプローチを採った。ガロアは、現代代数学の中心的概念のひとつである群という数学概念を初めて定式化したのだった。群と多項式と体《たい》（訳註　自由に四則演算できる代数的構造を持つ集合）とのつながりは、ガロア理論と呼ばれる数学分野の主要テーマだ。ガロア理論は、五次方程式に一般解がない理由を説明するに留まらず、それより低次の多項式になぜ一般解があるのかを厳密に説明する。また、ガロア理論は驚くべきことに、これまで見てきた直定規とコンパスによる三つの作図が不可能であること、すなわち立方体の倍積ができないこと、角を三分割できないこと、そして限られた正多角形しか作図できないことも明快に説明する。

私が高校で初めて二次方程式の解の公式を習ったとき、代数学の教師が、三次と四次の多項式には解の公式があるが五次にはないという話をした。当時の私は、その教師が言わんとしていたことを完全には理解せず、数学者が解の公式をまだ見つけていないだけという意味にとった。だがのちに、五次の多項式の根を与える式はあるにはあるが、その式ではベキ根以外の表現も使っていることを知った。解の公式の記述に使われる「言語」が整数とベキ根とそれらを用いる代数式だけの場合、その言語には五次多項式の根を表現し尽くす手段がないのである。それがなぜかという解明は学生だった私の目標のひとつになった。だがこの話を完全に理解するには、ガロア理論を勉強する必要がある。そして、ガロア理論を理解するには、その前に抽象代数学の入門講座をとる必要があり、それはたいてい大学三年次の科目だ。

しかし、この理論をとりまく基本的なアイデアのいくつかはそこまでしなくても理解できる。二次方程式の解の公式より、多項式 x^2-6x+4 の二つの根は $A=3+\sqrt{5}$ と $B=3-\sqrt{5}$ だ。この二つの根は、基本的な二つの代数方程式 $A+B=6$ と $AB=4$ を満たす。実のところ、$5(A+B)-3(AB)^3=5\times6-3\times64=-162$ など、ほかにもいくらでも多くの式を満たすのだが、この式は見てのとおりあの二つの式から構築されている。この二つの根は $A-B=2\sqrt{5}$ も満たすが、この式は先に挙げた二つと質的に違う。最初の二つの式に出現しているのは有理数だけだが、最後に挙げた式には無理数が含まれているからだ。また、$A+2B$のようなものを試しても、$9-\sqrt{5}$のように無理数が出てくることから、AとBから作れて有理数のみが絡む式は文句なしに限られているとわかるだろう。

$A+B=6$と$AB=4$という二式をもう一度見てみよう。ただし、この形式で書く代わりに$\square+\triangle=6$と$\square\triangle=4$のように書き、これらを真である言明にすることを目的として、二つの根AとBを$\square$や$\triangle$の位置に挿入するさまざまな可能性を調べてみる。挿入する方法は二通りある。ひとつはこれらの式を得たそもそものやり方で、Aを$\square$に、Bを$\triangle$に挿入すると、元の（真である）言明$A+B=6$と$AB=4$を得る。二枚のカードからなるデックをシャッフルするとしよう。最初にAが上でBが下にあるなら、$\square$はシャッフル後に上になる文字、$\triangle$は下になる文字を表すことになり、$\square$をAに、$\triangle$をBにという置き換えはファントムシャッフルに相当する。二枚のカードをシャッフルするほかの方法はただ一つ、シャッフル後にAが下になり、Bが上になるようなシャッフルで、$\square$をBに、$\triangle$をAに置き換えてみると、その結果として得られる式$B+A=6$と$BA=4$はやはり真である言明となる。多項式のガロア群は、有理係数を持つどの代数方程式もすべて真である言明になるようなあらゆるシャッフルからなる。したがって、多項式x^2-6x+4のガロア群は、S_2を構成する二つのシャッフル（ファントムと、カードの上下入れ替え）からなっている。

S_2に含まれるシャッフルが両方とも必ず多項式のガロア群に含まれるとは限らない。そんなケースを見ていくため、二つの根AとBが3と-1である多項式x^2-2x-3について考えてみよう。この二つの根は$A+2B=1$を満たすので、有理係数を持つ代数方程式$\square+2\triangle=1$を検証してみる。式の左辺でAとBを入れ替えると、式は$B+2A=1$となるが、$B+2A$は5なので、これは真である言明ではない。よって、この多項式で元の式から真である言明を生むシャッフルは単位元（ファントムシャッフル）のみで、x^2-2x-3のガロア群をなしているのはファントムシャッフルだけである。

ラプラスの『天体力学概論』を英訳したアメリカの天文学者ナサニエル・バウディッチの有名な言葉を紹介しよう。「ラプラスの『よって～であることは明らかである』に出くわしたときに、行間を埋めてそれがどう明らかなのかを理解して説明するという、何時間もかかる大仕事を目の前にしていると覚悟しなかったことは一度たりともない(11)」。一般に、「示すことができる」という表現についても同じことが言えるので、どうしても必要な場合を除き、私はそれをできる限り入れないように努めている。だがここではどうしても必要だ。ある多項式がベキ根で表現できる根を持つのは、その多項式のガロア群の部分群が特定の構造をしている場合に限ると示すことができる。この構造は可解性として知られている。説明はきわめて専門的になるが、名称は読んで字のごとく、多項式の根をベキ根で求めるという問題を解決することに由来する。多項式x^5-x-1のガロア群については、それが可解ではないと示すことができ（おっとまた使ってしまった）、この多項式の根はベキ根では求まらないとわかるのである。

その後の成り行き

五次方程式の非可解性はその後、数学の発展にたいへん重要な成果だったことが明らかになる。五次方程式やもっと高次の多項式にベキ根の解があると証明されていたらどうなっていたかについて、自信を持って予想することはできないが、五次方程式にそのような解がないからこそ数学がいっそう面白い分野になったということなら、それなりに確信を持って言える。

数学はさまざまな現象の記述に使われている言語だが、言語には言葉が要る。数学という言語で最も重要な言葉に数えられるのが関数だ。ベキ乗や累乗根などの関数には、代数的な方法（加減乗除を用いる）と合成（連続シャッフルのように次々と施すこと。ある数を二乗してから三乗根をとるなど）という二つの基本的な組み合わせ方がある。五次方程式の非可解性は、ベキ乗と累乗根で作れる関数の語彙が、ある種の式の解を記述するのに適さないと言っているのである。このことから自然と、そうした解の記述に使える違う関数探しが促された。

関数はどうやってできるのか？　たいていは必要性があって生まれる。三角関数は、角度で決まる量を表現するため、または周期的な現象を記述するために用いられ、指数関数と対数関数は、増加や崩壊のプロセスを記述するために使われる。多くの関数が、科学や工学で出現した重要な式（たいてい微分方程式）の解として生まれている。たとえば、ベッセル関数（恒星までの距離を初めて計算した、一九世紀の数学者にして物理学者のフリードリッヒ・ヴィルヘルム・ベッセルに由来）は、太鼓などの膜が叩かれたときにどう振動するか、または熱が円柱をどう伝わるかという問題の解として生まれたものだ。

一八七二年、ドイツの数学者フェリックス・クラインが五次方程式の一般解を見つけたが、そこに使われていたのは超幾何関数（超幾何微分方程式の解として現れる関数の一種[12]）だった。一九一一年にはアーサー・コーブルが六次方程式を解いているが、そこに用いられていたのはカンペ・ド・フェリエ関数と呼ばれる関数の一種で、私は聞いたことがなかったし、現存する数学者の九九パーセントも同様だと思う。このトレンドの先行きは厳しい。より高次の多項式の一般解が見つかったとしても、そこにはさらに無名の関数が用いられていることだろう。関数はまさに言葉と同じだ。その使い勝手は使用頻度に大きく左右され、あまりに特殊で一握りの人しか知らない関数は（言葉もそうだが）、その価値も限定的になる。

方程式を解くことは、数学のみならず科学や工学にとっても重要だ。数学者の興味は特定の方程式に解が存在するかどうかで終わりかもしれないが、何かを作るときには解を具体的に知る必要がある――小数点以下三桁まで、五桁まで、八桁までとか。数値解析とは、字面とは違って、数を解析することではない。方程式の近似解を求めることを扱う数学分野である――小数点以下三桁まで、五桁まで、八桁まで（に限らず）。数学者は、その方程式に解の公式がない可能性を知りつつ、何か物を作るにはその解の精確な近似値が必要になる可能性は承知しており、この必要性に応えんがため、近似解を求めるテクニックと、それと同じくらい重要な、近似解の精度を把握するテクニックとを考案した。安価な電卓で4の三乗根は1.587401052と計算されるが、この数を三乗しても答えは4にならない（とても近い値にはなる）。電卓がはじき出す4の三乗根は小数点以下九桁までは精確で、あらゆる機械装置や多くの電子機器の製作には十分だ。現実問題として言えば、数値解析によって計算される多項式の根は、その根を知らないと作れないようなものを作るのに十分な精度はきちんと備えている。

とはいえ、多項式の解の探求は目下新たな方向へ進んでいる。多項式の根の探求が一九世紀の幕開けとともにふいに方向転換して、その全体像に群論を持ち込んだように、この問題に取り組むために比較的新しい数学分野が現在持ち込まれつつあるのだ。最も幅広く研究されている群の多くは、対象の対称性と結びつけられている。たとえば先ほどは、三枚のカードデックのすべてのシャッフルからなる集合がS_3であることを見た。ここで、頂角A、B、Cを持つ正三角形をイメージしてみよう。最初はAが頂角でBとCがそれぞれ左右の底角だとすると、この三角形を回転または鏡映（裏返し）することで、この三角形の新たな位置をシャッフルのどれかと対応付けできる（次ページ）。

この例から、群構造が立ち現れるところを具体的に確かめることができる。ここには二つの異なる基本操作があり、ほかの操作はそれらを組み合わせて作れる。基本操作のひとつは一二〇度の反時計回りの回転で、これをRと書こう。三角形2は三角形1にRを施すことで得られる。もう一つの基本操作は頂角をそのままに二つの底角を入れ替えることで、これを

三角形	1	2	3	4	5	6
頂角	A	C	B	A	C	B
底角	B C	A B	C A	C B	B A	A C

Fとしよう。三角形4は三角形1にFを施すことで得られる。同様にして、三角形3は三角形1にRを二回施すことで得られ、この操作はRRまたはR^2と書ける。三角形5は三角形1にまずRを、次にFを施すことで得られ、これはRFと書ける。三角形6も同じようにまずFを、次にRを施すことで得られ、FRと書ける。

これは実質的に三枚のカードからなるデックのシャッフルと同じ群だ。Rはいちばん上のカードをいちばん下にするだけのシャッフルに対応しており、Fはいちばん上のカードをそのままに二枚めのカードと三枚めのカードを入れ替えるシャッフルに相当している。二つの一見異なる群が互いに同じであることを示すプロセスは同型写像と呼ばれており、数学者はこのプロセスをもって、ある対象にかんして知っている真理を別の対象にかんして知っている真理に言い換えることができる。一般五次方程式に解がないことの証明には、正二〇面体――二〇面すべてが正三角形であるプラトン立体――の対称性にかんする群と同型である群が絡んでいる。今日《こんにち》の数学者が幾何学に向ける目には、多項式の根が絡む問題に言い換えられそうなものが見つからないかという期待が込められている。

かつてフランスの政治家ジョルジュ・クレマンソーは、戦争はあまりに重要で将軍たちにはまかせておけないと言った。同じように、群論もあまりに重要で数学者にはまかせておけない。群論は科学においてことのほか広く採用されているのだが、その理由は、群論が対称性の言語だから、そして対称性が数多くの科学法則で基本的な役割を果たしていることに科学が気づいたからだ。誰かが『考古学者《anthropologist》のための群論』とか『動物学者《zoologist》のための群論』などという本を書いたかどうか私にはわからないが、生化学者《biochemist》や化学者《chemist》やエンジニア《engineer》向けにはこのようなタイトルの本がある。「〜群」という表記でアルファベットが使い切られていること請け合いだ(すでに見たように、文字Sは「可解群《solvable》」に用いられている)。パターンとそこに欠けている元《げん》を見抜くことは、往々にして重要な発見につながる鍵であり、群論が提供する組織立った枠組みが、そこに欠けている元《げん》の方向を指し示すことが少なくない。

　多項式のベキ根解を探し求める物語は、五次方程式の解の公式が求まらないという発見で終わらなかったばかりか、横道へ入って有用で刺激的な成果を生み出した。この成果には、この分野でできることの頂上を極めたカルダーノとフェラーリも、カルダーノの『アルス・マグナ』が明らかにしたことに引けを取らないほど隅々まで心引かれるに違いない。

第6章　その二つ、決して見《まみ》えず

大人になったら

世の中には三歳児にも味わえる喜びがある。アイスクリームとか、ある晴れた春の日に暖かな陽差しを顔に浴びることとか。それに対し、大人になるまで良さがわからない喜びもある。知的な会話、野菜、そして幾何学。

誓って言うが、私は一八歳のときに目覚めて「数学って面白そうだな――ここはひとつ専攻するか」などと口走ったわけではない。幼稚園児だったころにか、それより前にか、初めて物を数えたときから数学が好きだ。と言いつつ、その思いは幾何学に出くわして萎えてしまい、その学年ではBを取るのにも苦労した。というのも、証明方法が見えてこない問題からは一貫して目をそらし、証明方法が見えた問題についてはその手順を追うのを一貫してさぼったからだ。だが、上級の代数学と三角法が私の熱意に再び火をつけ、解析幾何学と微積分の授業を受けるころには私の数学への愛はすっかり蘇っていた。その理由のひとつに、この二科目のおかげで基本事項を除いて幾何学の知識がすっかり要らなくなったことがある。

幾何学の何がいちばん嫌だったかは思い出せないが、理由の上位に間接証明（背理法）があったことは覚えている。間接証明とは、求めている結論の否定を考え、否定したことで矛盾が導かれることを示し、それを受けて求めている結論が正しいと考えるしかないとする証明方法だ。幾何学における間接証明の大多数の根源が、ユークリッド（エウクレイデス）の悪名高い第五公準、すなわち平行線公準である。

異論のない幾何学

ここで言う異論のない幾何学とは、平行線公準の一歩手前までのすべてのことである。異論のない幾何学には、厳密には定義できなくてもそれが何かは誰でもわかる基本対象、基本対象が絡むいくつかの定義、いくつかの明らかな算術的事実と幾何学的事実、そして平行線公準の前にある四つの公準が含まれている。

基本対象とは点などのことだ。ユークリッドは点を部分を持たないものと定義している。[1]私にはこれで問題ない。私はそうした抽象構造を厳密に語れるほど哲学的ではないが、私には（あなたにも）ユークリッドが言わんとしていることはわかるので、先へ進もう。明らかな算術的事実とは、等しいものどうしに等しいものを足しても等しいといったことを指す。

ユークリッドの言う明らかな幾何学的事実には、重なり合うものは互いに等しい、などがある。線分ABとCDをぴったり重ねて置くことができれば、$AB=CD$というわけだ。

これで四つの異論のない公準まで来た。ここで、線分には端点があり、直線には端点がないものとする。そのうえで四つの公準は次のように表現できる。

公準一　任意の二点を一意の線分で結べること。
公準二　任意の線分を伸ばして直線にできること。
公準三　与えられた中心と半径を用いて一意の円を描けること。
公準四　すべての直角が互いに等しいこと。[2]

このわずか四つの公準だけでも驚くほどの幾何学を展開できるのだが、それについてはここでは取り上げない。

平行線公準

平行線公準のユークリッドによる原バージョンは、控えめに言っても扱いにくい。

ユークリッドによる公準五はこのようなものである――二本の直線と交わるある直線が、同じ側で二直角より小さい内角を作る場合に、その二本の直線を無限に伸ばせば、内角の和

が二直角より小さい側で交わること。(3)

何がどうなっているのかを理解するために、すべての辺が無限に伸ばされた三角形を考えてみる。底辺と見なす辺に注目しよう。公準五で言う「内角」とは底辺がほかの二辺と作る角のことで、この二つの角の和は二つの直角の和である一八〇度より小さい。底辺以外の二辺の向きを十分に変え、その二辺が底辺の今とは反対側で交わるようにしたとしても、ここで言う「内角」の和はやはり一八〇度より小さい。では、内角の和がぴったり一八〇度の場合はどうなるだろう？　ほかの二本の線は底辺のどちらの側でも交わらないので、この二本は底辺上で交わるか（だがこれは底辺がほかの二辺と一致している場合にしか起こらない）、それともまったく交わらないかだ。

このように、平行線公準のこの定式化は与《くみ》しやすくなく、古代ギリシャ時代にさえ修正案がいくつも提案されている。今日《こんにち》よく用いられるバージョン（二本の平行線はどこでも同じ距離だけ離れていること）を提案したのはプロクロスだが、この件にかんする功績が認められているのはスコットランド人数学者のジョン・プレイフェアで、なぜかというと、彼が書いた幾何学の教科書が一九世紀初頭に大人気で、そこに彼のバージョンの平行線公準が載っていたからだ。今も昔も、栄誉の行き先は最高の広報を抱える個人ということか。

プレイフェアによる公準五はこうだ――与えられた直線上にない各点を通る、与えられた直線と平行な直線が一本だけ引けること。(4)

私が教わった平行線公準はこの形だった。これには明らかな利点が二つある。まず、ユークリッドの元の定式化に比べて理解しやすく、イメージしやすく、使いやすい。もう一つは少々微妙で、こんな疑問を抱かせることである。与えられた直線に平行な線を複数引ける幾何学をつくることは可能だろうか?

確かに、そのような幾何学は平面上には存在しえない。平面自体が、あの五つの公準を採用しているユークリッド平面幾何学に属するものだからだ。しかし、ユークリッド三次元空間へと移ると、与えられた直線と平行で与えられた点を通るような直線は無限にある。ただし、ここで言う平行とは、両方の線を伸ばしても交わらないという意味だ。一本の直線と、その直線と平行でその直線を含まない平面を考えるとすぐわかる。その平面上に一点を決めると、その点を通る任意の直線は与えられた直線とは明らかに交わらない。ちなみに、そうした直線は一本を除いてすべて、現代の用語では「ねじれの位置にある」と表現される(与えられた直線と正真正銘平行な直線が一本だけあり、それは与えられた直線が存在する平面上にある)。

ジローラモ・サッケーリ

イタリア人数学者の誰もがタルターリャやカルダーノやフェラーリのように華やかな経歴を持っているわけではない。ジローラモ・サッケーリはイエズス会から叙階された神父で、パヴィア大学で哲学と論理学を教えていた。それでいて同大学の数学科の教授でもあったということは、一大数学教師不足が発生した一九七〇年代の米国と同じ状況だったのだろうか。七〇年代の米国では中学・高校レベルで数学教師が不足し、図工や体育の教師が代数学の教師になることがままあった。私と仲の良い友人のひとりに大学で政治学を専攻した女性がいる。彼女が一九七〇年代にミドルスクール（西海岸でいうジュニアハイ）の教師になったとき、代数学の担当不足を誰かが埋めなければいけなくなった。彼女はその役を引き受け、代数学の教員として満ち足りた立派なキャリアを送った。

という話はともかく、これといった業績のなかったサッケーリが、一七三三年に *Euclides ab Omni Naevo Vindicatus*（いろいろな訳があるが、私は『あらゆる欠陥から解き放たれたユークリッド』を採っておく〔訳註　日本語には『あらゆる汚点から清められたユークリッド』と訳されていることが多い〕）という爆弾論文を発表した。爆弾といってもこれは時限爆弾で、その価値が評価されたのはずいぶんのちのことではあるが。このなかでサッケーリは、非ユークリッド幾何学の発展に向けた重要な第一歩を踏み出しかけていた。

サッケーリがやったのは、先人たちがやろうとしていたこと、すなわち平行線公準をほかの四つの公準で証明することである。彼はまず、線分（底辺）を引き、そこに同じ長さの二本の線分（右辺と左辺）を、それぞれ底辺と直角になるように引いた。次に、二本の線分の端点を結び（上辺）、今ではサッケーリの四辺形と呼ばれている図形を作り上げた。とはいえ、描いてみればすぐにそれは長方形だとわかる。

だが、あなたがそれを長方形だとわかるのは、上辺の両点が底辺から同じ距離にあることを知っており（右辺と左辺は同じ長さ）、かつ、あなたが平行線公準のプロクロスのバージョンを受け入れているからだ。サッケーリは平行線公準を前提としなかった。上辺と右辺／左辺がなす角である二つの頂角が同じであることを、彼はほかの公準を使っていとも簡単に示すことができた。その場合、次の三つの可能性がある。二つの頂角が直角か（もしそうなら、ほかの四つの公準で平行線公準が証明できたことになる）、鈍角か（九〇度より大）、または鋭角かだ（九〇度より小）。

サッケーリはまず、頂角が鈍角であるという仮定が矛盾を導くことを間接証明（背理法）で示した。次に、頂角が鋭角であるという仮定によっても矛盾が生じることを示そうとした。だが、無限のかなたの点（「無限遠点」と呼ばれる）で交わるはずの直線が実際には直線上のある一点で交わるとして証明をごまかさないことには、矛盾するとどうしても示せなかった。この重大な岐路において、サッケーリには二つの選択肢があった。情熱を注いだ帰結を示すためにごまかした証明のまま行くか、それとも頂角が鋭角だとする仮定が矛盾を起こすと示せなかったことを認めるか。今となってみれば、サッケーリがここで後者を選んでいれば、非ユークリッド幾何学の発見を数十年ほど早めていたかもしれない。だが彼は前者を選んだ。

サッケーリは、非ユークリッド幾何学の重要なある性質に初めて気づいた人物でもあった。頂角が鋭角だと仮定すると導かれる、三角形の内角の和が一八〇度より小さいという性質のことである。宇宙がユークリッド幾何学的か、それとも非ユークリッド幾何学的かを調べるおおかたの研究には、宇宙の基本的な幾何学を明らかにすることを目的とした、三角形――大きいほどいい――の内角の測定が絡む。三角形の内角の和が一八〇度より小さく、その測定結果が実験誤差を超えていれば、宇宙は文句なく非ユークリッド幾何学的ということになる。それに対し、三角形の内角の和が一八〇度に近かったとしても、宇宙がユークリッド幾何学的であることを改めて確認しただけのことで、決定的な結果にはならない。

針先で踊る天使――再び

サッケーリが自分の帰結を発表したのが一七三三年。その三〇年後、レオンハルト・オイラーやジョゼフ・ラグランジュの同僚だったドイツの数学者ヨハン・ランベルトが、たいへん似通ったアプローチでこの問題に取り組んだ。ランベルトは、サッケーリの四辺形（二つの直角と、同じ長さの左辺と右辺）を使う代わりに、三つの直角を持つ四辺形を考え、第四の角にかんする帰結を公準一～四を用いて導いた。ランベルトは、サッケーリと同じく第四の角が鈍角になる可能性を退けたが、サッケーリとは違って第四の角が鋭角だと仮定しても矛盾が生じないことを認めた。第四の角が鋭角であるという仮定の下に、ランベルトは非ユークリッド幾何学のモデルにかんするいくつかの重要な命題の証明にこぎ着けた――私の学部時代に代数学を担当していたジョージ・セリグマンが、次数16の代数にかんする帰結を苦労して証明したように。だが、ランベルトは非ユークリッド幾何学のモデルを構築しなかったので、彼が亡くなった時点で、この針先で天使が踊れるかどうかははっきりせずに終わった。ランベルトは、助け船が近づきつつあっただけセリグマンよりは幸運だったと言える。だが、最終的な評決はそれから一世紀近くも出なかった。

数学界のモーツァルトによる未発表交響曲

一九世紀になると、三人の数学者が非ユークリッド幾何学の構築に向けて実質的に同じ道を歩むことになる。そして、三人とも事実上同じような形でそれを成し遂げた。プレイフェアの公理を何か代わりのものに置き換えたのである。三人とも「与えられた直線上にない各点を通る、与えられた直線と平行な直線が一本だけ引けること」に取り組み、それぞれがほとんど同じ帰結を導いた。だが、歴史はその功績の大半をニコライ・イヴァーノヴィチ・ロバチェフスキーとヤノシュ・ボヤイのものと認めている。

プレイフェアの公理の代用を使って一貫した幾何学を構築できるという結論に文句なく最初に達していたのはガウスだったが、ガウスは違う時代に生きていた。そして今日《こんにち》一般に用いられているのとは違う競技ルールで数学をやっていた。ガウスの非公式モットーは「Pauca, Sed Matura」、これはラテン語で「少なかれど、熟せしを」というような意味で、彼の成果発表にかんする態度を示している。ガウスは、発表することで自分の威信が高まると確信するまで、そして帰結が完璧に磨き上げられるまで、何も発表しなかった（その威信を考えると、最上のものしか発表しなかったということだ）。もちろん、ほかの数学者と同様、自分の論文を燃やすようなことはせず、自分が得た帰結は喜んで個人的に教えた。ある日、当時のヨーロッパで二番めの数学者と言われていたカール・ヤコービがガウスのもとを訪ねた。ヤコービが自分の得た帰結について議論を求めたところ、ガウスは抽斗《ひきだし》から紙を何枚か取り出して、自分がその結論をすでに得ていたことをヤコービに見せた。嫌気がさしたヤコービはこう言ったという。「君がこの帰結を発表しなかったとはね。もっとひどい論文をあれほどたくさん発表しているのに[5]」

自らの成果の公表を渋るというこの頑《かたく》なさは、ニュートン以来の黄金の伝統だと言っていいかもしれない。彼は万有引力にかんする自分の仕事を抽斗にしまっていた。きっと光の性質にかんするロバート・フックとの厳しい学術論争があってのことだろう。何年か経って、ハレー彗星で有名な天文学者エドモンド・ハレーがニュートンを訪ね、重力による引力の逆二乗則の下で天体の動きはどうなるかと質問したところ、ニュートンは、自分はかつて計算したことがあってそれは楕円になると答えてハレーを仰天させた。感心したハレーはニュートンの『プリンキピア』の出版費用を引き受けた。ちなみに、ハレーが訪ねてきたとき、ニュートンは計算のメモ書きをどこにしまったかさだかでなく、見つけるのに苦労している。ニュートンは、発表を控えることなく、匿名で出していた場合もあった。だが、ヨハン・ベルヌーイが提起した問題に彼が解法を寄せたときには、それがあまりにエレガントで、ベルヌーイは、自分にはライオンは爪痕でそれとわかると言って、匿名の解だったにもかかわらずそれがニュートンのものだと見抜いている。

今日、発表にかんする事情はまったく違う。まれな例（アンドリュー・ワイルズによるフェルマーの最終定理解決のケースなど）を除き、数学者は一般に自分が得た結果を発表するか、発表しようとする——問題に対する磨き上げられた解決でなくても、さらには完全な解決でなくても。

それにはもっともな理由がある。若い数学者、特に名門大学にいる者は、「発表せよ、さもなくば去れ」という格言の意味を重々承知している。助教授在任資格の最終判断は、最初に雇われてから遅くとも六年でやってくるので、あなたが教師としてどれほど優れていようと、上位ランクの大学ではその六年間の実績を示せる何か（発表されたもの）が必要になり、それがないならあなたは別な勤め口を探すはめになる。そのため、何か発表しなければ——それが不完全でも——というたいへんな重圧がかかる。また、対外的に何か発表することは在任資格を得た者にとっても重要だ。というのも、（1）それが何らかの貢献につながるし、（2）その貢献が実はパズルの大事なピースを提供したことになっていて、「誰それの定理」と呼ばれていた未証明の帰結が「誰それとあなたの定理」に変わるかもしれないからである。私はそれを経験した。かつて、チェコの高名な数学者ヴラスティミル・プターク[6]による論文を読んだとき、私としては数少ないものすごくいいアイデアを思いつき、短い論文を書いたら《米国数学会紀要》に載ったのである。この論文に盛り込まれたなかで最高の帰結は、プターク＝スタインの定理として知られるようになった（私が知る限り、これが私の名が冠された唯一のもの）。そしてその九ヵ月後、まったく同じ帰結の論文がどこかに掲載されている。「歌う科学者」として有名なトム・レーラーが「ニコライ・イヴァーノヴィチ・ロバチェフスキー」という楽しい曲で歌っているとおりだ。

そこで私は書く
朝に、夜に
さらに昼に
そしてまもなく
ドニエプロペトロフスクで私の名が罵られる
私が先に発表したことを彼が知ったときに(7)

ガウスは代替幾何学を長きにわたって検討しつづけた。一五歳の時、彼は友人のハインリッヒ・クリスティアン・シューマッハを相手に、普通のユークリッド幾何学のほかにも論理的に矛盾のない幾何学を構築できると話している。最初、彼はほかの四つの公準から平行線公準を導くという路線で出発したのだが、矛盾のない幾何学がほかにも存在するという同じ結論に一五歳で達していたのだった。一八二四年、彼はフランツ・タウリヌス宛てに、タウリヌスが提案した平行線公準の証明の間違いを指摘する手紙を書いているのだが、そのなかで次のように述べている。「三角形の三つの角の和が一八〇度より小さいという仮定から、興味深い幾何学が導かれます。私としては得心しているこの幾何学は、「ユークリッド幾何学とは」まったく異なりますが、徹頭徹尾一貫しております……この幾何学の諸定理は逆説的で、十分な知識のない者には馬鹿げたものに映るでしょう。ですが、冷静沈着に考察すると、ありえないことはそこに何一つ含まれてないことがわかります」[8]。ガウスは矛盾のない幾何学のモデルを構築していたが、それが可能だとひとりで確信するに留めていたようである。

ガウスはタウリヌスへの手紙をこう締めくくっている。「いずれにせよ、これは私信とお考えいただき、公《おおやけ》でのご使用または公表につながるご使用はお控えください。当方にいずれ現状より時間的余裕が生じれば、この研究を私自身の手で公にするかもしれません」。その数年後、彼は天文学者ハインリッヒ・オルバースへの手紙のなかでも、自分が得た帰結とそれを公にするつもりがない意志とを両方書き綴っている。

それでもなお、ガウスは現実世界の幾何学がユークリッド幾何学ではないかもしれないという可能性にいたく心を動かされ、この件を解決するための実験を計画した。サッケーリとガウスは二人とも、平行線公準が成り立たないなら三角形の内角の和は一八〇度より小さくなるという結論に達している。ガウスは、自宅のあったゲッティンゲンを取り巻く山々を用いて一辺が六〇キロを超える三角形をつくり、その三角形の内角を測定して和を計算した。結果が一八〇度を十分下回っていたら、大地を揺るがす結論に達することができたかもしれない。だが、そうはならなかった。内角の和の違いは二秒（一八〇〇分の一度）にも満たず、この差は実験誤差のせいに違いなかった。

ヴォルフガングとヤノシュのボヤイ父子

ヴォルフガング・ボヤイ（ファルカシュ・ボヤイとも）は、ゲッティンゲン大学の学生だったころからのガウスの友人だった。学生時代、二人は自分たちが平行線の問題と呼んでいたものを議論しあい、ヴォルフガングがハンガリーに戻ってからは文通によって友情を保ち続けた。一方、ヴォルフガングの息子ヤノシュは、数学にかんして文句なしに一家の期待の星だった。父が息子に数学の手ほどきをしたところ、息子は驚異的な早さで習得していった。ある日、ヴォルフガングが病に伏したことがあった。当時ヤノシュは一三歳だったが、父は大学での講義のピンチヒッターに迷わず息子を送った。いつもの教授のかわりに一三歳の少年が現れたら、私ならいったいどう思っただろうか。

ヤノシュが一六歳のとき、ヴォルフガングはガウスに手紙を書き、数学界での出世を早めるために、息子をガウス家に見習いとして住み込ませてほしいと頼んだ。だがその手紙はどこかで失われたのか、ガウスから返事が来なかったので、ヤノシュはウィーンの帝国工兵学校に入学し、軍でのキャリアを目指すことになった。ヤノシュはたいへん才能に恵まれた数学者であったばかりか、決闘に長けており、バイオリンを弾くのが大好きだった。彼はある時、騎兵隊の将校たちから一三回連続の決闘という挑戦を受け、決闘二回ごとにバイオリンを一曲弾いていいという条件で承諾した。彼は一三回すべての決闘で勝ったのだが、バイオリンの演奏についての記録は残っていない。

工兵学校に在学中、ヤノシュは平行線公準に興味を持った。ほかの誰もと同じように、彼の最初の努力はそれを証明することに向けられた。この問題と格闘して失敗に終わった父親は、息子にその労力をほかの問題に振り向けるよう強い調子で諭している。「その問題には一時間たりともかかずらうな。何の結論にも達しないし、それどころかおまえの一生が毒されることになる……この問題にかんしては、考えうるアイデアをこの父が研究し尽くしたと信じている[9]」

父親の忠告に耳を貸さない息子はヤノシュに始まったことではなく、一八二三年にヤノシュは次のように言い返している。「平行線にかんする仕事については、証明が完成して準備が整ったら、機会が訪れ次第すみやかに発表することに決めています。今のところ、最後まではっきり見えているわけではありませんが、この証明が可能なことであれば、僕が辿っている道筋が目指すところまで続いていることはほぼ間違いありません……今言えるのは、僕はどこからともなく奇妙な新しい世界を創ったということです[10]」

ヤノシュは確かに奇妙な新しい世界を創っていた。完結したひとつの幾何学体系を打ち立て、性質の異なる三つの公準系を構築していたのである。第一の公準系はユークリッドによるおなじみの五つの公準を取り込んでいた。言うまでもなくこれはユークリッド幾何学だ。第二の公準系は今では双曲線幾何学として知られており、ユークリッドによる最初の四つの公準と平行線公準の否定とを含んでいた。これが、非ユークリッド幾何学の体系的な構築というヤノシュの偉大な業績となる。そして、最後の公準系である絶対幾何学は、ユークリッドによる最初の四つの公準だけに基づいていた。

このヤノシュの仕事は、彼が唯一発表した仕事でもあり、父親が書いた教科書に二四ページの付録として掲載された。父親がこの仕事をガウスに送ったところ、ガウスはある友人宛ての手紙でヤノシュ・ボヤイは一級品の天才だと褒め称えた。ところが、ヴォルフガング宛ての手紙の趣《おもむき》はまったく違って、ガウスは次のようにコメントしている。「これを褒め称えることは自分を褒めることになってしまいます。というのも、この仕事の内容はすべて……私の頭をここ三〇年から三五年ほど占めている私自身による考察とほとんど一致しているからです[11]」

これは意図的なこきおろしではないのだが、ヤノシュはたいへんなショックを受けた。ガウスが同じ道を先に通っていたことに心を激しくかき乱されたのである。その後、ヤノシュの人生は大きく傾いていく。軍を除隊したとき貰ったわずかな年金をもとに、彼は家族が受け継いでいた邸宅で暮らした。そして、数学界との接点がなくなってからも、彼は自分のアイデアのいくつかを育み続け、数学にかんして二万ページものノートを残した。だが、次の節で記すとおり自分の偉業――矛盾のない非ユークリッド幾何学を発表した最初の人物であること――までもを奪われて、ヤノシュはさらに辛い思いをすることになる。

ニコライ・イヴァーノヴィチ・ロバチェフスキー（一七九二〜一八五六）

この話に登場する三人めの非ユークリッド幾何学発見者は、実は最初の発見者だ——少なくとも最初に発表した人物である。ニコライ・イヴァーノヴィチ・ロバチェフスキーは貧しい役人の息子だった。父親は彼が七歳の時に亡くなり、未亡人となった母親はロシア中東部のカザンへと移り住んだ。ニコライと二人の兄弟は公的な奨学金をもらって中等学校へ通い、ニコライはカザン大学に入学した。当初は医療関係の管理職になるつもりでいたのだが、そこで学生、教師、管理職として終生を過ごすことになる。

彼はずば抜けて有能な学生だったようだ。なにしろ、大学を卒業したのが二〇歳の誕生日を迎える前、それも物理学と数学の両方の修士号を持ってのことだ。その後、助教授職を与えられ、二三歳で教授になっている。若くして教授になった才能ある数学者はほかにもいるが、やはり特筆すべき偉業である。

ロバチェフスキーは、ガウスやボヤイとだいたい同じような路線で仕事をした。「与えられた直線上にない各点を通る、与えられた直線と平行な直線が一本だけ引けること」という前提を置き換えることを出発点に双曲幾何学を創り上げたのである。彼はそれを一八二九年に（彼はこのことによって優先権を得ている。ガウスはまったく発表しなかったし、ボヤイの仕事が発表されたのは一八三三年だ）『幾何学の原理について』という論文のなかで発表した。だが、その発表先は、査読のある専門誌ではなく、大学が発行する《カザン大学学報》という月刊の内部機関誌だった。ロバチェフスキーはこの仕事をもっと多くの知識ある読者に読まれるべきものと考え、論文をサンクトペテルブルクのロシア科学アカデミーに送った。ところが、その価値を理解できなかった馬鹿な査読者によって即座に却下されている。ここだけ筆致が強かったかもしれないが、同じように馬鹿な査読者によって論文を何通か突き返された経験がある身としては同情心が湧く。いずれにしても、彼の論文は、「最初は突き返された偉大な論文」の長いリストに加わることになった。

ロバチェフスキーが偉いのはそれにめげなかったことで、一八四〇年、彼はついにベルリンで『平行線の定理にかんする幾何学的研究』という本の出版にこぎ着けた。彼からその本を贈られたガウスはたいそう感心し、ロバチェフスキーにお祝いの手紙を書いている。ガウスはまた、彼が初めて代替幾何学について議論した相手である旧友のシューマッハに宛てた手紙のなかで、ロバチェフスキーによる帰結は予想どおりだったのでそれには驚かないが、彼がそれらを導き出すために用いた手法には実に興味をそそられると述べている。そして、ロバチェフスキーのほかの論文を読もうと、老いた身でロシア語の勉強までしたのだ！

ロバチェフスキーの人生はヤノシュ・ボヤイのそれとはまったく違っていた。彼は三四歳でカザン大学の学長になり、その後も恵まれた人生を送ったが、非ユークリッド幾何学を認めさせる努力をやめようとしなかった。カザン大学が五〇周年を祝ったとき、彼は最後となる手を打った。盲目になっていたにもかかわらず、『汎幾何学、または一般的および厳格な平行線の定理にかんする幾何学的基礎の概要』を口述筆記しており、それはカザン大学の科学誌に掲載されている。

ロバチェフスキーはやがて認められだしたが、それは彼の死後のことだった。ヒルベルトがカントールの成果を称えたように、イギリスの数学者ウィリアム・クリフォードはロバチェフスキーを次のように評している。「ガレノス（訳註　古代ギリシャの医学者）に対するヴェサリウス（訳註　中世の解剖学者）、プトレマイオスに対するコペルニクス、それがユークリッドに対するロバチェフスキーだった」[12]。今日《こんにち》、主役三人がともに非ユークリッド幾何学の共同発見者とされているが、その功績のほとんどは、このアイデアを独立に発見した――そして発表した――ボヤイとロバチェフスキーに対して認められている。悲しいかな、ボヤイがロバチェフスキーの仕事のことを知ったとき、彼は最初、自分の数学界における正当な地位をガウスが奪おうとしており、ガウスはロバチェフスキーに自分のアイデアを一部流したと考えた。それでも、ロバチェフスキーの仕事を吟味したときのボヤイは十分な清廉さを取り戻しており、ロバチェフスキーによる証明のいくつかは天才の仕事であり、あの著作は記念碑的な業績だ、とコメントしている。

歴史は繰り返す

歴史とは――数学史でさえ――こうも頻繁に繰り返すものなのだろうか。ここまで見てきたように、連続体仮説の物語と平行線公準の物語はずいぶん似通っている。ある公理系が展開されており、それへの追加公理の妥当性に疑念が抱かれる。それは元の公理から証明できるのか否か？　どちらの物語でも、追加公理が元の公理系と独立であることが明らかになる。その追加公理を含めても、その否定を含めても、矛盾のない公理系ができあがるのだ。そしてもうひとつ、この二つの物語はなんとも似たような成り行きを見せている。偉大な数学者（カントールにはクロネッカー、ボヤイにはガウス）が意図的に（クロネッカー）、または意図せずに（ガウス）、自分より劣る数学者がそれ相応の評価を受けるのを阻み、称賛は後世に持ち越される。そのあいだに、その数学者の人生が破滅に導かれる。数学という営みは、残した業績は立派だが決して人格者とは言えない人物がいるという意味で、ほかの営みの大半となんら変わりはない。

エウジェニオ・ベルトラミと、パズルの最後のピース

乗り越えるべき壁が最後にひとつ残されていた。ガウスとボヤイとロバチェフスキーが定式化したあの奇妙な幾何学的性質を持っているモデルを構築することである。これを成し遂げたのがイタリアの幾何学者エウジェニオ・ベルトラミで、彼は一八六八年に書いた論文のなかでそうしたモデルを実際に構築している。彼は、非ユークリッド幾何学の先人三人が創り上げた理論の具体的な現れを探した。そう言い切れるのは、本人が論文でこう述べているからだ。「われわれはこの学説に対し、現に存在する基盤を見出そうと試みたのであり、実

在と概念の新秩序の必要性を認めたのではない」[13]。ベルトラミはまた、サッケーリによる仕事に初めて注目した人物として、非ユークリッド幾何学の歴史で重要な役割を演じてもいる。

数多くの興味深い数学曲線が、物理的な問題の解析の結果として生まれている。そんな曲線のひとつがトラクトリックスで、次のような状況で生成される。ヨーヨーの糸がピンと張られており、その糸の端が、まっすぐな線路上を走る鉄道模型にくくり付けられているところをイメージしてもらいたい。模型は一定速度で走り、糸はピンと張られた状態が保たれる。トラクトリックス（牽引線とも呼ばれる）とは、このときヨーヨーの中心によって描かれる曲線だ。中心は線路にどんどん近づくが、線路に達することはない。

線路を中心軸としてトラクトリックスを一回転させると、線路を対称軸にした曲面ができあがり、これは擬球と呼ばれる。この擬球こそが非ユークリッド幾何学で長らく探し求められていたモデルで、この表面上に描かれるどのような三角形も、その内角の和は一八〇度より小さくなる。

宇宙の幾何学はユークリッド幾何学か、それとも……？

一辺六〇キロを超える三角形の内角の和を測定しようとしたガウスの実験は、この宇宙の幾何学が非ユークリッド幾何学かどうかを決めようとする初の試みだった。ご存じのように、ガウスは自分の測定がユークリッド幾何学宇宙と実験誤差の範囲内で矛盾がないことを確認した。これはいまだに天文学者を魅了している問いで、そのため実験は現在でも続けられており、用いられる一辺の長さは今では一〇億光年単位だ。ウィルキンソン・マイクロ波異方性探査機（WMAP）から得られた最新データは、断固としてギリシャ人を支持している。私たちに達成できる最高精度において、宇宙の大きなスケールの幾何学は平坦であり、それは地球自体が丸いかもしれないと思いつく以前のギリシャ人の見解とまったく違《たが》わないのである。

第7章　論理にさえ限界がある

ライアーライアー（訳註　ジム・キャリー主演の映画にかけてある）

私が大学の学部生だった頃、GPA（学業成績平均値）を押し上げなければいけなくなると、哲学科の楽勝科目を探したものだった。狙ったのは論理学の各種入門で、私がとった講座は次の古典的な三段論法の検証で始まった。

すべての人間は死ぬ。
ソクラテスは人間だ。
よって、ソクラテスは死ぬ。

ふむふむ。シャーロック・ホームズを呼びたくなるような推論ではない。だが、ホームズも興味を抱くかもしれないもっと面白い三段論法がある。そのひとつは、論理学入門には出てこなかったが、ぱっと見は前出の単なる転用だ。

すべてのクレタ人は嘘つきだ。
エピメニデスはクレタ人だ。
よって、エピメニデスは嘘つきだ。

ほとんど同じに見える。だが最初の言明の主がエピメニデスなら話は別だ！　その場合、エピメニデスは最初の言明で嘘をついているだろうか？　なにしろ、嘘つきとはときどきは嘘をつく人のことであって、いつも嘘をついている必要はない。彼が嘘つきだとしても、最初の言明は嘘かもしれないし、そうではないかもしれない。そして、クレタ人にも嘘つきでない人がいるかもしれないし、そんなことはないのかもしれない。というわけで、筋の通った推論ができなくなる。

ここに少しばかり検討の余地がある。嘘つきの具体的な条件とは何か？　言うことすべてが嘘でなくてはいけないのか、それともときどき嘘をつくと嘘つきになるのか？　よく嘘つきのパラドックスと呼ばれるこの一連の言明は、いくらかの改良を経て「この命題は偽だ」という文に濃縮された。命題「この命題は偽だ」は真か偽か？　命題というものには真と偽しかないとすると、真であるはずがなく（真ならば、偽であることが真になり、つまり偽）、そして偽のはずがない（偽ならば、偽であることが偽であり、つまり真）。真偽がどちらかだと想定することで、真でも偽でもあるという結論が出てしまい、文「この命題は偽だ」は真偽の世界の外に置かざるをえなくなる。この議論を読んで、2の平方根が無理数であることを奇数と偶数の概念を用いて示す、第4章で紹介した古典的な証明になんとなく似ていると思ったかもしれない。あの証明では、ひとつの数が同時に二つの相容れない特性を持つことを導いていた。

嘘つきのパラドックスを「頭の体操」程度にしか思わない向きもいるだろう。表面的には、言語学の面白そうだけど実は専門的な論点くらいにしか見えないかもしれない。だが、クルト・ゲーデルという才気溢れる若き数学者が、嘘つきのパラドックスをもっと深く見つめ、それを使って二〇世紀で最も刺激的な数学的帰結のひとつを導いている。

数学界の巨人

一九〇〇年に開かれた数学界のサミットが、ひとりの巨人を頂点に据えた。その名はダーフィト・ヒルベルト。πが超越数であることを証明した数学者フェルディナント・フォン・リンデマンの教え子であるヒルベルトは、代数学、幾何学、解析学といった多くの主要数学分野で輝かしい業績を上げている（解析学は、微積分の発展に伴う理論上の困難のいくつかを徹底的に検証するなかで生まれた数学分野）。ヒルベルトはまた、アインシュタインより五日前に一般相対性理論にかんする論文を提出しているが、それはかの理論の完全な記述にはなっていなかった。[1] とはいえ、どのような基準に照らしても、ヒルベルトは巨人だった。

一九〇〇年にパリで開かれた国際数学者会議で、ヒルベルトは数学の会議で行なわれたものとしては影響力が最も強かったと言えるかもしれない演説を行なった。そのなかで彼は、二三の重要問題[2]を掲げて、二〇世紀の数学が取り組むべき課題を設定した――クレイ数学研究所とは違って、彼はその解決に金銭的な報奨は出せなかったが。その第一問題が連続体仮説で、前にも見たように、ツェルメロとフレンケルによる集合論の定式化の範囲内では決定不能であることが証明されている。第二問題は算術の公理が無矛盾かどうかを示すことだった。

思い出そう。公理系が無矛盾なのは、その範囲内で矛盾する帰結を導くことが不可能な場合、言い換えると、ひとつの帰結が真にも偽にもなりうるとは証明できない場合だ。真でも偽でもある命題がひとつでも存在すれば、その系は無矛盾でなくなるのだが、真でも偽でもある命題が存在しないことなど証明できそうにないと思うかもしれない。なんといっても、ある特定の公理系が無矛盾であることを証明するには、その公理系から導かれうるあらゆる帰結をすべて証明できないといけないのではないのか？

幸いそうではない。解析するのが最も簡単な部類に入る論理系のひとつに、真理値表の論理である命題論理がある。我が校の文系向け数学でよく教えられるこの論理系では、単純命題（真または偽になることしか許されない）からなる複合命題を「かつ」、「￢（否定）」、

行	P	Q	⅂P	PかつQ	PまたはQ	PならばQ
(1)	真	真	偽	真	真	真
(2)	真	偽	偽	偽	真	偽
(3)	偽	真	真	偽	真	真
(4)	偽	偽	真	偽	偽	真

「または」、「ならば」を使って構築して解析する。上の真理値表で、PとQは単純命題であり、最上行のそのほかは、その真偽がPとQの真理値に依存している複合命題とその計算方法を表している。数の代わりに真と偽を用い、和の代わりに複合命題を計算する加算表のようなものとも言える。

最初の二列は、命題PとQに対する考えられる四つの真理値の組み合わせを示している。たとえば行3は、Pが偽でQが真の場合について、最上行に示されたさまざまな命題の真理値を与えている。

「⅂P」の真理値は、単純にPの真理値の逆になっているのがわかる。たとえば、Pが真の命題「太陽は東から昇る」の場合、「⅂P」は偽の命題「太陽は東から昇らない」となる。

「PかつQ」の真理値も、「かつ」という言葉に対する一般的な理解をもとにとらえてかまわない。命題「PかつQ」が真になるには、PとQが両方とも真であることが必要だ。ただし、最後の二列についてはもう少し説明が要るだろう。

「または」という言葉は、日常的には排他的と包含的という二つの異なる用いられ方がある。「PまたはQ」に対する真理値の割り当てを「排他的なまたは」に対して行なうと、二つの命題PとQのどちらか片方だけが真のときに「PまたはQ」が真になるのに対し、「包含的なまたは」に対して行なうと、二つの命題PとQのどちらかひとつでも真のときに「PまたはQ」が真になる。この二つの区別として私が文系向けの数学の講義中に持ち出す例は、レストランで給仕が食後にコーヒーまたはデザートはいかがですかと聞いてきたときだ。あなたが「コーヒーとチョコレートアイスをお願いします」と言ったのに対して「申し訳ありませんが、どちらか片方だけになります」と言われなかったら、その給仕の「または」は包含的と言える。命題論理は包含的なほうを採用しており、前出の真理値表にもそれが反映されている。

最後に命題「PならばQ」の真理値は、明らかに偽である命題、すなわち真の仮定で始まって偽の結論で終わっているようなものを、そうでない命題と識別するために用意されている。「ならば」はよく混乱を招く。というのも次の複合命題がどちらも真とされるからだ。

ロンドンが英国最大の都市ならば、太陽は東から昇る。
ユーバシティーがカリフォルニア最大の都市ならば、2＋2＝4である。

最初の命題が真であることに対して学生は、仮定と結論を結ぶ理屈がないと反論し、二つめに対しては、この仮定が偽だからといってこういう算術的な結論に達することは不可能だと異議を唱える。命題論理の「PならばQ」は、Pで始まってQで終わる理屈が存在するという意味ではない。命題論理のそもそもの目標のひとつは、論理的に明らかに間違っている

行	P	Q	PまたはQ	¬(PまたはQ)
(1)	真	真	真	偽
(2)	真	偽	真	偽
(3)	偽	真	真	偽
(4)	偽	偽	偽	真

議論をその他すべてと区別することだった。「2＋2＝4である。よって太陽は西から昇る」というような議論は明らかにおかしいところがある。「PならばQ」は何かを含意している（何らかの関連性を示す議論が背後に存在する）と思いたくなるところだが、それは命題論理的な物の見方ではない。

算術でxとyとzの値が与えられると$x+yz$の値を計算できるように、命題論理にも複合命題の真理値を計算する方法がある。たとえば、PとQが真でRが偽の場合、複合命題「（Pかつ¬Q）またはR」は前出の表に従って次のように評価できる。

（真かつ¬真）または偽

（真かつ偽）または偽

偽または偽

偽

最後に、$x(y+z)=xy+xz$ のような算術命題は、xとyとzがどのような値に置き換えられても両辺を計算すると同じ値になり、常に真であるが、それとまったく同じように、二つの複合命題を構成する個々の命題

行	P	Q	⌐P	⌐Q	(⌐P) かつ (⌐Q)
(1)	真	真	偽	偽	偽
(2)	真	偽	偽	真	偽
(3)	偽	真	真	偽	偽
(4)	偽	偽	真	真	真

の真理値がどのような組み合わせであっても、それに基づいて計算される真理値が二つの複合命題でまったく同じになるケースが存在する。この場合、その二つの命題は論理的に同値だと表現される。前ページの真理値表は、「⌐（PまたはQ）」が「（⌐P）かつ（⌐Q）」と論理的に同値であることを示している。

この真理値表の最後の列は、上に示した真理値表の最後の列と値が同じになっている。

このような同値関係が見られる状況は、給仕にコーヒーまたはデザートはいかがですかと訊かれて、あなたが要らないと答えた場合に発生する。給仕はコーヒーを持ってこないし、デザートも持ってこない。

命題論理が無矛盾であることは、一九二〇年代前半にエミール・ポストによって証明されており、そこで用いられている証明は、米国では高校で論理学をとっている生徒になら、ついていける。[3] ポストは、命題論理が矛盾するという前提のもとでは、「Pかつ⌐P」のような常に偽であるものも含めて、どのような命題も真と証明できることを示した。これにより、命題論理以外の系の無矛盾性にかんする問題に取り組むことが次のステップとなった。こうして、話はヒルベルトの第二問題である算術の無矛盾性に戻る。

ペアノの公理

算術の公理には数多くの定式化が存在するが、数学者や論理学者が使うバージョンは、一九世紀末から二〇世紀初頭にかけて活躍したイタリアの数学者ジュゼッペ・ペアノによって考案されたものだ。彼による自然数（正の整数の別名と言っていい）の公理は次のとおりである。

公理一　数1は自然数である。
公理二　aが自然数ならば、$a+1$も自然数である。
公理三　aとbが$a=b$である自然数ならば、$a+1=b+1$である。
公理四　aが自然数ならば、$a+1\neq 1$である。

公理がここまででも、あなたは帳簿残高を確認できるだろうし、そればかりか、数学者はこの公理が無矛盾だと証明するのに何の苦労もしないだろう。問題を引き起こしたのはペアノの第五公理だった。

公理五　集合Sが1を含んでおり、「aがSに属するならば$a+1$もSに属する」という性質を持つならば、Sはすべての自然数を含んでいる。

数学的帰納法の原理とも呼ばれるこの最後の公理があるおかげで、数学者はすべての自然数を対象とする帰結を証明できる。あなたがある日、退屈な会議に出ているとしよう。ほかにやることもなく、奇数の和を紙に書き出してみる。すると、すぐにこんな表ができあがる。

$$1=1$$
$$1+3=4$$
$$1+3+5=9$$
$$1+3+5+7=16$$

あなたはふと、右辺がどれも二乗数であることに気づく。また、右辺の値が、左辺にある奇数の個数の二乗になっていることにも気づく。このことから、先頭からn個の奇数（最後の奇数は$2n-1$）の和はn^2という予想が立ち、これは一つの式で表せる。

$$1+3+5+\cdots+(2n-1)=n^2$$

さあ、どうしたら証明できるか？　簡単な方法が少なくとも二つある。まずは、ガウスの方法の代数版だ。和Sを昇順と降順の両方で書き出そう。

$$S = 1 + 3 + \cdots + (2n-3) + (2n-1)$$

$$S = (2n-1) + (2n-3) + \cdots + 3 + 1$$

左辺どうしは、足して$2S$になる。右辺については、どちらの和もちょうどn項からなっていることから、右辺の和の各項を上下ペアにして見比べると$1+(2n-1)=2n=3+(2n-3)$などとなっており、右辺どうしを足すとn個の$2n$が得られることがわかる。よって$2S=2n^2$となり、求めていた結果が得られる。

もうひとつの方法はとても簡単で、私がこの話をした小学三年生も理解できた。この方法では、この和をチェッカーボード上で見ていく。1という数は、チェッカーボード左上隅のマスで表される。3という数は、二行めと二列めの、左上隅のマスと接する頂角を持つすべてのマスで表され、合わせて、1＋3はチェッカーボード左上隅の一辺二マス分の正方形だ。5という数は、三行めと三列めの、3という数を表すマスと接する頂角を持つすべてのマスで表され、合わせて、1＋3＋5はチェッカーボード左上隅の一辺三マス分の正方形になる。という具合に続く。

数学的帰納法の原理を使うという手もある。

次の式

$$1=1^2$$

では、命題（先頭からn個の奇数の和はn^2）が$n=1$の場合について示されている。この命題が整数nについて正しいとすると、あとはこの命題が$n+1$の場合も真であることを示せばよい。するとこの命題は、先頭から$n+1$個の奇数の和が$(n+1)^2$、と書き換えられる。きちんと書くと、私たちが証明すべきは、

$$1+3+5+\cdots+(2n-1)=n^2$$　（この式は整数nに対して有効）

を前提として、

$$1+3+5+\cdots+(2(n+1)-1)=(n+1)^2$$　（この式は整数$n+1$に対して有効）

であることだ。

代数操作と算術操作にかんする基本事実はペアノの公理から導けるのだが、なにぶん専門的なので、以降、この証明では$a+b=b+a$といった算術や代数にかんする一般法則も前提に含める。

左辺のかっこを整理すると次の式が得られる。

$$1+3+5+\cdots+(2n+1)=(n+1)^2$$

さらに、次を得る。

$$1+3+5+\cdots+(2n+1)=[1+3+5+\cdots+(2n-1)]+(2n+1)$$

$$=n^2+(2n+1)\quad（もともとの前提より）$$

$$=(n+1)^2\quad（基本代数）$$

先頭からn個の奇数の和がn^2になるようなすべての正の整数nからなる集合をAとすると、私たちが示したのは、Aに1が含まれること、そしてnがAに属するならば$n+1$もAに属することだ。よって、公理五によりAはすべての正の整数を含んでいる。

膨大な数の深遠な帰結を導くのに、数学的帰納法が重要な証明テクニックとして用いられている。算術が矛盾していることが証明されようものなら、多くの数学者が気分をずいぶん悪くするだろう――ダーフィト・ヒルベルトも。彼の基底定理（環《かん》論と代数幾何学の両方にとって重要な帰結）の証明にも数学的帰納法が用いられている。算術にかんするペアノの公理が無矛盾であることを誰か証明してくれないかと、ヒルベルトは切に願っていたに違いない。自分の最も有名な帰結が疑念に晒《さら》されるところなど、誰だって見たくないだろうから。

そんなわけで、算術にかんするペアノの公理が無矛盾であることの証明には大勢が乗り出しており、ヒルベルトもそのことをよくわかっていた。だからこそ、ゴルトバッハ予想やリーマン仮説といった名だたる問題を差し置いて、これが第二問題だったのだ。ちなみに、ゴルトバッハ予想とは、4以上のすべての偶数は二つの素数の和であるというものである。リーマン仮説は、途方もない可能性を秘めている専門的な帰結なのだが、これを理解するには複素変数と無限級数の知識が必要になるので、解決できた個人にクレイ数学研究所が一〇〇万ドルを用意していることを紹介するに留めておこう。

ポストドク、旋風を巻き起こす

数学者がいちばんいい仕事をするのは三〇歳になる前だという話がある。もしかすると四〇歳という予想のほうが妥当かもしれない。フィールズ賞の授与対象もこの年齢に達する前になされた仕事に限られている。それでも、数学のとりわけ重要な帰結のいくつかが大学院生や博士課程修了生《ポストドク》の仕事であるのは確かだ。

その理由をめぐっては大量の意見が飛び交っているが、私はこう思っている。いくぶんではあるが、問題によってはその研究が硬直化することがある。先を行く数学者が道を切り開き、その他大勢がその後に続いて……その道が行きつくところまで行ってしまうことがあるのだ。だが、若い数学者は余計なことを吹き込まれていないことが多い。今でもはっきり思い出すのが、私の博士論文の指導教官ウィリアム・バーデのことで、彼はこれを読めば現状に追いつけるという資料を私に渡すとき、論文を読み終えたらどの路線を追求しろとは一切言わなかった。

クルト・ゲーデルは今のチェコ共和国で、ヒルベルトがあの二三の問題を提起した六年後に生を享《う》けた。彼の学才は幼い頃から明らかだった。ゲーデルは最初、数学と理論物理学のどちらを選ぶか迷ったのだが、車椅子から離れられないカリスマ教官の講座をとったことを機に数学に決めている。ゲーデルは自分の健康問題を強く意識していた。その意識が強すぎてのちに自分を破滅に導くことを思うと、その教官の境遇がゲーデルの決定に大きな影響を与えたと言えるかもしれない。

一般にヨーロッパの数学者は、終身在職権を持つ教授職を得るためにハードルを二つ越える必要がある。ひとつは博士論文なのだが（これは米国の数学者も同様）、さらに大学教員資格というものがあって（ありがたいことに米国の数学者には不要）、注目に値する仕事をもうひとつ、博士号を授かった後になさねばならない。ゲーデルはというと、彼は数理論理学に興味を持つようになり、博士論文のテーマには、ヒルベルトなどが提案したある述語論理系が完全――その系内の真であるすべての帰結が証明可能――であることの証明を選んだ。この帰結は命題論理が無矛盾というエミール・ポストによる証明をはるかに凌いでいたのだが、それを導くのに数学的帰納法が用いられていた。そこでゲーデルは大学教員資格に向けて狙いを真の大物に定めた。算術の無矛盾性、すなわちヒルベルトの二三の問題の第二問題である。

一九三〇年八月、その仕事を完成させたゲーデルは、ある数学会議に一般講演論文を投稿したのだが、その会議の目玉はヒルベルトによる「論理学と自然認識」と題する講演だった。ヒルベルトは相変わらず物理学の公理化と算術の無矛盾性の証明を追い求めており、彼は講演を「われわれは知らなくてはならない。われわれは知るであろう」と力強く締めくくった。皮肉なことに、同じ会議のゲーデルによる一般講演論文には、「われわれは知るであろう」というヒルベルトの夢を永遠に打ち砕くことになる帰結が含まれており、そのことが発表時間二〇分で説明されている。スポットライト（または数学会議でならスポットライトとして通用するもの）から遠く離れたどこかで行なわれた講演でゲーデルが発表した帰結によると、私たちは次の状況のどちらかが真実であると認めざるをえない。すなわち、証明できない命題（今では決定不能命題と呼ばれている）が算術に含まれていることか、ペアノの公理が矛盾することだ。今日《こんにち》に至るまで、ペアノの公理が矛盾することは誰も証明していない。そして、長らく未解決であるにもかかわらず、どの数学者を捕まえてみてもペアノの公理が無矛盾であるほうにいくらでも賭け金を積むだろう。いずれにしても、この帰結がゲーデルの不完全性定理として知られている。

アインシュタインの相対性理論が物理学界を魅了してほとんどすぐさま受け入れられたのに対し、数学界は当初、ゲーデルの仕事の真価を認めなかった。だがそれから五年ほどで彼の帰結は幅広く認められて受け入れられている。彼は健康問題に遭遇しながら、その後も数理論理学でインパクトのある仕事を成し続けた。彼はユダヤ人ではないのにユダヤ人と間違えられやすく（彼をユダヤ人だと思ったギャングから襲われたこともある）、彼に強い影響を及ぼした教官のひとりが一九三六年にナチを信奉する学生によって殺されると、ゲーデルは神経衰弱にかかった。やがて第二次大戦が始まり、ゲーデルはドイツを離れて、ロシアと日本を経由して米国へ渡り、プリンストンに落ち着いた。

心身両面の健康問題はその後もゲーデルを苦しめ続けた。プリンストンでの彼の友人・知人の輪は実に狭く、話をした相手がアインシュタインだけという時期もある。後半生には妄想が強まり、彼は自身の健康問題を理由に世間が自分を毒殺しようとしていると思い込むようになった。そして一九七八年、絶食によって毒殺を避けようとしたことが原因で亡くなっている。

ゲーデルの不完全性定理の証明

ゲーデルの定理の証明法はたくさんあるのだが、ここでは大筋を説明するに留める。ゲーデルによる元の証明の雰囲気を伝えるもう少し詳しい証明については、本章の原註に挙げた参照先をご覧いただきたい(4)。

ゲーデルは嘘つきのパラドックスに着目し、文「この命題は偽である」（先ほど説明したように、これは真偽を判定できる命題の領域外にある）を「この命題は証明不可能である」

に変えた。彼はこれを出発点に、ゲーデル数と呼ばれるテクニック（原註に挙げた参照先に簡単な説明がある）を用いて、命題の証明不可能性を、ペアノの公理の枠組み内での整数にかんする命題の証明不可能性とリンクした。命題「この命題は証明不可能である」が証明不可能ならそれは真であり、彼が算術とのあいだで確立したリンクにより、証明不可能な命題が数論にも存在することが証明される。そして、命題「この命題は証明不可能である」が証明可能ならそれは偽で、彼の証明はこの帰結を、ペアノの公理が矛盾することとリンクしていたのである。(5)

「証明不可能」とは具体的にはどういうことか？　読んで字のごとく、命題の真偽を判断できる証明が存在しないという意味だ。言うまでもなく、証明不可能な命題の存在はいくつかの疑問を提起する。この件にかんしては大きく分けて二つの考え方がある。ご存じのように、おおかたの物理学者による不確定性原理の解釈は、共役変数が特定の決まった値を持たないということであり、人類の知性が及ばずその特定の決まった変数を測定しきれないということではない。数学者のなかにも、証明不可能性を同じように捉えている者がいる。人類の知性が及ばずある命題の真偽を証明できないのではなく、論理学を究極の審判に採用してもこの仕事には向かないというのである。また、証明不可能な命題にも本来は真偽があり、用いられた論理系がそれを判定できるほど十分に発達していないと考える数学者もいる。

停止性問題

ゲーデルが不完全性定理（不完全性または矛盾性定理と呼ばれるべきものかもしれないが、語呂が悪い）を思いついたのとほぼ同じ頃、数学者はコンピューターの製作と、計算というプロセスの土台になる理論の定式化とに取り組み始めていた。初となる比較的複雑なコンピュータープログラムが開発されたとき、数学者は計算プロセスに潜むやっかいな可能性を発見した。コンピューターが無限ループに陥り、手動で止めることでしか救えない事態が生じうることである（当時は電源を切るしかなかったに違いない）。無限ループの簡単な例を示そう。

プログラムの文番号	命令
1	プログラム文番号2へジャンプ
2	プログラム文番号1へジャンプ

このプログラムの第一命令によって、このプログラムの制御は第二命令に移り、それが第二命令によって第一命令へ戻り、という動作が永遠に繰り返される。

コンピュータープログラミングの初期にはプログラムが無限ループに突入することがよくあったので、次の疑問が自然と湧いた。コンピュータープログラムが無限ループに突入するかどうかを判定することだけを目的としたコンピュータープログラムは作れるか？　この問いは、表現は違うが次のように言い換えられる。プログラムが停止またはループする場合、別のプログラムが停止するかループするかを判定するコンピュータープログラムを作れるか？　これは停止性問題として知られていた。

　そのようなコンピュータープログラムを作れないことはほどなく証明され、この帰結は停止性問題の決定不能性として知られている。次に示す証明は、この分野の初期の巨人であるアラン・チューリングによるものだ。チューリングは途轍《とてつ》もない才能に恵まれた数学者・論理学者だったのみならず、第二次大戦中にドイツ軍の暗号を解読するうえで中心的な役割も果たしている。だが、同性愛にきわめて不寛容だった時代に同性愛者だった彼は化学療法を強要され、のちにそれがもとで自殺している。

　停止性問題が決定可能だと想定し、プログラムＰと入力Ｉが与えられるとプログラムＰが停止するかループするかを判定できるようなプログラムＨが存在するとしよう。プログラムＨの出力は判定結果だ。具体的には、入力Ｉに対してＰが停止すると判定した場合にＨは停止し、入力Ｉに対してＰがループすると判定した場合にＨはループする。ここで、Ｈの出力を検証してそのまったく逆の動作をするような新たなプログラムＮを作る。Ｈが「停止」するとＮはループし、Ｈが「ループ」するとＮは停止する。

　Ｈはプログラムが停止するかループするかを判定できるはずなので、プログラムＮに注目し、Ｎへの入力にはそれ自身を用いる。Ｎが停止するとＨが判断した場合、Ｈの出力は「停止」となり、Nはループする。Nがループすると H が判断した場合、H の出力は「ループ」となり、Nは停止する。言い換えると、N は H による判定と逆の動作をする。この矛盾は停止性問題を決定可能だと想定したことから導かれた。よって、停止性問題は決定不能でなければいけなくなる。

そう苦労せずについていけたのではないだろうか？　この証明には嘘つきのパラドックスの原理と似た要素が含まれていそうに見えるが、このケースではその見立てどおりだ。ゲーデルの定理と停止性問題の決定不能性は、帰結がそれぞれ異なる分野に属するように見えて、実は等価であることが証明されている。どちらも他方の帰結として証明できるのである。

時は変わって今現在。停止性問題の決定不能性は、その決定不能性が数千億円規模の市場を存在させ続けるであろう問題と等価であることがわかっている。二〇〇七年はコンピューターウイルスが初めて登場してから二五周年の年だった。初のウイルスである「Elk Cloner（エルク・クローナー）」は、ピッツバーグの高校生だったリック・スクレンタによって、Apple IIコンピューターをターゲットに作られた。このウイルスが行なう悪さは、自身をオペレーティングシステムとフロッピーディスク（覚えてますか？）にコピーし、次のようなあまり記憶に残らない韻文をモニターに表示するくらいのものだった。

Elk Cloner: The program with a personality.（このプログラムは個性的）
It will get on all your disks.（あらゆるディスクに乗り移る）

It will infiltrate your chips.（チップのなかに入り込む）
Yes it's Cloner!（そうさ、それがクローナー！）
It will stick to you like glue.（にかわのようにへばりつく）
It will modify RAM too.（RAMの中身も書き換える）
Send in the Cloner![6]（クローナーを送り込め！）

スクレンタは自分がキーツやフロストの座を脅《おびや》かす文人とはほど遠いことを知らしめたわけだが、このささやかな労作に端を発して、ありとあらゆるマルウェア（悪意のあるソフトウェア）が現れた。こんな至極当然の問いも発せられた。コンピューターウイルスを検出するプログラムは作れるか？　ノートンやマカフィーといった会社の存続にとっては幸いなことに、ウイルスを検出するコンピュータープログラムは作れるが、犯罪者は常に警察の先を行くだろう――少なくともこの分野では。すべてのウイルスを検出するコンピュータープログラムが存在するかどうかは停止性問題と等価であり、したがってそのようなプログラムは作成できないのである。[7]

どれが決定不能か、または決定不能かもしれないか

私には数学という学問の先行きはわからないが、数学者の望みならわかる。株のトレーダーが相場の底で鐘が鳴ればいいのにと思っているように、数学者は自分が取り組んでいる問題が決定不能かどうかが手軽にわかる方法があればいいのにと思っている。残念ながら、ゲーデルの定理はどの命題が決定不能かを正確に教えてくれるアルゴリズム付きではない。決定不能な命題としてゲーデルがつくった例は、数学的には役立たずだ。あの例には自式を満たすゲーデル数を持つ式が絡んでいる。式のゲーデル数については原註の参照先の説明をご覧いただくとして、自式のゲーデル数が組み込まれた数学的に重要な式など、算術には一つたりともない。数学者が本当に望んでいるのは、ゴルトバッハ予想などの未解決問題にタグが付いていて、そこに「これにはかまうな――この命題は決定不能だ」と「諦めるな――いい線を行っているかもしれないぞ」のどちらかが示されていることだ。だが、すべての命題にタグを付ける方法など、誰も発見しそうにない。この分野の歴史を鑑みれば（停止性問題の決定不能性のケースを思い出そう）、命題にそのようなタグを付ける方法がないと証明される可能性のほうがはるかに高そうである。

それでも、決定不能と証明された問題のなかには、いくつかたいへん興味深いものがある。残念ながら数はそう多くなく、どのような問題が決定不能かについて何らかの一般的な結論を出すには全然足りない。それはさておき、なかでも飛び抜けて重要なのがコーエンによる証明で、それによると、ツェルメロ＝フレンケル集合論（選択公理あり）が無矛盾なら、その範囲内で連続体仮説は決定不能である。決定不能だと示された興味深い問題は少なくともあと二つあって、そのひとつは今のところ未解決の、面白くて理解しやすい問題に絡んでいる。

語の問題――スクラブルの話ではありません

第5章で見たように、正三角形の対称群は二つの基本的な動きの組み合わせからなっている。そのひとつは一二〇度の反時計回りの回転（R）で、もうひとつは頂角が不変で二つの底角が入れ替わる動き、いわゆる鏡映または裏返し（F）だ。

Iをこの群の単位元（すべての頂角が元の位置に留まる対称性）とすると、FとRのあいだに次の関係が成り立つ。

$F^2 = I$（$F^2 = FF$であることを思い出そう。正三角形を二度鏡映すると元に戻る）

$R^3 = I$（一二〇度の反時計回りの回転を三度行なった場合も同様）

$FR^2 = RF$

$R^2F = FR$

これも第5章で説明したが、正三角形には全部で六つの対称性があり、それぞれI、R、R^2、F、RF、FRによって実現される。前出の四つのルールを用いて、文字RとFだけからなる長い語を、この六つのどれかにまで整理してみよう。次に例を挙げる。

$RFR^2FRF = FR^2R^2FFR^2$　（最初の二文字と最後の二文字を前出の関係を用いて置換）

$= FR^3RF^2R^2$　（$R^2R^2 = R^3R = R^4$）

$= FIRIR^2$　（$R^3 = F^2 = I$）

$= FRR^2$　（$FI = F, RI = R$）

$= FR^3 = FI = F$　（やった！）

RとFだけを用いた任意の「語」を前出の四つの基本的な関係を使って正三角形の対称性に対応する六つの語のどれかに還元できることは簡単に示せる。作戦としては、三文字からなる任意の文字列が二文字以下の文字列に還元できることを証明する。可能な文字の並びは八つあって、ここでは最終結果だけを書き出した。

$RRR = I$

$RRF = FR$

$RFR = F$

$RFF = R$

$FRR = RF$

$FRF = R^2$

FFR = R

FFF = F

三文字からなる文字列はどれも二文字以下の文字列に還元できるので、二文字以下の語になるまでこの操作を続ければいい。最終的にこの群の元《げん》である六つの基本対称性のどれかになるはずだ。数学者はこのことを、正三角形の対称性からなる群S_3は四つの基本関係に従う二つの生成元RとFによって生成される、などのように表現する。

この例のように、いくつかの関係に従う生成元の集合で定義される群は多い（すべての群というわけではないが）。このような群における語の問題とは、二つの語（RFR^2FRF とRFRなど）が与えられたときに、この二つがその群の同じ元を表しているかどうかを判定するアルゴリズムを見つけることだ。群によっては判定アルゴリズムが見つかるが、一九五五年、ノヴィコフが語の問題が決定不能である群の例を挙げた。[8] ノヴィコフ一家は数学に大いに貢献している。語の問題で名を馳せたピョートル・ノヴィコフには二人の息子がいた。アンドレイは卓越した数学者だった。そして、セルゲイはひじょうに卓越した数学者で、一九七〇年にフィールズ賞を受賞している。

ちなみに、ルービックキューブが初めて登場したとき、その解法の論文が群論の専門誌に多数掲載された。[9] ルービックキューブには、関係に従う生成元（各軸を中心とする回転）を持つ対称群が絡んでいるからである。

ここからそこへ必ず辿り着くか?

決定不能だと証明された三つの問題の最後は、グッドスタインの定理として知られている。この問題の雰囲気を摑んでもらうため、いくつかの側面で共通点を持つ、今のところ未解決の問題——コラッツ予想——を紹介しよう。この予想は多くの数学者が決定不能かもしれないと思っているのだが、それ自体を理解するのは簡単だ。ポール・エルデシュという多産な放浪の数学者をご存じだろうか。彼はさまざまな大学を短期間訪問するというライフスタイルを貫き、興味深い問題の解決にたびたび金銭的な報酬を出した。訪れた大学の数学者とともに生きたという意味で基本的に数学界に支えられていたことから、エルデシュは決まって、謝礼として集まったお金を賞金の原資に回していた。最低額は一〇ドルで、コラッツ予想の証明(肯定的か否定的かを問わず)には五〇〇ドルが用意された。彼はコラッツ予想にかんして「数学はこのような問題に対する準備がまだできていない」(10)と述べている。

この問題を初めて見ると、数を書き散らしていた九歳の子どもによる思いつきに見えるかもしれない。数をひとつ選ぶ。それが偶数なら2で割り、奇数なら三倍して1を足す。これを繰り返す。最初の数が7の場合の例を示そう。

7, 22 [= 3 × 7 + 1], 11[= 22/2], 34, 17, 52, 26, 13, 40, 20, 10, 5, 16, 8, 4, 2, 1

少々手間がかかったが、最後には1になった。さて、未解決問題である。どのような数から出発しても1という数に辿り着くだろうか？　証明か反証ができたら、賞金はエルデシュの遺産から出ると思う。彼は一九九六年に亡くなった。その死後、《ニューヨークタイムズ》紙が彼にかんする記事を一面で扱っている。また、エルデシュは尋常ではない量のコーヒーを飲んだことから、同僚のアルフレッド・レーニイから「数学者とはコーヒーを定理に変える機械だ」とユーモラスに評されたことがある。[11]

グッドスタインの定理[12]はこの問題を彷彿とさせる。この定理では、ある並び（グッドスタイン数列）を再帰的に定義する（コラッツ予想と同様、次の項は並びの直前の項に何かすることで定義される）のだが、そうして定義される並びはコラッツ予想の場合のように簡単には説明できない。すべてのグッドスタイン数列が0で終わることは証明できるのだが、ペアノの公理だけでは証明できず、ツェルメロ＝フレンケル集合論の無限公理を追加公理として用いなければならない。このため、この定理はペアノの公理だけを用いた場合は決定不能という興味深い命題になっている――ゲーデルの定理の証明に使われている無味乾燥な決定不能命題とは対照的だ。また、集合論のより強力なバージョンの範囲内でならグッドスタインの定理を証明できることが、「決定不能な定理にも本来は真偽があり、適切な論理系があればそれを判定できる」という見方の信憑性を高めていることを指摘しておく価値があるだろう。

そんなわけで、ゲーデル並みの才能を持つ大学院生がまた現れて、数学者の大半によるコンセンサスが間違っていること、そしてペアノの公理が実は矛盾していることを証明するまで、数学者は数学的帰納法に頼り続けるだろう。これは現在使えるとりわけ有効性の高いツールのひとつだし、決定不能命題の存在は、これほど価値あるツールのために払う代償としては微々たるものだ。どこかの院生が、ペアノの公理の矛盾を証明するというありえない仕事をやってのけたとしたら、その彼または彼女には次の二つがもたらされるだろう。ひとつはフィールズ賞、そしてもうひとつは、最も貴重な戦略のひとつを兵法から奪われた数学界からの永遠の憎しみである。

第8章　空間と時間――これで全部？

第二の解

私にとって高校の代数学が過去のものとなって五〇年以上経つが、世の中はどんどん移り変わっていくのに、高校の代数学はほとんど変わっていないように見える。教科書は図版が充実してずいぶん面白そうになり、値段ははるかに張るようになったが、次の段落で紹介するような問題が今なお載っている。

スーザンの家の庭は長方形だ。その面積は五〇平方ヤードで、奥行きは幅より五ヤード長い。では、庭の寸法は？

この問題の構造は単純だ。庭の寸法を奥行きLと幅Wで表すと、次の式を導ける。

$LW = 50$　（面積＝五〇平方ヤード）

$L-5=W$ （奥行きが幅より五ヤード長い）

二番めの式を最初の式に代入すると二次方程式 $L(L-5)=50$ を得る。展開して因数分解すると $L^2-5L-50=0=(L-10)(L+5)$ となり、この方程式に解が二つあることがわかる。片方は $L=10$ で、これを二番めの式に代入して $W=5$ だ。この二つの数が問題の答えであることは簡単に確かめられる。奥行き一〇ヤード、幅五ヤードの庭の面積は五〇平方ヤードで、奥行きは幅より五ヤード長い。

ところが、この二次方程式には第二の解がある。$L=-5$ のことだ。これを二番めの式に代入すると $W=-10$ となり、この組み合わせも前出の二本の式を数学的に満たす解になっている。探してみても構わないが、幅マイナス一〇ヤードの庭は見つからないだろう。幅は本質的に正の量だからだ。

高校生はこういう場合にどうすべきか心得ている。問題の文脈にそぐわないという理由で、$W=-10$, $L=-5$ という解を破棄するのだ。それに対し、こうした方程式が物理現象から得られた場合、物理学者は一見無意味な解をあっさり退けたりはしない。むしろ、このぱっと見に「無意味」そうな解の陰に、まだ明かされていない何かが潜んでいるかもしれないと思うだろう。なにしろ、物理学の歴史は、意味がなさそうに見える解の背後に興味深い物理現象が隠れていたという例に事欠かないのだ。

表の空欄

「数学」の辞書的定義はどれもおおむね似通っていて、私の使い古したファンク・アンド・ワグナルズ刊の辞書によると「量、形式、大きさ、および配列の研究」である。このうちの配列が、現実世界の現象を部分的にでも説明する形で姿を見せると、たいていの場合、その配列の欠落部分に未発見の現象がないかどうかを確かめる研究が行なわれる。その好例が元素の周期表の発見だ。

一九世紀、化学者は雑多に見える化学元素に秩序と構造を与えようと試みていた。ロシアの化学者ドミトリ・メンデレーエフは、既知の元素をあるパターンに従って整理してみることにした。まず、元素を原子量の軽いほうから並べた。原子量は、ジョン・ドルトンが原子論を考案したときにその注目を引いた物質的な性質である。次いで、金属性や化学反応性——ほかの元素との反応しやすさ——などの副次的な性質を用いて、元素にまた別のレベルの秩序を当てはめた。

メンデレーエフによる思索の成果が元素の周期表、すなわち元素を行列形式に並べた配列である。基本的に、縦の並びである各列はアルカリ金属や化学的に不活性なガスといった決まった化学的な性質ごとに並べられており、原子量は各列では上から下へ、横の並びである各行では左から右へと大きくなっている。

メンデレーエフがこの仕事を始めたとき、元素がすべて知られていたわけではなかったたため、周期表にはところどころ空欄があった。対応する原子量と化学的性質を持つ元素がそこにも入るものと彼は思っていたかもしれないが、そのような元素の存在は知られていなかった。メンデレーエフは大いなる確信を持って、そのなかから三つの元素が将来見つかると予想し、その存在が実証される前からおおまかな原子量と化学的性質を与えた。このうち最も有名な予想に絡むのが、彼がエカシリコン(エカ珪素《けいそ》)と呼んだものだ。該当する空欄が彼の周期表の同じ列でシリコンとスズに挟まれていたことから、彼はそれをシリコンやスズに似た性質を持つ金属だと予想し、原子量は水より五・五倍重く、酸化物は水より四・七倍重いなど、定量的な予想も併せていくつか行なった。エカシリコン(のちにゲルマニウムと呼ばれるようになる)が二〇年ほどのちに見つかったとき、彼の予想は見事的中していた。

現実世界が部分的に当てはまる配列が発見されたことを受け、その配列のほかの部分に当てはまる現実世界の側面を探しにかかって成功する。その最も有名な例がこの話かもしれない。だが、物理学ではこうしたことが頻繁に繰り返されている。

幅がマイナスの庭

なかでもとりわけ有名な例は、ポール・ディラックが一九二八年に発表した、任意の電磁場のなかを移動する電子の振る舞いを記述する式をめぐって起こった。ディラック式の解はペアで求まったのだが、それは判別式 b^2-4ac が負になる二次多項式 ax^2+bx+c に、$u+iv$

と$u-iv$という複素共役のペアとして複素根が現れることに似ていた。正のエネルギーを持つ粒子のどのような解にも、それに対応する負のエネルギーを持つ粒子の解が存在したのである——幅がマイナスの庭に匹敵するようなおかしなアイデアだ。ディラックは、これが正電荷を持つ電子に似た粒子のことだと考えたのだが（電子の電荷は負）、このアイデアは当初ずいぶん懐疑的に受け止められた。ディラックも出ていた週一回のセミナーを主催していたロシアの大物理学者ピョートル・カピッツァは、取り上げられた話題がなんであれ、ゼミが終わるとディラックに向かって「ポール、反電子はどこだい？」とからかうのが常だった[1]。

だが最後に笑ったのはディラックだった。一九三二年、アメリカの物理学者カール・アンダーソンが、宇宙線が霧箱に残す飛跡を調べる実験で反電子を発見したのである（のちに陽電子と改名された）。陽電子が発見されて、ディラックがカピッツァに向かって「そこだ！」と言ったかどうかの記録はない。そう言いたくなるところをディラックが堪《こら》えていたとしたら、彼はそれができた類まれな人物ということになる。ディラックは一九三三年にノーベル賞を共同受賞した。

数学の場合、幅がマイナスの庭の存在によって提起されるジレンマを避ける方法がある。そのひとつが、関数の定義域（許される入力値の集合）を限定することだ。たとえば、本章の冒頭で説明した庭の式を考える際に、値が正であるLとW（庭の奥行きと幅）だけ考えればいいようにするのである。そのように限定することで、得られた二次方程式の解は定義域の範囲内でひとつしかなくなり、幅がマイナスの庭という問題は解消される。

ところが、ディラックの式の例が示すように、物理学者は現象を記述する関数の定義域を無造作に限定するわけにはいかない。なるほど、限定すればその定義域の範囲内で既知の現象を記述できるかもしれない。しかし、除外された定義域の範囲内に何か思いも寄らない素晴らしいものが潜んでいるかもしれないではないか。

複素クッキー

数学的概念は理想化だ。そのうち「3」や「点」などは現実世界に対する私たちの直観的理解とよく対応している一方、「i」（-1の平方根）などは、よく対応しているものこそないが有用性は高い。たとえば、量子力学の主たる数学ツールである波動関数は、その二乗が確率密度関数になっている複素数値関数である。確率密度関数を理解することは難しくない。来週火曜日の私について言えば、西海岸のロサンゼルス（私の自宅）にいる確率のほうが東部のクリーブランドにいる確率より高いが、クリーブランドへ飛ぶ必要が生じるような用事は確かに存在する。そのような用事ができる確率はもちろん低いが、起こりえなくはない。それにしても、その二乗が確率密度関数になっている複素数値関数に、現実世界との対応関係などありそうに見えない――適切に扱えば世界にかんして精確な結果を与えてくれる数学的実体ではあるが。

では、複素数には現実世界とどのような関係があるだろうか？　私たちに$2-3i$個のクッ

キーを一個 $10+15i$ セントで買うことはできない。ところがこの買い物がもしできるとすると、なんとその代金を払えるのだ！　代金＝クッキーの数×クッキーの単価という式を用いて、代金は次のように計算される。

$$(2-3i)\times(10+15i)=20+30i-30i+45=65\ \text{セント}$$

同じような状況が物理学では頻繁に起こっている。現実に起こっていることについて、非現実的だが便利な記述があるのだ。私たちが知っているこの宇宙は、そうした記述の有用性も含めて存在しているのだろうか？　すなわち、私たちが複素クッキーを見つけていないだけなのだろうか？

ここでのトピックは量子力学ではないが、ハイゼンベルクが数学の役割についてここで引用するのにふさわしそうなことを述べている。「……原子の振る舞いを扱うのにまさに適していそうな数学体系——量子論——を考案できた。しかしながら、それを思い描くとなると、われわれは二つの不完全な類推——波動像と粒子像——で満足せざるをえない[2]」。言い換えると、複素クッキーはその数学的な記述と同じ精確さで思い描けるものには属していないかもしれないが、複素クッキーを考えるとうまくいくかどうか、私たちはそれだけを気にすべきなのである。

標準模型

標準模型は、物理学者による現段階での宇宙観を表している。粒子には二種類あり、片方はフェルミオンという物質粒子、もう片方のボソンは、この宇宙で作用していると今のところ考えられている四つの力を伝える粒子である。その四つの力とは、まずは電磁力、これは光子によって伝えられる。次に弱い力、これは放射性崩壊の原因で、WボソンとZボソンという粒子が伝えている。そして強い力、こちらは核をひとつにつなぎ止めている力で（核内陽子によって生じる電気力による斥力に打ち勝つ）、これを伝える粒子はグルーオンと呼ばれている。最後は重力で、これを伝える粒子はまだ見つかっていない。

標準模型は何世紀にもわたる努力の極致なのだが、あらゆる詳細が精確だと証明されているにもかかわらず（そして小数点以下一五桁以上の精度で実験的に確認されている成果もあるのに）、物理学者も承知しているとおり、標準模型にはまだ答えられていない疑問が数多く残っている。各粒子の質量は実験的に測定された値だが、これらの質量を言い当てられるより深遠な理論はあるだろうか？　フェルミオンは三つの「世代（族）」の粒子にきれいに分類されているが、なぜ三つであって、二つでも四つでもほかの数でもないのか？　さらに、この四つの力はなぜさまざまな面で大きく異なっているのか？　電磁力は重力より四〇桁近くも大きく、だからこそあなたは、冬の寒い日に髪に櫛を通し（髪があればの話。私にはない）、地球による重力に十分打ち勝てるだけの静電気を起こして、小さなポストイットを持ち上げたりできる。電磁力と重力はどこまでも届くが、強い核力の届く範囲は原子核内部に限られている。電磁力は引力にも斥力にもなるが——幸いなことに、イオン化していないどの原子のなかでも釣り合っている（だから私たちは歩く電荷の塊《かたまり》ではない。冬の寒い日は事情が違ってくるが）——、重力は常に引力だ。銀河系の中心部で雷雨が発生しても私たちに影響はないが、銀河系の中心にあるブラックホールの重力は間違いなく私たちに作用する。

そしてなにより、標準模型によって示される現実よりもさらに深いレベルの現実はあるのか？　すでに見たように、量子力学の性質の背後に隠れた変数が潜んでいないことはアスペの実験で確認されているが、このことは、ある決まった状況における深いレベルの現実の可能性をひとつ排除したにすぎない。

標準模型を越える

昨今の物理学には、ディラックの反電子の変種が無数に溢れている。標準模型（私たちの宇宙を形作っていると目下のところ考えられている一揃いの粒子と力の分類）を越えようという膨大な数の試みが、「どうしてこれらの粒子と力なのか？」という問いに答える形で行なわれている。エレガントな万物理論の探求は止《や》まないに違いない。そのような理論が発見されるか、そのような理論が存在しえないことが証明されるまで、この探求は終わらないだろうから。そんなわけで、標準模型を拡張する数学的記述が今のところ少なからずある。そこで、そうしたモデルによる帰結——その存在が確認されることが決してないかもしれない粒子や構造や次元——をいくつか検証していこう。

無限の向こう側

物理現象にかんするどのような数学モデルにも言えることが、おそらくひとつだけある——無限大を想定していないことだ。

だからといって、どのような宇宙にも無限がないというのではない。興味深く刺激的な論文[3]（初出は《サイエンティフィック・アメリカン》誌）で、物理学者のマックス・テグマークは検証可能な「並行宇宙」を四つに分類した。彼がレベル4に分類しているのが数学構造で、このなかでテグマークが説得力を持って（必ずしも説得はされないと思うが）議論しているのが、彼が「数学的民主主義」と呼んでいる概念、すなわち「多宇宙《マルチバース》（可能なすべての宇宙の集合）は、可能なすべての数学モデルそれぞれに対応する物理的現実で構成されている」という概念だ。

この可能性を検討することには正当な理由がある。ノーベル賞受賞者である物理学者のユージン・ウィグナーは、物理学における数学の「不合理なまでの有効性」にかんする考察で、自分はその合理的な理由を見出せないと述べている。物理学における連続体の有効性にかんする議論で紹介したジョン・アーチボルト・ホイーラーは、「なぜこれらの式なのか？」[4]という疑問を呈した。直接そうは言っていないが、「ほかの式でもいいではないか」というわけである。私たちが暮らしているこの宇宙はなぜ、アインシュタインによる一般相対性理論の式とマックスウェルによる電磁気の式を支持し、ほかの方程式一式を支持しないのか？　テグマークはひとつのありうる答えを提案している。それによると、マルチバースは可能なすべての（整合性のある）方程式一式を支持している。宇宙はそれぞれを異なる領域で支持しており、私たちはたまたまアインシュタイン＝マックスウェル領域に住んでいるというのである。

ここ数百年の物理学界で大きな論争となった話題のひとつが光の性質だ。光は波なのか、はたまた粒子なのか？　この問いに対する答え——その両方——は二〇世紀になるまで完全には正しく理解されなかった。一九世紀の中頃、電磁力の振る舞いを記述したマックスウェルの方程式は明らかに波に見える解を導いて、波であるほうを支持した。しかし、残された問題があった。当時、波が伝わるためには媒体が必要だと考えられていた。水の波には水（または何らかの液体）が要るし、音には空気（または波をつくる希薄化と圧縮の繰り返しを伝える何らかの媒体）が要る。電磁波が伝わると信じられていた媒体には、ルミニフェラス・エーテル（訳註　「光伝エーテル」の意で、日本語では普通単に「エーテル」）という、えもいわれぬ名前が付けられていた。このような美しい名称が付けられていたのに残念なことだが、アルバート・マイケルソンとエドワード・モーリーが一八八七年に初めて行なって以来、今日まで続けられている数々の実験によって、ルミニフェラス・エーテルなど存在しないことがきわめて高精度に実証されている。マイケルソン＝モーリーの実験による結果は、ほどなくローレンツ変換へとつながった。ローレンツ変換とは、別の座標系に対して一定の速度で動いているある座標系における距離と時間との関係を表しており、アインシュタインによる特殊相対性理論の定式化に貢献したものだ。特殊相対性理論は式$E=mc^2$で最もよく知られているが、アインシュタインはこのほかに、質量にかんする次の式を速度の関数として導いている。

$$m=\frac{m_0}{\sqrt{1-(v/c)^2}}$$

m_0はある物体が静止しているときの質量、mはその物体が速度vで移動しているときの質量、cは光速である。[5] 簡単に確認できるが、vが0より大きいがcよりは小さい場合、分母は1より小さくなり、質量mは静止質量m_0より大きくなる。これまた簡単に確認できるが、vがcに近づくほど分母は0に近づき、mはどんどん大きくなる。vが光速の九〇パーセントになると質量は倍を超え、vが九九パーセントになると質量は七倍にまで増える。そしてvが九九・九九パーセントになると質量は静止時の七〇倍を超える。

お気づきだろうか、かつて自然は真空を嫌うと考えられていたのと同じように、私たちの宇宙（または現在この宇宙の私たちの領域に暮らしている物理学者たち）は無限を忌み嫌っている。前出の式からの帰結として、有限質量の粒子は光速では移動できない。できるとすると式の分母がゼロになり、質量mが無限大になるからだ。このことは、光が光速で移動することを妨げない。なぜなら、光の粒である光子には質量がない。そもそも静止質量からしてないのだから。

タキオン登場？

アインシュタインの理論は、質量がゼロでない粒子が光速で移動するためには無限大のエネルギーが要ることも示していた。ところが、前出の式をよくよく見ると――私たちの宇宙の物体について導かれた式だ――、ディラックの反電子に当たる、理論上可能な対応物が存在することがわかる。vがcより大きいと、分母は負の数の二乗根を要請し、よって虚数になる。虚数の算術を支配するルールによれば、実数を虚数で割ったものは虚数になるので、粒子を光速より速くなるまで加速できたとしたら、その粒子の質量は虚数になる。質量が虚数で光速より速く移動する粒子はタキオンと呼ばれている（語源は「速さ」を意味するギリシャ語）。無限の向こう側に由来するものは私たちの宇宙でまだ検出されていないが、証拠がないことは何もない証拠ではない。タキオンの評判は現代の物理学者のあいだですこぶる悪く、タキオンを許す理論は不安定だと評されるのだが[6]、すっかり排除されているわけではない。「減速」して光速より遅くなったタキオンが突如として実数の質量を持つ粒子に変わるところはなかなか想像しにくいが、すでに存在が知られている粒子のなかに実際に特性を変えるものがある。ニュートリノには三つの異なる種類があり、移動中のニュートリノはその種類を変える。粒子が自分の種類を変えるというのもずいぶん奇妙に聞こえるかもしれないが、「太陽ニュートリノ欠損問題」、または単に「太陽ニュートリノ問題」と呼ばれている問題には、今のところこの説明しかない。ニュートリノの捕獲は何十年と試みられてきたが、予想される数の三分の一しか捉えられていなかった。このことに対する唯一の説明が、ニュートリノが移動中に種類を変えるため、捕獲装置がニュートリノを一種類しか検出しなかったというものなのである。

ひも理論

少し前にジョン・アーチボルト・ホイーラーの「なぜこれらの式なのか？」という言葉を紹介した。同じくらい妥当で、ひょっとするとこの宇宙にかんしてもっと現実的な問いは「なぜこれらの粒子なのか？」かもしれない。私たちの宇宙を構成している粒子、すなわち標準模型の光子やらクォークやらグルーオンやら電子やらニュートリノは、なぜこれらなのか？　なぜ現在知られているような質量と相互作用の強さを持っているのか？　こうした問いは標準模型の守備範囲外だ。標準模型とは、私たちに「どのように」を予想できるようにする「何を」の表であって、「なぜ」という問いにはまったく対応していない。

　もしかすると「なぜ」は、その答えが物理学の領域を超えたところに潜んでいる問いなのかもしれない。だが、そうではない可能性もある。前世紀において、基本粒子に対する科学的な見方は、まずは原子から中性子や光子や電子へ、そして標準模型を構成する各種粒子へと変わっていった。ひょっとすると、標準模型の基本粒子を構成している基本粒子というものがあるのかもしれない。この議論で最も有望なのがひも理論[7]（そしてその発展バージョンである超ひも理論）で、この宇宙のすべての粒子が「ひも」と呼ばれている一次元の物体の振動モードだと主張している。長さと張力が決まっているバイオリンの弦は、特定のパターンで振動させることしかできない。バイオリニストが一本の弦を弓で弾くとき、その音は調子よく響き、耳障りな音にはならないが、それは各振動パターンが特定の音程に対応しているからだ。ひも理論を構成するひもも、特定のパターンでしか振動できない。そして、この振動パターンこそ私たちの宇宙を形作っている粒子を表しているというのである。

　この理論の中核にあるひもは途方もなく小さく[8]、ひもを直接観測することは一〇〇光年離れたところから本を読もうとするのと同じくらい難しい。そのため、直接観測される可能性は排除されそうだが、科学は必ずしも直接観測を必要としない。たいがいは間接的な証拠で十分だ。一九八〇年代に走査型顕微鏡による映像が得られるまで、科学者は原子を見たことがなかったが、原子論はその一〇〇年以上前から磐石《ばんじゃく》だった。ひも理論による予測として実験か観測で検証できるものを見つけようと、多大な努力が傾けられている。だが、ひも理論はそれ自体が発展途上であり、何度も生まれ変わるあいだに（ひも理論には少なくとも四世代ある）予想も変わっている。

とはいえ、ひも理論はだいたいどのバージョンも、標準模型を凌ぐ二つの予想をしている。ひとつはまだ観測されていない粒子、もうひとつはまだ検証されていない宇宙の幾何学的・位相幾何学的《トポロジー》構造だ。この二つの予想は見守っていく価値がある──予想そのものが興味をそそるというだけでなく、未来の理論が矛盾を暴き、ほかを探す必要性を迫るかもしれないという意味でも。

私は数年前、エドワード・ウィッテンがカリフォルニア工科大学で行なった講義に出席する機会に恵まれた。彼はフィールズ賞の受賞者で、ひも理論の主導者の一人である。講義には一流の科学者が多数詰めかけ、それが終わると質疑応答の時間が設けられた。ウィッテンに向けられた質問のひとつが、「これが自然の摂理だと本当に信じてらっしゃいますか？」。対する彼の答えは明快だった。「信じていなかったとしたら、一〇年も取り組んでいませんよ」。私は説得された──あの場では。だが帰る途中にふとこうも思った。今から何世紀も前、錬金術に取り組んで一〇年経ったときのアイザック・ニュートンも、錬金術の妥当性について問われたら同じように答えていたかもしれない。

まだある、存在が予想されている粒子

未検出のうちから研究の対象になっている粒子が二種類ある。片方は標準模型に属する粒

子なのに、いまだに検出されていない。そのうちの最注目株がヒッグス粒子で、これは質量がゼロでないあらゆる粒子に質量をもたらす媒体だ（ちなみに、質量ゼロの粒子は、たとえば光の粒子である光子）。第1部で触れたように、新世代の粒子加速器でどれだけエネルギーを上げても、ヒッグス粒子はその射程から外れて私たちをじらし続けているようなのだが、多くの物理学者は、仕掛けられた罠にヒッグス粒子が引っかかるのは時間の問題だと思っている。

数学的な観点から見てさらに興味深いのが超対称性粒子だ。こちらは標準模型を構成する粒子によるコーラスラインの短命なダンスパートナーラインで、ひも理論の目下人気のバージョンにはたいてい存在している。超対称性粒子は、ディラックの反電子と同様に、その基盤をなす数学からペアとなってその姿を現す。ただし、ディラックの反電子のペア関係は電荷が正反対であることに由来しているのに対して、超対称性粒子はスピンが絡む対応関係に由来しており、標準模型で質量を持つ粒子のスピンは1/2、対応する超対称性粒子のスピンは0になっている。

ヒッグス粒子や超対称性粒子が検出できるかどうかは、こうした粒子の質量がいくらなのかによる。いまだ観測されていない粒子はどれも重く（陽子の質量の何倍かという意味で）、予想される質量はその予想に用いられる理論によって違う。共通しているのはそれらを作り出すのに要るもの――膨大なエネルギーだ。質量とエネルギーの関係を表すアインシュタインによる偉大な式 $E=mc^2$ は、外貨に喩えると為替レートと言える。原子爆弾は、または恒星の中心部で熱核融合によって生成されるエネルギーは、質量がエネルギーに変換された結果であり、わずかな質量から大量のエネルギーが生成されるのは質量がc^2倍、すなわち秒速三〇万キロメートルという光の速度の二乗倍で効いてくるからである。質量mの粒子を作り出そうと思ったら、前出の式と等価な$m=E/c^2$に注目する必要がある。すると、ひじょうに小さいmを作るのにずいぶん大きなEが要ることがわかるだろう。したがって、新たな粒子を作り出すのに必要なEを供給するには、建設する粒子加速器の規模をこれまでにないほど大きくしなければならない。目指す新しい粒子のmが大きくなるほど、必要なEも大きくなる。ひも理論のなかには、主要粒子の質量に次世代の加速器で手が届きそうなバージョンがあるが、そうでないバージョンもある。鍵となるパラメーターは基本となる実体——振動するひも——の大きさで、ひもが小さいほど必要なエネルギーは大きくなる。

パーソン・オブ・ザ・ミレニアム

私が一九九九年にずいぶんがっかりしたことのひとつは、《タイム》誌が「パーソン・オブ・ザ・ミレニアム」を選定しなかったことだ。「パーソン・オブ・ザ・センチュリー」にアインシュタインが選ばれているのがせめてもの救いだが(すばらしい人選!)、同誌は千載一遇の大チャンスを逃した。アインシュタインの「パーソン・オブ・ザ・センチュリー」よりも、アイザック・ニュートンの「パーソン・オブ・ザ・ミレニアム」のほうが明白な人選だと思うし、そもそも「パーソン・オブ・ザ・ミレニアム」を選ぶ機会など滅多にあるものではない。

アイザック・ニュートンはその重力理論で最もよく知られているが、これは数学と物理学の両面にわたる彼の数多くの業績のひとつでしかない。それより、ニュートン最大の業績は数学と物理学の範囲を超えるもので、私はそれを理由に彼こそ「パーソン・オブ・ザ・ミレニアム」にふさわしいと思っている。何かというと、科学的方法を打ち立て、産業革命とそれ以降の進展にはずみをつけたことだ。ニュートンが用いた科学的方法とは、データを集め（または既存のデータを検証し）、そのデータを説明する理論を考え、その理論から予想を数学的に導き、その予想の有効性を確かめることである。彼はこの方法を重力に限らず力学や光学にも適用し、西洋文明を一変させた。

パーソン・オブ・ザ・センチュリー

ニュートンの重力理論は文句なしに人類による偉大な知的業績に数えられる。この理論は、惑星の軌道や潮の満ち引きといった日常的な出来事のほとんどを説明するに留まらず、数十年前までせいぜい非現実的なアイデアでしかなかったブラックホールのような概念を許すほど深い。だが、一九世紀後半の物理学者は、この理論が完璧ではないことに気づいていた。いくつかの測定結果（有名なところでは水星の軌道の歳差）がニュートンの理論を用いて計算された値と明確に異なっていたのである。

アインシュタインはニュートンの理論を単に取り繕ったのではない。この宇宙のまったく違う見方を考え出したのだ。とはいえ、ニュートンとアインシュタインのどちらが思い描いた宇宙でも、出来事は四つの数（次元）で指定できた。そのうちの三つは空間的な位置で、残るひとつは時間的な位置である。ただし、ニュートンの場合、この四つの数は絶対的だった。同じ時刻に起こった二つの出来事間の距離についてあらゆる観測者の意見が一致するし、空間内の同じ位置で起こった二つの出来事の時間間隔についてもあらゆる観測者の意見が一致する。それに対して、アインシュタインによる主張のなかに、距離や時間は相対的だというものがある。アインシュタインの理論から導かれるある帰結によると、移動している観測者どうしでは、空間内の同じ位置で起こった二つの出来事の時間間隔について意見が一致しない。アインシュタインによれば、移動している定規は長さが短くなり、移動している時計は進みが遅くなる。かつて、時刻が精確に合わされた二組の時計を比べる実験が行なわれた。一組を地上に残し、もう一組をジェット機に乗せて世界一周させたところ、アインシュタインが正しかったことが証明されている。

そうした違いこそあれ、ニュートンもアインシュタインも宇宙にかんする議論に四つの数を使った。彼らの宇宙は四次元なのだ。するとただちに二つの疑問が浮かぶ。一つめの疑問——私たちの宇宙は本当に四次元なのか？——は、ニュートンが、そしてアインシュタインが正しいかどうかを問うている。二つめの疑問——四次元でないほかの宇宙があるか？——

は、いくぶん深い話になって哲学（または純粋数学）の領域に入り始める。

この二つの疑問は一〇〇年近く物理学者の頭を占めてきた。これは万物理論の探求であり、それが見つかれば、物理学者は何が起こるのかだけでなく、なぜ起こるのか、そしてほかのことが起こりうるのか（ほかの宇宙が存在するか）、それとも起こりえないのか（私たちの宇宙が唯一可能な宇宙なのか）を説明できるようになる。万物理論が確立されても、答えられない疑問は数多く残るだろう。しかし、確立されれば、人類が抱く大きな疑問のひとつが解決を見ることになる。

宇宙の幾何学

ニュートンによる最も有名な言葉のひとつが『プリンキピア』に載っている。「私は仮説を立てたりしない。というのも、現象［観測データ］から導き出せないものはすべて仮説と呼ばれるべきだから、そして仮説には……実験哲学に居場所がないからである。この哲学では、特定の命題がデータからの推論によって導き出され、のちに帰納によって一般化される。……［私の］運動および重力の法則も、そのようにして発見されたものだ[9]」

彼は仮説を、少なくとも発表するつもりで立てることはなかったかもしれないが、考えさえしなかったとは信じがたい。ニュートンによるあまたの数学的業績のひとつに微積分の確立がある（ゴットフリート・ライプニッツも独立に確立している）。現代の教科書で、ニュートンの重力法則にかんする説明はすべて微積分で記述されているが、それはさまざまな帰結を表現するのに微積分が明らかに正しい数学ツールだからだ。ところが、興味深いことにニュートンは『プリンキピア』で微積分をほとんど使っていない。帰結の大半はユークリッド幾何学のみを用いて求められているのである。ニュートンの幾何学を駆使する能力は並外れており、二つの物体間に働く重力をそのあいだの距離の二乗に反比例するものと記述したとき、彼がこの事実と幾何学とのつながりを考えていなかったとは到底思えない。球の表面積が半径の二乗に比例しているという事実はギリシャの幾何学者にも知られており、物体から有限の量の「重力をもたらす何か」が発せられているなら、その何かは膨らみ続ける球の表面に拡散するはずだ。そのような「重力をもたらす何か」が存在しており、膨らむ球の内側にある物体から発せられているなら、そのことが重力の逆二乗則を説明し、ニュートンはこの路線で何らかの思索を巡らせていたに違いない。

別の表の別の空欄

標準模型は、式ではなく表だ。標準模型にも空欄があって、そこに完璧に当てはまるのにまだ観測されていない粒子がある。メンデレーエフが原子を整理して作った表が、欠落している元素とその性質を当人に予想させたように、標準模型の空欄は（ほかの力を伝えているのがボソンなのだから）重力を伝えるボソンでここを埋めろと声を張り上げている。この仮想粒子はグラビトンと呼ばれている。
グラビトンはいくつかの点で、ニュートンによる重力の逆二乗則を説明する自然な方法だ。電磁力の場合も引力または斥力が電磁粒子間距離の二乗に反比例しており、その理由は光源を中心として（光速で）膨らむ球の表面に光子が拡散することによる。二つの球の表面に同じ数の光子が拡散しており、大きいほうの球の半径が小さいほうの三倍ならば、大きいほうの球の表面積は小さいほうの九倍大きい。同じ数の光子が球面を覆うのに使われるとすると、大きいほうの球の表面上の光子密度（力の強さの尺度になる）は小さいほうの $1/9 = 1/3^2$ となる。

ニュートンはまず間違いなく気づいていたと思うが、重力場の強さの説明に同じようなメカニズムを仮定することは理にかなっている。だが私たちはここで、現代物理学が直面している大きな未解決問題のひとつに出くわす。重力以外の力の振る舞いを説明する理論は三つあって、そのどれもが粒子の振る舞いの記述によって力を説明する量子論なのだが、重力を最もうまく説明している相対性理論は場の理論で、空間じゅうに広がる重力場について語り、重力場の振る舞いを記述しているのである。

このことは、電磁力の元々の記述であるマックスウェルの方程式についても言える。マックスウェルの方程式は電場と磁場の相互関係を記述する。二〇世紀前半になると、量子電磁力学が考案された。量子電磁力学は、荷電粒子（フェルミオン）が光子（ボソン）の受け渡しという形で相互作用することによって電磁場がどのように生成されるかを記述する。量子電磁力学は後に続く量子理論の指導原理となった。そのひとつである電弱理論は電磁力と弱い力を統一的に記述し、もうひとつ、愛嬌ある名前の量子色《いろ》力学は強い力を記述する。ところが、重力を伝える力が――少なくとも理論上は――存在するのに、うまくいく量子重力理論はまだ生まれていない。この理論の確立は現代理論物理学の最重要課題と言っていいだろう。

奇跡的な幸運

一九一九年、アインシュタインによる一般相対性理論がものの見事に確認された。恒星からの光が太陽の重力によって偏向しているところをエディントンが観測したのである。その同じ年、アインシュタインはほとんど無名のドイツ人数学者テオドール・カルツァから驚くべき論文を受け取った。[10]

カルツァは、数学者はよくやるが物理学者はたまにしかしないことをやった。よく知られた帰結を持ってきて、新たな仮想環境に置いたのである。この場合、よく知られた帰結はアインシュタインによる一般相対性理論、新たな仮想環境は空間が（私たちが馴染んでいる三次元ではなく）四次元で時間が一次元の宇宙だった。

カルツァが空間として四次元を選んだのは、おそらくそれが複雑さの段階として三次元の一段上だったからだろう。だが、カルツァによるこのアプローチは稲妻を瓶《びん》のなかに捕まえていた（訳註　奇跡的なことの喩え）——文字どおり。この仮定を出発点としても、アインシュタインによる一般相対性理論の式が導かれたのは当然として、ほかにも式が導かれたのだが、それがなんと、電磁場を記述したマックスウェルの方程式だったのである。

ときおり、突拍子もない前提から手放しで素晴らしくまったく思いもよらなかった帰結が得られることがある。マックス・プランクも、エネルギーが離散的な塊になっているという突飛な仮定をしたが、実験的に検証されるずいぶん前から、この仮定は当時の理論物理学が抱えていた数多くの既存の問題を解決した。ポール・ディラックも、反電子が存在するというありえなさそうな仮定をしている。カルツァの仮定に、さらにそれを出発点として当時知られていた二つの力（重力と電磁力）を記述する二大理論が奇跡のように同時に出現することに、アインシュタインは目を見張った。アインシュタインが心を熱くしたのももっともだ。彼は研究生活の大半を電磁力と重力をうまく合体できる統一場理論を探し求めていたのだから。カルツァの発見は、そんな理論への早道に見えた。

だが、ひとつだけ問題があった。第四の空間次元はどこにあるのか？　カピッツァがディラックに「ポール、反電子はどこだい？」と言っていたことが思い起こされる。この宇宙ではどこを指し示すにも日常的な三つの空間次元（南北、東西、上下）で十分そうだ。私たちは三次元に囚われているらしい——カルツァやアインシュタインもそう思っていたに違いない。そこへ、数学者のオスカー・クラインによる提案が、第四の次元にかんする魅力的な可能性を示した。

クラインは、私たちが慣れ親しんでいる三つの次元に比べて、第四の次元はきわめて小さいと主張した。あなたが今読んでいるページは、二次元に見えて実は三次元だ。ほかの二つの次元であるページの幅と高さに比べて、厚み（第三の次元）がほとんどないだけのことである。この提案はカルツァの第四の空間次元を、少なくとも理論上は蘇らせた。だが、第四の次元の目撃者がいないという問題があったし、仮に本当に存在したとしても、当時の最先端だった理論も実験も第四の次元を明らかにするには不十分だった。こうして、カルツァ＝クライン理論と呼ばれるようになったこの余剰空間次元理論は静かに消え去った。

標準模型——再び

前世紀になされた大発見のひとつに、原子はその種類を変えうるという事実がある。ＳＦなどの変身キャラのように、粒子は種類を変えてほかの形態をとることができ、実際にも、ニュートリノが種類を変えることが太陽ニュートリノ問題の説明になっている。とはいっても、ニュートリノはなんともよそよそしいので（鉛の塊のなかを何光年も何の相互作用もせずに移動できる）、現実世界に存在している原子を取り上げよう。窒素原子としてスタートした原子は、ベータ崩壊というプロセスを経ると炭素原子になる。これは放射能が絡む数多くの興味深い現象のひとつで、弱い力によって促される振る舞いだ。

弱い力は、強い力と比べれば弱い。強い力は、核内陽子が生成する電気的斥力に対抗して原子核をひとつにまとめ上げている。アインシュタインとカルツァもベータ崩壊という現象のことは知っていただろうし、何かが核をひとつにまとめているはずだとよくわかっていたはずだ。弱い力と強い力は、彼らが理論を創り上げたときにはまだ区別されていなかった。

一九四〇～一九九〇年の半世紀で、この二つの力にかんする理論の確立にめざましい進展があった。まず、電磁力と弱い力を合体させた理論がシェルダン・グラショウとアブダス・サラムとスティーヴン・ワインバーグによって構築された。この理論が主張するところによると、初期宇宙の途方もなく高温だった頃この二つの力は単一の力で、混合液が冷えるにつれて溶け込んでいた物質が析出するのと同じように、宇宙が冷えるにつれてこの二つの力は独立した力になった。もうひとつ、強い力の理論である量子色力学が、その大半をデイヴィッド・ポリツァーとフランク・ウィルチェックとデイヴィッド・グロスによって確立されている。この二つの理論――その発見に対してノーベル賞が授与された――はどちらも実験による検証が可能で、これまでその精査に耐えてきており、私たちの宇宙を形作っている粒子と力にかんする標準模型の一端を担っている。

電磁力と弱い力とを統一した電弱理論は、アインシュタインが夢見た統一場理論の実現に向けた重要な一歩だ。現在、宇宙が冷えるにつれて力が分離するというアイデアは、究極の統一場理論のひな形と見られている。すなわち、ビッグバン直後の想像を絶するほど高温だった想像を絶するほど短いあいだ、四つの力はすべて単一の力だったのだが、宇宙が冷えるにつれて分かれていった。最初に分かれたのが重力、次いで強い力、最後に電磁力と弱い力が電弱理論によって記述されているように分かれた。こう予想されているのである。

この理論は構築途上にあって、ひとつ大きな障害に遭遇している。電弱理論と量子色力学は量子論であり、その驚異的に精確な結果を生むのに量子力学に依存している。それに対し、相対性理論は、私たちが重力にかんして手にしている最高の理論ではあるが、量子力学に一言も触れていない古典的な場の理論だ。この二種類の理論は、実験的に確かめられているスケールが甚だしく違う。原子より小さい構造については、10^{-18}メートルの距離を探っても、今手にしている電弱理論や量子色力学に対する矛盾はまったく見つからない。それなのに、重力による影響を測定するとなると、私たちに確認できる距離はせいぜい一ミリの一〇分の一、すなわち10^{-4}メートルのスケールである。これほど苦労しているのは、重力がほかの力に比べて著しく弱いからだ。地球の重力は、あなたが冬の寒い日に櫛で髪を梳いたときに起こる静電気力に打ち勝てないし、原子ひとつを引き裂くには恒星一個分の重力が要る。

余剰次元、蘇る

ひも理論の出現は、余剰空間次元にかんするカルツァ＝クライン理論を蘇らせた――ただし、ほとんど理解不可能に思える形で。ひも理論学者たちは数十年にわたる研究の末、既知の宇宙と矛盾しない方程式が得られる余剰次元時空がひとつだけあることに気がついた。ところが、その余剰次元時空には空間が一〇次元と時間が一次元要請されている。カルツァ＝

クライン理論の余剰空間次元の証拠をまだ一次元分たりとも見つけられていないのに、理論家の求めに応じて余剰次元を七次元分も見つけられる可能性などあるのだろうか？　それに、こうした余剰次元の大きさは？　それらは日常的な三つの空間次元が大きいのと同じ意味で大きいのか、それとも小さいのか？　小さいなら、どれくらい小さいのか？

ニュートンが微積分学を創始して力学や重力にかんする自説の定式化に役立てたように、物理学の発展は数学の発展と手に手を取ってきた。だが、片方がもう片方を導いたこともある。マックスウェルは電磁気にかんする理論を打ち立てるのに、できあがって一世紀近くになっていたベクトル解析を用いたし、アインシュタインは一般相対性理論を思いついた際、イタリアの数学者たちが数十年前に取り組んでいた微分幾何学が自分の仕事にまさに適していると気がついた。それに対し、ひも理論学者は必要な数学のほとんどについて独自開発を強いられており、そのため、ひも理論の数学——ひも理論の帰結の表現に使われている言語——にかんする理解はまだ完全ではない。

この問題に絡んで、物理学が帰結の表現を数学に頼り始めて以来直面している問題がある——近似の必要性である。方程式をそのままでは解くことができない場合——これまで見てきたようによくあることだ——、方程式はそのままで近似的に解くという手もあるのだが、もうひとつ、元の方程式を、それを近似した方程式に置き換えて、近似したほうを解くという手がある。物理学者はこの手を数世紀にわたって使ってきている。たとえば、小さい角度の正弦は小さい角度のラジアン値（円一周は三六〇度であり、2πラジアンでもある）と近似的に等しく、角度の正弦ではなくその角度そのものを用いたほうが、たいていの目的でずっと扱いやすい方程式ができる。ひも理論の方程式にも、便宜上この類の近似が用いられていることがあり、途方もなく小さいひも、それに負けないほど途方もなく小さい次元、といった未知のものを扱う場合、得られた解が宇宙の真の姿を反映しているかどうかの検証が難しい。

では、空間次元が一〇次元あるというひも理論が妥当かどうか、どうしたら確認できるだろうか？　望み薄ではあるが、可能なアプローチが二つある。まず、ひもの存在の確認は、そこからの推論として余剰次元の存在の証明になる。というのも、数学的な解析による要請として、ひもの存在が真になるのは、前に説明した一一次元（空間が一〇次元と時間が一次元）の宇宙においてのみだからだ。そこで気になるのが、ひも理論がひもの大きさを明示的に要請していないことである。ひも理論のあるバージョンはひものサイズを10^{-33}メートル前後としており、このスケールは今のテクノロジーを結集したどのような装置をもってしても検出できそうにないが、別なバージョンではひもが（それに比べれば）巨大で、次世代の粒子加速器をもってすれば、直接は無理でも推論を通じて間接的になら検出できるかもしれない。

もうひとつのアプローチは、重力が満たしている逆二乗則は空間次元の数によって変わってくるという事実を利用したものだ。重力が逆二乗則に従っているように見えるのは、私たちの三次元宇宙ではグラビトンが球の境界上に拡散し、境界である球面の面積が半径の二乗に比例していることによる。宇宙が二次元なら、グラビトンは膨らむ円の境界上に散らばり、境界である円周は半径に比例する（定数倍）。つまり、高次元になるほど、重力は急速に弱まる。p次元球の境界の大きさは半径の（$p-1$）乗に比例し、したがって重力は逆（$p-1$）乗則に従っているように見えることになる。

つまり、余剰空間次元の存在が効いてくるような距離で重力を測定できればいい。残念ながら、余剰空間次元は大きくてもせいぜい10^{-18}メートルであることが現在の理論から要求されているのに対し、今の私たちが精確に測定できるのは10^{-4}メートルというスケールでの重力だ。一四桁という違いは途方もなく大きく、このアプローチにかんしては望みはますますはかなく、余剰空間次元の大きさが10^{-18}より小さかったならなお一層望み薄となる。

「知りえない」の影

物理学界は現実にかんする究極の理論を熱狂的かつ楽観的に追い求めているが、思い起こさずにはいられないのが、現実の宇宙で知りうることの限界にかんして私たちが前世紀に学んだことだ。話の結末が、「現実の究極の性質は私たちから永遠に隠されている」ということになるケースが、少なくとも二つ考えられる。ひとつは、プランク長さ（ひもの長さ）とプランク時間（光がひもの長さを進むのにかかる時間）のスケールにおいては時空の性質があまりにカオス的で、時空の重要な性質のいくつかを決定しようにも、私たちには十分な精度で物事を測定できないという成り行きだ。もうひとつは、最終的に現実の記述に用いられる何らかの理論の公理構造が複雑であるあまり、決定不能命題——またはそれに類するもの——が許されてしまうという幕切れである。この場合、ゲーデルが吟味した決定不能命題の対象が数学ではなくメタ数学だったように、そうした決定不能命題は現実に対して何のインパクトもないということかもしれない。それとも、現実の究極の姿——空間や時間や物質の、いわば「原子」に当たるもの——は私たちの手には永遠に届かないと言っている命題がどこかに潜んでいるかもしれないということか。万物理論の探求は、算術の無矛盾性の証明というヒルベルトの願いと同じ運命を辿る可能性がある。物理学の確固たる知識を持った数学者か、ゲーデルの不確定性定理を研究した物理学者がいたら、万物理論が存在しえないことを証明できないとも限らない。誰かが私に賭けを持ちかけてきたら、私はこのことに賭け金を出そう。

第3部　情報——ゴルディロックスのジレンマ

第９章　マーフィーの法則

マーフィーが誰だかわからないが、マーフィーの法則は誰でも知っているはずだ。マーフィーの法則では、人生のどんな挫折でも、たった一言で言い表されてしまう。「失敗する可能性のあるものは、必ず失敗する」のだ。

マーフィーの法則が現実に対してそこまで皮肉な見方をする理由は、これまでの章で取り上げてきたことの中にもある。序論で説明した整備工場の話でわかったのは、目の前の状況を改善するのに良かれと思った変更が、場合によってはかえって事態を悪化させかねないことだ。ものごとの設計図にずれが生じれば、それが計測不可能なくらいごくわずかであっても、事態の劇的な悪化を招きかねないことは、のちほど、この問題をカオス理論の面から見た時にわかる。マザーグースで言うように「釘がないので蹄鉄が打てない」のだ（訳註　因果関係のおかしさを歌ったマザーグースの一節。最後は国が滅びてしまう。日本の「風が吹けば桶屋が儲かる」に似ている）。

単純なことはなかなか失敗しにくい。今日やるべきことが、スーパーに行って、いくつか簡単な買い物をするだけだったら、それを失敗するのはかなり難しいことだ。もちろん、買いたいものがスーパーで品切れの可能性もあるし（これはあなたのせいではない）、買い物リストに入れ忘れていたものがあったかもしれない（これはあなたのミスだが、リストを作ることが難しすぎたからではない。あなたの頭の中はまた別の話だ）。こういう失敗の原因は、問題の本質的な難しさとは別のところにある。一方、本質的に非常に難しくて、少なくとも常識的な時間内では解けないかもしれない問題が存在することが、数学によって明らかになっている。

もう一度整備工場へ

時々、「やることリスト」の項目が多すぎて、嫌になってしまうことがある。私は幼い頃、面倒な仕事から先に取りかかることに決めていた。それにはいくつか理由があった。まず、たいてい最初は元気があるし、だいたい嫌な仕事というものは、物理的にも精神的にも、よりくのエネルギーを必要とするものだ。それになんといっても、面倒な仕事を片付けてしまえば、ゴールが見えてきて、そこでまた、残りの仕事を片付けるためのエネルギーが湧いてくるような気がする。

つまり私は、作業スケジュールを決める方法を一つ思いついていたことになる。ここでは

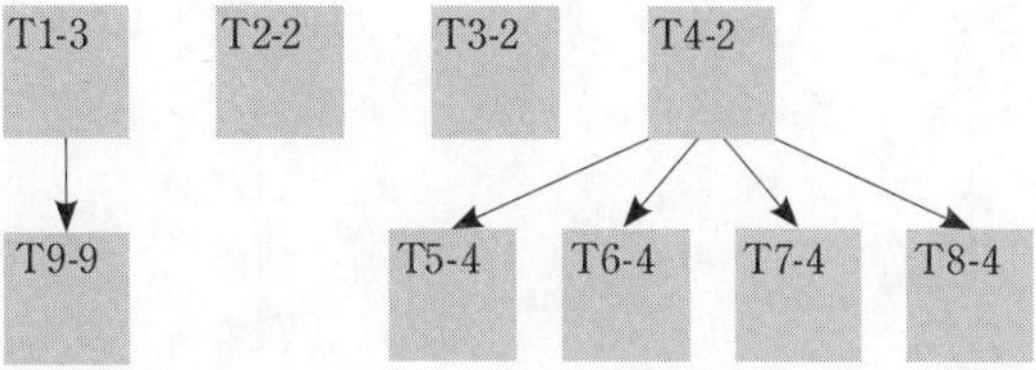

整備士	作業の開始・完了					
	0	2	3	6	10	12
アル	T1		T9			完了
ボブ	T2	T5		T8	空き	完了
チャック	T3	T6		空き		完了
ドン	T4	T7		空き		完了

その方法を、「時間がかかる順」処理と呼ぼう。

序論で整備工場のケースを考えた際に、ただならぬ異常を示したスケジュールがあった。詳しく見てみると、そのいくつかは、時間がかかる作業が最後の方になっていたのがよくなかった。「時間がかかる順」処理のアルゴリズムは、そうならないように作られている。このアルゴリズムでは、時間がかかる作業が先になるような優先リストを作成する（かかる時間が同じ場合は、番号が小さい作業を先にする。たとえば、T3とT5にかかる時間が同じであれば、T3が先になる。上の有向グラフ参照）。

優先リストは、T9、T5、T6、T7、T8、T1、T2、T3、T4になる。整備士が四人いる場合、スケジュールは上の時間表のようになる。

これを見ると長い待ち時間が生じているが、これは想定の範囲内だ。重要なのはすべての作業が一二時間で終わることで、それが一番早く終わる

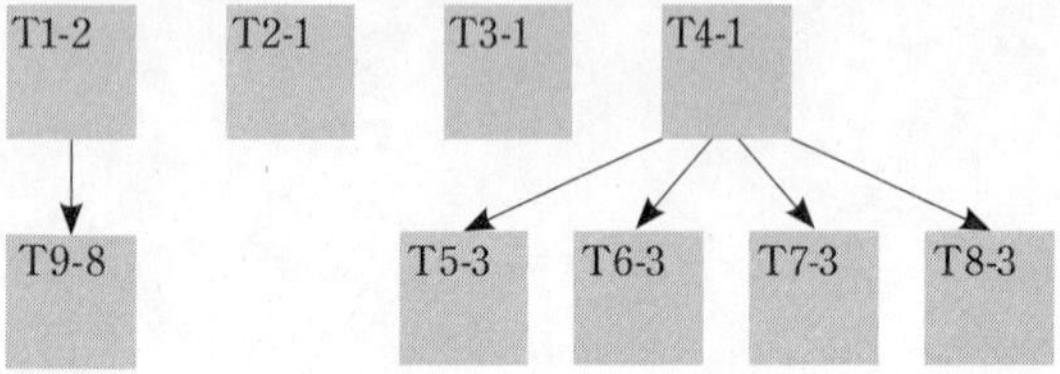

整備士	作業の開始・完了					
	0	1	2	5	8	10
アル	T1		T9			完了
ボブ	T2	T4	T5	T7	空き	完了
チャック	T3	空き	T6	T8	空き	完了

スケジュールだ。

作業時間をすべて一時間ずつ短くし、三人の整備士がいる場合だとどうなるか見てみよう（上の有向グラフ）。

優先リストは先ほどと同じ、T9、T5、T6、T7、T8、T1、T2、T3、T4だ。この場合、上の時間表のようなスケジュールになる。

この場合も、これが一番早く終わるスケジュールだ。このやり方で、スケジューリング問題を一挙に解決できるだろうか？ 残念ながらそれは難しい。いまだにこの問題に一〇〇万ドルの賞金がかかっていることからも、うすうす感じていたかもしれないが、優先リストアルゴリズムと、「時間がかかる順」アルゴリズムのどちらを使っても、かならずしも最適のスケジュールを導き出せるとは限らないのだ。しかし、「時間がかかる順」アルゴリズムには、優先リストアルゴリズムよりも優れている点がある。優先リストアルゴリズムでの最悪の場合よりも、

「時間がかかる順」アルゴリズムでの最悪の場合のほうが、作業時間はかなり短くなるのだ。Tが最適なスケジュールの長さを表すとしよう。m人の整備士がいれば、優先リストアルゴリズムで起こりうる最悪の場合のスケジュールでは、$(2-1/m)T$の時間がかかる。しかし、「時間がかかる順」アルゴリズムを使えば、起こりうる最悪の場合のスケジュールでかかる時間は$(4T-m)/3$になる。[1]

実は、つねにうまくいくアルゴリズムが一つある。可能なスケジュールをすべて組み立てて、その中から、条件がなんであれ最適になるスケジュールを一つ選ぶという方法だ。ただし、この方法には一つ大きな問題がある。特に作業の数が多い場合には、スケジュールがものすごい数になりかねないのだ。

「難しい問題」の難しさ

なにかをする時の「難しさ」は、当然ながら、しなければならない作業の数で決まる。四つの作業を行なう場合であれば、最適なスケジュールがあっという間に見つかるが、作業が一〇〇もあれば、一番いいスケジュールを見つけるのも至難の業《わざ》だ。どう考えても、一〇〇個の要素を扱うのは、四個の要素を扱うよりも時間がかかる。そこで、異なる三種類の仕事を見てみよう。

一つめの種類は「郵送での支払い手続き」という作業で、これは誰でもすることだ。通常する必要があるのは、請求書を開封し、小切手に金額を書き、その小切手を封筒に入れることである。大まかに言えば、クレジットカードでも、電気代でも、支払いの作業にかかる時間は同じだし、四枚の請求書を処理するのにかかる時間は、一枚の場合の四倍になる。作業要素の数で言えば、支払い手続きは線形だと言える。

次の作業は、誰にも身におぼえのあることだろう。カードボックスでも、回転式名刺ホルダーでもどちらでもいいが、何らかの順番に並べて入れてあった索引カードを、床に落としてしまって、もう一度順番通りに並べなければいけない場合である。この仕事は、支払い手続きよりも時間がかかるが、その理由ははっきりしている。カードを順番通りに並べる作業を続けていくと、カードを追加するたびに、正しい場所を探すのにかかる時間が長くなっていくからだ。

最後は、スケジューリング問題だ。これはカードの並べ替えよりもさらにつらい仕事だが、それには一つの大きな理由がある。すべての要素を正しく組み合わさなければならないだけでなく、すべてを組み合わせてしまってからでないと、それがうまくいっているかどうかがわからないからだ。カードの並べ替えの場合は、最後の一枚を手にすれば、それを正しい場所に入れると作業完了だとわかる。スケジューリング問題では、そういう判断ができない。ヨギ・ベラの有名な言葉のように、「ゲームは終わるまで終わらない」、つまり最後まで何があるかわからないのだ。

ステップ	未整理の束	整理済みの束	このステップでの比較の回数
1	アル-ドン-カーラ	ベティ	0
2	ドン-カーラ	アル-ベティ	1
3	カーラ	アル-ベティ-ドン	2
4		アル-ベティ-カーラ-ドン	3

名刺ホルダーをひっくり返したら

回転式名刺ホルダーを床に落としてしまった場合を考えよう。私たちは名前や住所、電話番号が書かれた名刺を山ほど手にしていて、それをアルファベット順に並べたいと考える。その方法は非常に簡単だ。名刺を手にとって、一枚ずつ判断していくのだ。未整理の名刺の束から一枚を抜き取り、整理済みの名刺の束と、アルファベット順の先頭から一枚ずつ比べていって、正しい位置が見つかったところでそこに入れる。たとえば、未整理の山の上から取った四枚の名刺が、ベティ（Betty）、アル（Al）、ドン（Don）、カーラ（Carla）だったとしよう。未整理の束と整理済みの束、そして各ステップで必要な比較作業の回数を追っていったところ、上のようになった。

整理済みの束にN枚の名刺があるとすると、必要になる比較作業の回数は最大N回だ。たとえば、上記の三ステップめでは、比較対象の名刺はカーラで、整理済みの束にはアル、ベティ、ドンの順番に積まれている。カーラはアルよりは後ろで（一回めの比較）、ベティよりも後ろで（二回めの比較）、ドンよりは前になる（三回めの比較）。

このことから、比較回数の合計は最悪の場合で何回になるのか調べられる。必要な比較回数の最大値は、整理済みの束にある名刺の枚数であることがわかっており、整理済みの束には、一度に一枚ずつ名刺が積まれるため、名刺の枚数がN枚の場合、比較の回数は、$1+2+3+\cdots+(N-1)=N(N-1)/2$ になる。これは$1/2N^2$よりも少し小さい。N枚の名刺の並べ替え作業は、非効率的なアルゴリズムを使っても（この例で用いた「一枚ずつ比較する方法」よりもましな方法はいくつもある）、N^2回よりも少ない比較回数ですむ。このように、ある作業がN^2回以下の回数で行なえることを、「多項式時間で行なえる」という言い方をする（N^4回でも、さらにはN^{12}回以下ですむ場合にも同じように言う）。一般的に、要素の数（前出の例では名刺の枚数）の関数として、多項式時間で解くことのできる問題は、「手に負える《トラクタブル》問題」と呼ばれている。一方、多項式時間で解けない問題は、「手に負えない《イントラクタブル》問題」と呼ばれる。

巡回セールスマン問題

おそらく、「タスク複雑性」という研究テーマはこの問題から始まった。あるセールスマンがいくつもの都市に出張する場合を考える。ただし、自分の会社のある都市をスタートとゴールにするのが条件だ。各都市間の距離（あるいは忙しい現代社会では、移動時間や交通費のほうが適当かもしれない）を示した表が用意されている。目指すのは、会社からスタートして、すべての都市を一回ずつ訪問し、会社に戻ってくるルートのなかで、合計距離（ま

N	N^4	$N!$
3	81	6
10	10,000	3,628,800
20	160,000	2.43×10^{18}

たは移動時間や交通費の合計）が最小になるルートを探し出すことだ。

まず、何通りのルートが可能なのかを見てみる。会社のある都市以外に、A、B、Cという記号で表した三都市があるとする。この場合、取りうるルートは次の六通りだ。

会社→A→B→C→会社
会社→A→C→B→会社
会社→B→A→C→会社
会社→B→C→A→会社
会社→C→A→B→会社
会社→C→B→A→会社

ありがたいことに、何通りのルートがあるのかは、都市の数から簡単な方法で計算できる。三都市の並べ方は、右に示したように、六通りある。つまり、6＝3×2×1通りだ。四都市を並べなくてはいけない場合は、四都市のどれかを最初にして、ほかの三都市を3×2×1通りに並べることになる。つまり、四都市の並べ方は全部で4×3×2×1通りあるが、数学の世界ではこういった場合に、階乗記号「！」を使って、4×3×2×1を4!と簡略化する習慣がある。そうなると、N都市の並べ方の数は、$N!$になる。この変数は基本的に、「四都市は$4!$通りの異なる順序で並べられる」ということを示すために用いられる。つまり、巡回セールスマンがN都市を訪問しなければならないとすれば、$N!$通りの異なるルートを取ることができる。

Nが大きくなると、$N!$は最終的に、N^4でもN^{10}でも、どんなNの正の累乗よりもはるかに大きくなる。たとえば、$N!$とN^4の値をいくつか比較してみよう（前ページ表）。Nの何乗を選んでも、$N!$と比べれば、常に$N!$がNの累乗よりはるかに大きくなる。ただし、$N!$を、N^{10}などの高次の累乗と比較した場合、この現象が現れてくるのは、Nがもっと大きな値になってからだ（訳註　N^4と比較すると、Nが7以上で$N!$のほうが大きくなるが、N^{10}ではNが15以上にならないと$N!$のほうが大きくならない）。

貪欲《どんよく》さはいいことばかりではない

ある問題の簡単な解決法が、その問題の「最も優れた」解法でもあるとしたら、それ以上いいことはない。しかし残念ながら、この世界はそんなにうまくいくようにはできていない。ただし、巡回セールスマン問題にかんして、なんとかなる程度のアルゴリズムを構築するという、「最も簡単な」方法はある。このアルゴリズムは、「最近傍《きんぼう》アルゴリズム」として知られている。このアルゴリズムでは、ある都市にいるセールスマンは、どんな場合でも、未

	会社	A	B	C
会社	0	100	105	200
A	100	0	120	300
B	105	120	0	150
C	200	300	150	0

訪問で一番近くにある都市に行くことにする（距離が同じ場合は、アルファベットで早いほうの都市を訪問する）。簡単なことだが、N個の都市がある場合（会社は除く）、スタートから最も近い都市を探すには、距離を示すN個の数の中から最小の数を見つけなくてはならない。次に、最初の都市の一番近くにある未訪問の都市を探すには、$N-1$個の中から最小の数を探す必要がある。さらに、二番めの都市の一番近くにある未訪問の都市を探すには、$N-2$個の中から最小の数を探す必要がある、と続いていく。そのため、最悪の場合としては、合計で$N+(N-1)+(N-2)+\cdots+1=N(N+1)/2$個の数を調べる必要があることになる。このアルゴリズムでは、回転式名刺ホルダーを落とした場合に出てきた、名刺を一枚ずつ比較するアルゴリズムと同じで、Nを都市の数とした場合に、約N^2回の作業分の時間がかかる。

最近傍アルゴリズムは、「貪欲」アルゴリズムと言われるものの一つだ。「貪欲アルゴリズム」には専門的な定義があるが、この場合、何をどうするのかは非常にはっきりしている。貪欲アルゴリズムが目指すのは、ある程度の作業はするが、極力少なくてすむような手順を構築することだ（単純に一番手近な数をつかむのは、極力少ない仕事である）。貪欲アルゴリズムによって、意味のある解法が見つかることもあるが、犯罪と同じこと

	会社	A	B	C
会社	0	95	90	180
A	95	0	115	275
B	90	115	0	140
C	180	275	140	0

で、たいていは貪欲に行動するのは割に合わない。

序論で整備工場の例を考えたときに、設備をすべていいものに変えたのに、実際には作業完了時間が遅くなってしまう場合のあることがわかった。最近傍アルゴリズムを使って巡回セールスマン問題を解く場合にも、おかしな状況に陥る。それぞれの都市間の距離が短くなっても、出張の総移動距離は長くなってしまう可能性があるのだ。

会社のある都市以外の三つの都市への距離が載っている表を見てみよう（前ページ）。

この都市間の距離表は、ガソリンスタンドでよく手に入る道路地図についていたものに似ている。会社に一番近い都市はAで、Aに一番近くて未訪問の都市はBだ。そうなると、セールスマンはCを訪問してから、会社に帰らなくてはならない。この旅行の合計距離は、100＋120＋150＋200＝570になる。次に、都市間の距離がどれも短くなった、少し違う距離表を考えよう（上の表）。

今度は、会社に一番近いのはBで、Bに一番近い未訪問の都市はAだ。そしてセールスマンはCに行ってから会社に帰る。合計距離は、90＋115＋275＋180＝660になる。もちろんこの例は、貪欲なアプローチが失敗の原因になることを示すように作ってある。Bが会社に近いのについ惹かれて、最適な経路よりも大幅に距離の短い、別の経路を取ってしまったのだ。先にAを訪問し、次にB、Cと進み、会社に戻るようにすれば、合計距離は95＋115＋140＋180＝530で、さきほどの場合よりもかなり短くなる。ここから同時にわかるのは、最近傍アルゴリズムを使っても、合計距離が最短になる出張計画が必ずしも見つかるわけではないことだ。

巡回セールスマン問題では、都市間の距離だけ考えればいいので、スケジューリング問題よりもはるかに単純だ。有向グラフもないし、どの作業に取りかかる準備ができているかとか、どの作業を優先すべきかを考える必要もない。最近傍アルゴリズムは、かなり単純な方法で改良できる。「先読みアルゴリズム」と呼ばれる手法を使うのだ。この方法では、最短距離を貪欲につかむのではなく、少し先読みをしてよいことになっている。つまり、次の都市までの距離だけではなく、さらにその次の都市まで含めた合計距離が最小になるようなルートを見つけるということだ。

こうすると結果は良くなるが、デメリットもある。N都市がある場合、最初の二都市を訪問するルートは、$N\times(N-1)$通りある。その次の二都市を訪問するルートは$(N-2)\times(N-3)$通り、さらに次の二都市は$(N-4)\times(N-5)$通りある。距離を調べなければならないルートは合計$N\times(N-1)+(N-2)\times(N-3)+(N-4)\times(N-5)\cdots$通りあることになる。この式の中のかけ算はそれぞれ、N^2という単項式を含んでおり、そうしたかけ算は近似的に$N/2$個あるから、調べなければならない距離の総数は、およそ$N^3/2$になる。同じように考えて、次の$\boldsymbol{k}$都市について最短距離を計算し、「先読み」をするとしたら、およそN^{k+1}回の計算をしなければならないことになる。

一つを解くとすべて解ける

数学の魅力の一つは、ある問題を解くと、ほかの問題も解いたも同然になる場合が多いことだ。微積分の分野にはそのような例が数多くある。その一つとして、曲線の接線の勾配を求めると、運動する物体の位置が時間の関数として与えられている場合に、その物体の瞬間速度を求める問題を解いたことになる、というのが挙げられる。

本章では、スケジュール問題、巡回セールスマン問題、名刺並べ替え問題という、三つの問題を詳しく見てきた。このうち、三つめの問題は手に負える問題であることを示したが、ほかの二つがどうかはまだわからない。ただ、『スター・ウォーズ』には、ゴミ処理装置の中にいるハン・ソロが、装置の壁が迫ってくる直前に言った「すごく嫌な予感がしてきた」という台詞があるが、まさにそんな感じだ。その二つの問題は手に負えないもののように思える。これは面倒な話である。目の前にある現実的にかなり重要な問題が、常識的な時間内ではどうしても解けないということになるからだ。

手に負える問題かどうかの結論が今のところ出ていない問題は、スケジューリング問題と巡回セールスマン問題のほかにも、一〇〇〇種類以上ある。しかし、コンピューター科学者のスティーヴン・クックの研究によれば、こうした問題の間には、共通して言える驚くべきことが一つある。たくさんある問題のどれか一つを解けば、多項式時間のアルゴリズムを見つけたという意味では、ほかのすべての問題を解いたことになるというのだ。

一九六〇年代のカリフォルニア大学バークレー校は素晴らしいところだった。スプロール・ホールの前では、マリオ・サヴィオが「フリー・スピーチ運動」を率いていた。私は、論文の最後の仕上げをしているところだった（ただしこの重要な出来事が、この時代を研究する歴史学者らにはまともに取り上げられていないことは認めざるをえない）。最終的に有名になったのは、二人の助教授だ。一人は数学者のセオドア・カジンスキー（のちのユナボマー）、もう一人がスティーヴン・クックである。

スティーヴン・クックが行なったのは、ある変換手法を用いて、さまざまな問題（スケジューリング問題や巡回セールスマン問題も含む）を互いに結びつけることだった。クックが発見したアルゴリズムを問題の一つに適用すると、その問題は別の形の問題に多項式時間で変換される。ということは、かりに巡回セールスマン問題が多項式時間で解くことができるとしたら、スケジューリング問題を巡回セールスマン問題へ多項式時間で変換し、さらにそれを多項式時間で解くことができるということだ[3]。この一続きになった二つの多項式時間アルゴリズム（一つは最初の問題を二つめの問題に変換するアルゴリズム、もう一つは二つめの問題を解くためのアルゴリズム）は、全体として一つの多項式時間アルゴリズムになっている。たとえば、$P(x)=2x^2+3x-5$ のような多項式があって、この式の x に、x^3+3 などの別の多項式を代入した場合、その結果 $2(x^3+3)^2+3(x^3+3)-5$ もやはり多項式になる。ただし明らかに、より高次の多項式である。

このように考えると、スケジュール作成のための多項式時間アルゴリズムが存在するか（あるいは存在しないか）を決定することはさらに重要な意味を持つ。そうしたアルゴリズムが見つかれば、クックの変換手法を使って、ほかの一〇〇〇以上の有益な問題を解く多項式時間アルゴリズムも見つかる。それが可能なら、不朽の名声が得られるだけではない。そうした問題をすべて有料で解いて、大儲けすることもできる。さらには、そうしたアルゴリズムの発見は、クレイ数学研究所のミレニアム問題の対象になっているので、賞金一〇〇万ドルを受け取ることになる。逆にそのようなアルゴリズムが存在しないと証明できた場合にも、やはり名声と一〇〇万ドルが手に入る。巡回セールスマン問題の多項式時間アルゴリズムの発見に挑戦すれば、富と名声を得られるかもしれないのに、不可能だとわかっている「角の三等分」の問題にいまだに取り組んでいる人がいるのはなぜなのか、理解に苦しむ。

クックの「かみごたえのありすぎる問題」の例

クックがそのアイデアを思いついたのは、一九七〇年代初頭だ。スケジューリング問題や巡回セールスマン問題と同じように解くのが難しいとされる問題の数は、一九七〇年代後半には一〇〇〇を超えた。一つの問題をわずかに変えただけの問題が多いのも確かだ。しかし、問題をいくつか実際に見てみれば、そうした本当にやっかいな問題がさまざまな場面で登場することを実感できるだろう。

充足可能性問題

これは、クックが最初に研究した問題だ。論理命題では、（Pかつ Q）ならば（¬Q または R）のような複合命題が使われることを思い出してほしい。この論理命題には P、Q、Rという三個の独立変数がある。充足可能性問題とは、こうした複合命題が真になるように、P、Q、Rに真か偽の論理値を割り当てる方法があるかどうかを判断する問題のことを言う。Pを偽にすれば、PかつQは偽だから、仮定が偽になる条件式はどれも真になるはずだ。これはそれほど難しくはない。

問題は、もっと長い複合命題の場合、簡単には見当をつけられないことだ。

ナップサック問題

重さの違う箱がいくつかあって、それぞれの箱には異なる価格の品物が入っていると考えよう。ナップサックに入れられる最大の重さが*W*である場合、ナップサックに入れられる品物の合計価格は最高でいくらになるだろうか？　この場合、魅力的な貪欲アルゴリズムが二通りある。一つめの方法は、品物を価格の高い順に並べておいて、価格の高い品物から順に、ナップサックが一杯になるまで詰めていく方法だ。二つめの方法は、品物を重さの軽い順から並べておいて、ナップサックの中に軽い品物から順に、無理というところまで詰めていく方法になる。

先に紹介した「マネーボール」という言葉を覚えているだろうか? いい野球チームを作るには、前年度の年俸一ドル当たりのホームラン数など、何らかの数値を最大化すればよいという考え方だ。この考え方は、ナップサック問題にも当てはまる。一ポンド当たりの価格が高い順に品物を並べるのも一つの方法だろう。この方式は「郵便切手の希少度順方式」と呼べるかもしれない。私の考えでは、珍しい郵便切手は、重さ当たりの価格で比較した場合、地球上で一番高いものだからだ。

グラフの色分け問題

整備工場での作業の説明に使った図は「有向グラフ」と呼ばれている。有向グラフは、頂点(私たちの図では作業を示す四角形)と矢印からなっている。この矢印はいくつかの頂点を結んでいて、ほかの作業よりも先に実行すべき作業を示す。方向を表す矢印の代わりに、頂点を結ぶ直線だけを描くこともあり、そうすると、この図は都市間道路地図に似てくる。頂点にある白い円は都市で、この都市をつなぐ直線(「辺」と呼ばれる)は主要ハイウェイだ(農村地域ならそれほど主要なハイウェイではないかもしれないが)。一つの有向グラフはいくつもの頂点と辺でできている。二つの頂点が一本の辺で結ばれている場合もあれば、結ばれていない場合もあるが、二つの都市を複数の辺で結ぶことはできない。

それぞれの円の内側に色を塗ることを考えてみよう。条件は「二つの頂点(円)が辺で結ばれている場合は、それぞれの円には異なる色を塗らなければならない」ということだけだ。言うまでもなく、色を塗る方法の一つは、単純に、それぞれの都市にすべて異なる色を塗ることである。この辺で結ばれた頂点に異なる色を塗るには、少なくとも何色必要かを求める問題は、「グラフの色分け問題」と呼ばれている。

数学者がいつも指摘したがるのは、どうみても抽象的な問題にも、思ってもみなかった実用的な応用例があることだ。グラフの色分け問題には、そうした応用例が数多くある。なかでもかなり驚くのは、この問題が、移動無線や携帯電話などのユーザーに電波を割り当てる際にも応用されていることだ。近くにいる二人のユーザーは同じ周波数を共有できないが、遠く離れたユーザーどうしなら共有できる。つまり、この場合の周波数は、色分け問題で言えば円の色にあたる。

主要な問題

この分野における主要な問題は、この章で説明してきた「解くのが難しい問題」が多項式時間で解けるか否かということだ。これは、クレイ数学研究所が一〇〇万ドルの賞金をかけている数学問題の一つである。非常に興味深いことに、結論が「解ける」ということであれば、スケジュールの作成や、セールスマンの出張経路計算を素早く行なう方法が存在することになるが（少なくとも理論的には存在するが、それを見つけるのはやはり私たちの役目だ)、たとえ「解けない」という結論でも、良い点はある! それは、解けなくても一向に構わない、非常に重要な問題が一つあるからだ。それは「素因数分解問題」である。ある整数を素因数分解できるか、つまり素数の積の形であらわせるかどうかという問題は、スケジューリング問題やグラフの色分け問題と同じような、多項式時間で解くのが難しいと思われる問題のひとつだ。素因数分解を解ける多項式時間アルゴリズムが存在しないとなれば、銀行口座を持っている人は一安心である。というのは、緒言で書いたように、二つの素数の積で表せる数を素因数分解するのが難しいことは、広く普及しているパスワード保護されたシステムのセキュリティにとっては重要だからだ。

専門家の意見

二〇〇二年、数学者のウィリアム・ガサーチは、この分野の第一人者一〇〇人を対象にアンケートを取り、「かみごたえのありすぎる」問題(「クラスNP」の問題)は、多項式時間で解ける問題(「クラスP」の問題)の中に入るかどうか(訳註 「P=NP」が成り立つかどうか)という質問をした。これがその結果だ[4]。

回答者のうち六一人は、P≠NP(難しい問題のどれにも、多項式時間アルゴリズムは存在しない)と答えた。

九人はP=NPだとした。

四人は、ZFC公理系では決定不能な問題だとした。

三人は、この答えを知るためには、単にアルゴリズムが存在しなければならないことを示すのではなく、「かみごたえのありすぎる」問題の一つを多項式時間で解く明示的な方法を証明しなければならないと答えた。

二二人は、あえて憶測で答えることを避けた。

ガサーチはアンケートの回答者に対して、この問題が解決される時期についても聞いた。その答えを平均すると、二〇五〇年となった。これは、アンケートを取ってから四八年後だ。

ここで、立場の異なる二人の回答を紹介しよう。

ベーラ・ボロバーシュ氏の回答　二〇二〇年にP＝NPが証明される。「この問題に関しては、自分は数学コミュニティの中でも反主流過激派に属すると思う。P＝NPが成り立つことが、二〇年以内に証明されると、(どちらかと言えば)考えている。数年前、チャールズ・リード氏と私はこの問題をかなり研究し、高級レストランでお祝いのディナーをするところまでこぎつけた後で、完全に致命的なミスを見つけた。画期的な新しい方法を発見するのではなく、非常に巧妙な幾何学的手法や組み合わせ手法によって問題が解決されても、私は驚かないだろう」

リチャード・カープ氏の回答　P≠NPが正しい。「私は直観的に、PとNPは等しくないと考えている。ただし根拠として提示できるのは、多項式時間アルゴリズムを構築することで、特定のNP完全問題がPであることを証明しようと私はあれこれ試みたが、それがすべて失敗に終わったことだけだ。従来の証明の方法は十分ではないと私は考えている。何かまったく新しい方法が必要になるだろう。直観としては、この問題の取り組み方についての古い考え方にあまり毒されていない、若い研究者がこの問題を解くのではないかと思っている」

ここからわかるのは、標準的な手法で十分と感じている人がいる一方で、別の人は「既成概念にとらわれない」人が必要だと考えていることだ。私は後者だと答えた。数ある問題の中でも、今あるアイデアをできる限り追求することよりも、新しいアプローチの方に屈する数学者は少なくないはずだ。難問攻略をめぐるいきさつからは、そんな印象を受ける。

DNAコンピューターと量子コンピューター

アンケートでは、コンピューター科学者の大部分が、多項式時間アルゴリズムは見つからないと考えていることがわかった。しかし、専門家の大多数が間違っていた、というのは、これまでにも何度かあったことだ。たとえ専門家の考える通り、多項式時間アルゴリズムはないとしても、実行可能なレベルの代替案はいくつかあり、その研究は現在も続けられている。

この章で詳しく見てきたアルゴリズムはすべて、順番どおりに実行されていた。たとえば、巡回セールスマン問題で取り得るルートをすべて調べる場合に、私たちが考えていたのは、

N!通りのルートを一つずつ調べていくようなコンピューターだ。しかし、この問題の対処方法はほかにもある。問題をより小さくて扱いやすいかたまりに分割して、それぞれのかたまりを別個のコンピューターで処理する方法だ。これは「並列コンピューティング」と呼ばれる手法で、計算の大幅な高速化が可能になる。並列コンピューティングを実現するには、一般的なコンピューターを使うような範囲を超えた、いくつかの方法がある。

　その一つがDNAコンピューティングだ。これを一九九四年に初めて実現したのは、南カリフォルニア大学のレナード・エーデルマンだ（同大学はフットボール選手の出身校として有名なだけではないのだ）。DNA鎖には、それ自体と相補的な関係にある鎖を多数の鎖の中から探し出せるという性質があり、DNAコンピューティングはこの性質を利用している。一クォート（約一リットル）の液体には、およそ一〇の二四乗個の分子が含まれているため、計算を大幅に高速化する可能性がある。とはいえ、極めて大きな問題だと、高速化の可能性は低くなる。

　さらに強力な方法となり得るのが、量子コンピューティングだ。これは、「重ね合わせ」という量子力学に特有の現象を利用して、大規模な並列計算を行なう方法だ。1と0でデータを表す従来のコンピューターでは、三ビットのレジスタ（訳注　計算結果などを一時保管するメモリ）にはつねに特定の三桁の二進整数、たとえば110（十進整数では4+2=6）などが記録されている。しかし、三キュービット（qubit）（「量子ビット（quantum bit）」のこと）のレジスタは、000（十進整数の0）から111（十進整数の7）まで、八個ある三桁の二進整数すべての重ね合わせに存在する。結果として、Nキュービットのレジスタは、2^N通りの状態の重ね合わせに存在することになる。条件が整えば、確率波の収縮によって、その2^N通りの可能性のどれかひとつが実現する。実際のキュービットは非常に小さくなり得るので（原子以下かもしれない）、一〇〇キュービットのレジスタに2^{100}（およそ10^{30}）通りの状態があっても、原子以下の粒子一〇〇個ならそれほど場所を取らない。

量子コンピューターが持つ可能性にはとても興奮させられる。とはいえ、克服すべき大きな問題もいくつかある。その一つが量子デコヒーレンスで、これは周りの環境と量子コンピューターとの相互作用によって、確率波の収縮が引き起こされやすいという問題だ。確率波の収縮によって答えを知りたいのであって、環境とのランダムな相互作用の結果で確率波の収縮を起こしたいのではないのだ。それには、現在可能なレベルよりも大幅に長い時間、量子コンピューターを環境から隔離しておくことが必要になる。

ほどほどで妥協する

DNAコンピューティングと量子コンピューティングはどちらも、数学の問題を解くための手助けとして、現実世界に広がった。通常は、現実世界の問題を解くために数学が使われることを考えれば、これは普通と逆の進み方だ。クレイ・ミレニアム賞という突然の幸運をつかみとるには、近似解を求めるのが一番便利なアプローチだ。すでに見てきたが、近似解は応用数学で重要な領域である。たとえば、巡回セールスマン問題には、最適解から二パーセントの範囲におさまる解を、現実的な時間内に見つけられるアルゴリズムが存在する。しかし、一つの問題に対する近似解を、別の問題の近似解へとそのまま変換することはできない。たとえば「時間がかかる順処理」アルゴリズムは一般的に、最適解の三〇パーセントの範囲にしか入らない。クックが等価であると証明したこの二つの問題に、別々の近似解が必要であるらしいということこそ、数学研究の魅力（そして不満）にほかならない。この分野で次に期待される大きな成果はきっと、クックの「かみごたえのありすぎる」問題のうちの一つの近似的解法を、ほかの問題の近似的解法へと変換するアルゴリズムであって、変換後の近似解と最適解とのずれが、変換前の近似解と同じになるものを見つけることだ。

第10章　秩序なき宇宙

予測できないものの価値

完全に予測不可能であることは、知識にとっては絶対的な障壁になると思われているようだ。個々の事象についていえば、ランダムおよび準ランダムな状態にみられる予測不可能性は、不確定性の原因になる。しかし、ランダムな事象の集合を分析することは、数学の中で実用性が最も高い、確率・統計分野の研究テーマだ。私たちの手に入るのは、コイン投げで出る面の長期的な平均値くらいしかない。しかし、そんな種類の情報でも、私たちの文明の重要な土台になるには十分だ。

ふだんはあまり深く考えることはなくても、車の運転中に事故に遭ってケガをしたり、相手にケガをさせたりする可能性は、どんな日でも必ずある。多分、ちゃんとした保険に入っていないので運転を控えるという人はいないだろう。とはいえ、自分や他人がケガを負うような事故を起こしてしまって、その治療費が払えなければ、多額の借金を背負う恐れはある。そんな場合に備えてきちんと自動車保険に加入しておけば、借金地獄は避けられる。まあまあ安い保険料を支払うことによって、そんな結果にならないよう自衛できるのだ。保険会社は、たとえば「過去五年間で一回の事故歴がある、二〇〇五年式ホンダシビックを運転する中年ドライバー」の保険料を算出するために、詳細なデータを集めている。私は、自分の自動車保険の保険料の請求額を見ては、悔しさに唇をかむことがある。家族に一〇代のドライバーがいることも、保険料が高い理由だが。しかし、あることに気づくと、その悔しさも帳消しになる。つまり、一七世紀に、商人らがロンドンのコーヒー・ハウスに集まって、冒険や貿易のための航海で生じる損失を共同で負担しようとしなかったら、私はいまとはかなり違う人生を歩んでいただろう（この世に生まれて来ていればの話だが）（訳註　イギリスの国際保険市場であるロイズは、ロンドンのコーヒー・ハウスに海上保険の仲介業者が集まったことが始まり）。ある意味では、確率・統計の発展によるリスク評価の精度向上を追い風にして、私たちは今も当時と同じことをしているのだと言える。

ランダムな動きをするものがランダムなもの

数学の素晴らしさの理由の一つは、数学者同士であれば相手が話している内容をごく普通に理解できるということである。これはどんな分野にでも言えるわけではない。何人かの数学者に「群《ぐん》」という専門用語の定義を質問すれば、全員がほとんど同じ定義を答えるだろう。しかし、心理学者に「愛」の定義を質問すると、おそらく、その回答者が支持する心理学の学派によって、いくつか違った答えが出てくるはずだ。

数学者らが共有している数学用語が、かならずしも難解とは限らない。ほとんどの人々は、いくつかの数学的な考え方について、数学者と同じくらいきちんと理解している。数学の専門家でない人に「ランダム」という用語の定義を聞いたとしたら、その人はおそらく、「予測できないもの」などと答えるだろう。ちょっと驚くのは、「確率変数《ランダム》」という用語の数学的定義は、数学の世界ではなく、現実世界の中で定義されていることだ。「確率変数」は、ランダム実験の結果に対して数値を割り当てる数学関数であり、前もってその結果を決定できない手順（サイコロを転がすことや、コインを投げること）のことである。そういった場合に数学者は「非決定論的」という用語を使う。これは「予測不可能」よりもずっと専門的な用語に聞こえるが、基本的には同じものだ。「決定論的」というのは、未来の事象を、現在や過去の事象から予測可能な形で決定できるという意味である。一方、「非決定論的」な事象と言えば、そのような予測ができない事象である。

しかし、サイコロを転がしたり、コインを投げたりといったことは、完全に予測不可能という意味で、本当にランダムなのだろうか？　サイコロを一個転がす場合に、最初にかかる力や、転がっていく面の形状がわかっていて、物理法則の作用だけを考えるとすれば、どの目が出るのかをなんとかして理論的に予測できないだろうか？　明らかに、これは非常に複雑な問題ではあるが、世界中のカジノにいるギャンブル好きがこれで儲けられるかもしれないとなれば、ぜひ解いてみたくなる。二〇世紀の中頃、あるギャンブラーは何年もかけて、サイコロが激しくコマのようにスピンはしても、進行方向には回転しないような投げ方を編み出した。そのギャンブラーは、この方法でかなり儲けて、しまいにカジノ界から追放されてしまった。現在、「クラップス」という、二つのサイコロの出目に賭けるカジノゲームには、サイコロを必ずクラップス台の壁に当てる、というルールがある。この壁にはたくさんの段差が付けられていて、ランダムな目が出るようになっているのだ。

しかし、サイコロの目はランダムに出るだろうか？　サイコロを正当な方法で投げた場合、「1」という目が（そしてほかのすべての目が）出る確率は、六分の一なのだろうか？　結局のところ、サイコロを投げてしまえば、出る可能性がある目は一つだけしかなく、それは物理法則と問題の初期条件（ギャンブラーのサイコロの握り方や、その手の湿り具合）に従って決まるというのが、妥当な考え方に思える。それなら、未来が決まっているのであれば、私たちにもわかるはずではないか。

十分な情報と計算能力があれば、私たちにはどの目が出るのかがわかるといったん仮定する。それでは、ほかに完璧にランダムだと言えるものが、この世界や数学の世界にあるだろうか？

一つの可能性として思いつくのは、量子力学に現れるランダムさだ。しかし、量子力学におけるランダムさは、小数点以下のかなりの桁数まで確認されてはいるが、その桁数はまだ無限に続いており、完全なランダムさには届いていない。私たちがどうあっても予測することはできないような、究極的かつ完全にランダムな存在が、数学によって見つかるかもしれない。

理想的にランダムなコインを探す

表裏がランダムに出るようなコイン投げとは、直観的に考えるとどんなものなのか。それを確かめるために、コイン投げのケースを考えてみよう。ランダムに面が出る理想的なコインを投げれば、表が三回連続で出ることもあるし、さらには表が三〇〇万回連続で出ることもある（ただしかなりまれなケースではある）ときっと予想するだろう。こう考えてみると、このコインが本当にランダムかどうか判断するには、無限回投げなければいけないとわかる。無限集合を扱う場合、「半分」の意味については、テクニカルな問題はあるものの（確率の知識があれば、それが〇・五の確率の意味だとわかる）、表裏の出方が半分ずつになるようなコイン投げの並びを書き出すことは可能だ。表を「H」、裏を「T」と表すと、H、T、H、T、H、T…という並びは、投げた回数の半分が表、半分が裏になるという条件を明らかに満たしている。同時に、これがランダムに並んでいるのではないこともはっきりしている。コインを投げ続ければ、いつかは表か裏が二回連続出るはずだが、この並びではそうなっていない。そればかりか、この並び方は完全に予想可能であり、完全にランダムなコイン投げには程遠い。

それでは、この並びを変えて、考えられる面の出方の組み合わせ（表 - 表、表 - 裏、裏 - 表、裏 - 裏）がそれぞれ、四分の一の確率で起こるようにしよう。それは次のように並ぶ。

H、H、H、T、T、H、T、T、H、H、H、T、T、H、T、T、H、H、H、T、T、H、T、T、…

すぐにわかると思うが、この並びでは、H、H、H、T、T、H、T、T（表 - 表、表 - 裏、裏 - 表、裏 - 裏）というパターンが延々と繰り返されている。これは、「表と裏がそれぞれ二分の一の確率で出る」「面の出方の組み合わせがそれぞれ四分の一の確率で出る」という二つの条件を満たしてはいる。しかし、表と裏のランダムな並び方はまだ見つかっていない。いろいろなパターンを簡単に思いつくが、どれもすでに不合格になっている。たとえばこのパターンでは、三回連続で裏が出ることは決してない。無限回どころか、たった一〇〇回投げただけでも、三回連続で裏が出ることは必ずあるはずだ。

この問題には、思いもよらない深い問題が隠されている。確率法則に完璧に従うように、コインの裏表を並べることはできるのだろうか？　つまり、N回投げた場合の特定のパターンがそれぞれ $1/2^N$ の確率で起こるようにすることは可能だろうか？

位取り記数法──数の「辞書」

私たちが小学校で習う「十進法」は辞書によく似ている。十進法では、アルファベットの代わりに、0、1、2、3、4、5、6、7、8、9という文字を使っており、この一〇個の文字から、数量を表すあらゆる単語が作り出される。辞書としてのつくりは非常にシンプルだ。たとえば、384.07という数は、実際には、$3\times10^2+8\times10^1+4\times10^0+0\times10^{-1}+7\times10^{-2}$の合計と定義される。ここで$10^{-2}=1/10^2$だ。つまり、「384.07」という単語が持つ定量的な値は、どの「文字」が単語のどの位置で使われているかということから推測できるのだ。この本を読んでいる未来の小学校教師には、十進法が『メリアム・ウェブスター辞書』よりはるかにシンプルな辞書だということを言っておきたい。『メリアム・ウェブスター辞書』の場合、使われている文字から単語の意味を推測することはできない。たとえば「duck」という単語があれば、それが「ガーガー鳴く水鳥」と「急に近づいてくる物体に注意する」のどちらの意味なのか、すばやく判断しなければならない。

実数の定義の一つとして、「上記のような十進法で表せるすべての数」と言うことができる。この場合、小数点の左側には有限個の数字しか並べられないが、その右側には無限個並べることができる。この方法で表せば、384.07＝384.0700000…である。一方、循環小数とは、最終的には小数点の右側が、あるり返しのパターンに落ち着くような数（25.5121212…）のことだ。電卓を使えば（あるいは手計算でも）0.5121212…＝507/990であることを示せる。

十進法で使っている10の代わりに、1より大きい正の整数であれば、ほかの数を使っても構わない。10の代わりに2を使えば、二進法になる（訳註　10や2をそれぞれの記数法の「基数」という）。二進法でのアルファベットは0と1だ。たとえば1011.01は、$1\times2^3+0\times2^2+1\times2^1+1\times2^0+0\times2^{-1}+1\times2^{-2}$という数の二進表現である。この各項をおなじみの十進法で書けば、この数は$8+0+2+1+0+1/4=11.25$だ。二進法は、コンピューターでの情報の蓄積で使うには自然な表現である。情報はもともと、一列のライトで表示していた。ライトのオンが1、オフが0に対応する。したがって、四個のライトが「オン‐オフ‐オフ‐オン」の順番で並んでいれば、$1001=1\times2^3+0\times2^2+0\times2^1+1\times2^0$という二進数に対応していて、これは十進法では$8+0+0+1=9$だ。現在のコンピューターは、情報を磁気的に記録している。ある点が帯磁していれば1、帯磁していなければ0に対応する。

コインを無限回投げた場合の表裏の並びと、0から1の間の数の二進表現の間には、わかりやすい対応関係がある。ある表裏の並び方について、単純にHを0、Tを1に置き換えて、コンマを取り去り、小数点を最初の数の左に置くとする。そうすると、表と裏が交互に出る、無限回のコイン投げ（H、T、H、T、H…）は、0.01010…という二進数になる。この手順を逆に実行すれば、0から1の間の二進数を、無限回のコイン投げの表裏の並びにすることもできる。こう考えるとランダムに面が出る理想的なコインを探すということは、ある二進数を探すことに変換されるのだ。コインをN回投げた場合に、特定のパターンがそれぞれ

$1/2^N$ の確率で起こるという条件は、N 桁の二進数(0と1)の中に、特定の数のパターンがそれぞれ $1/2^N$ の確率で起こるという条件になる。こうした性質を持つ、すなわち、無限小数展開において数学が一様に分布し、各数字が完全にランダムに出現する数は、二進正規数と呼ばれている。これからそうした数を詳しく見ていこう。

円周率πに隠されたメッセージ

高度な地球外文明との初めての遭遇を描いた、カール・セーガンのベストセラー小説『コンタクト』[1]では、円周率πという数が重要な役割を果たしている。その小説の中の「数列の解読」という章では、異星人があるメッセージを、πの小数点以下に現れる何億兆桁もの数の中に深く隠して人類に届けた、という説が説明されている。もしかすると、セーガンがπには超越的なメッセージが隠されているというストーリーにしたのは、πが超越数であることが知られているためかもしれない。πの神秘主義的な魅力は、もっと最近では映画『π』でも取り上げられているし、そのほかにも私が気づいていないさまざまな場面で登場しているのは間違いない。

異星人文明が、自らの進化の舞台であった宇宙の幾何学的形状に手を加えて、円の直径と円周の比にメッセージを隠すとは、とても想像できない。実際にはそれが不可能だということは、平面幾何学の真理やそのパラメーターは、どこで研究されても同じだということを考えればわかる。それだけでなく、そのメッセージをπに翻訳する方法についても疑問が出てくる。πを表すのに使われている各桁の数は、πの基数の関数であり、ひとかたまりの数を、メッセージを書いた言語の文字に変換するための辞書が必要になる。たとえば、ASCII《アスキー》は、コンピューターに蓄積された八桁からなる二進数を、印刷可能な文字に変換するためのコードだ。たとえば、01000001（十進表現では65）は、「A」という文字に対応する。しかし、ある意味では、セーガンは正しかった。数学者の考えでは、πには、異星人が暗号化したなんらかのメッセージだけではなく、あらゆるメッセージが含まれていて、無限に繰り返しているというのだ！

十進正規数とは、4などの数字が、この数を表す数字の並びの中に平均して一〇分の一の確率で現れる数のことだ。しかしその並びの中に、たとえば47などの二桁の数が現れる確率は、それぞれ一〇〇分の一だ（そうした組は00から99まで一〇〇個あるからだ）。471など三桁の数が現れる確率は一〇〇〇分の一になる。これは、私たちが少し前に探していた「ランダムに表と裏が出る理想的なコイン投げ」と数学的に同等のものと言える。ただし、ここでは、何度も投げると二進正規数が生成されるような理想的なコインではなく、0から9までの一〇個の数字がついていて、完全に水平に置かれたルーレットを思い浮かべよう。数の正規性は、何進数についてでも同じように定義できる。たとえば、四進正規数とは、4^N通りあるN桁の数の並びが、それぞれ$1/4^N$の確率で起こる数だ。

何進数であってもいいのだが、正規数は実際に発見されているのだろうか？　もちろん、コインを永遠に投げ続けることは（完璧であろうとなかろうと）無理だが、正規数はいくつか見つかっている。デイヴィッド・チャンパーノウンは、アラン・チューリングのクラスメートだった人物で（チューリングによる停止性問題の解決不可能性の証明は第7章で紹介した）、一九三五年に正規数を一つ作り出した。[2]チャンパーノウン定数として知られるこの数は、0.123456789101112131415…という数で、整数の十進表現を小さい順に並べただけのものである。私はこれを見た時に、チャンパーノウン定数はほかの記数法でも正規数になると早とちりしてしまった。結局のところ、チャンパーノウン定数は特定の数というよりも、一つの考え方であり、私は単純にも、この数が十進正規数であることを証明できた方法は、ほかの記数法でもうまくいくと決め込んでいた。『世界一ひどい早とちりで出てきた結論のギネスブック記録』などというものがあれば、私はおそらく特別賞をもらう資格があるかもしれない。チャンパーノウン定数は十進法では、0.1と0.2の間の数だ。しかし、二進法では違う数になる。二進法では、1=1, 2=10, 3=11, 4=100, 5=101, 6=110, 7=111だから、二進法に関するチャンパーノウン定数は、0.11011100101110111…になる。二進表現が0.11…から始まる数はどれも、3/4よりも大きい（十進法の0.12…が$1/10+2/10^2$よりも大きくなるのと同じで、二進法の0.11…は$1/2+1/2^2$〔訳註　つまり3/4〕よりも大きい）。

しかし、二〇〇一年には、二進法でのチャンパーノウン定数が二進正規数であることが証明された。したがって、この数の0をH、1をTとしていけば、それは、完璧にランダムに表裏が出るコイン投げの並びの例になる。

どの記数法でも正規数になる数はごくわずかしか知られていない。見つかっているのはすべて、非常に人工的な数だ。[3]「非常に人工的」というのは、現実世界でこの数に出会うことはないという意味である。言うまでもなく、3.089（本書の執筆時点でのカリフォルニア州でのガソリン一ガロンの価格）とか、2の平方根（一辺が一フィートの正方形の対角線の長さ）といった数には出会うことはあっても、何かの計測値がチャンパーノウン定数のような数になることはまずない。どの記数法でも正規数になる数は、現実世界で姿を見せることはないものの、数直線上にはそうした数がぎっしりと並んでいる。正規数についてのボレルの定理[4]では、実数をランダムに（またこの言葉だ）選べば、その数があらゆる記数法でも正規数であるのはほぼ確実（数学的に詳しく説明できるという意味で）だとしている。日常的な意味では、数を選ぶように言われれば、普通は何かのものさしになっている数、たとえば5などを選ぶだろう。しかし、「ランダムな実数を選ぶ」と言った場合に数学者が思い描くのは、全実数を帽子の中に入れて、十分にかき混ぜ、目隠しをした人に一つ選んでもらうという、いわばくじ引きのようなプロセスだ。そういう方法をとれば、選び出された数はどんな記数法でもほぼ確実に正規数になる。じつはここでも、この「ほぼ確実」という言い方には非常に専門的な定義があるのだが、「ある実数を、右のような意味でランダムに選び出した場合、それはほぼ確実に整数ではない」ということが何を意味するのかは、読者にも理解できるはずだ。整数は「ルベーグ零集合」と呼ばれる集合を作っている。ボレルの正規数の定理を専門的に言うと、「ルベーグ零集合以外のあらゆる数はどの記数法でも正規数になる」

ということだ。

πのような超越数は、どの記数法でも正規数になるような数の最有力候補のように思える。もしπがそんな数だと証明されれば、セーガンは正しかったことになる。異星人のメッセージはπの桁の中にエンコードされるが、それはそのメッセージが単なる数の並びだからだ。しかし、どんなメッセージも数の並びなのだから、πを詳しく調べれば、最高に美味しいチーズケーキのレシピや、あなたの伝記が（これからの人生に関する部分まで）、何度も出てくるだろう。

セーガンはよく、恒星由来の物質から私たちの体がいかにして作られるかについて語っていた。超新星爆発で生成された重い元素が、私たちの身体をつくるのに使われているのだ、と。そんなセーガンなら間違いなく、私たちと数直線には複雑な形の結びつきがあるということにも興味を持ったはずだ。ある実数をランダムに選べば、その数に使われている数字が、過去、そして未来のあらゆる人類の物語を語ることは、ほぼ確かなことと言える。そしてその物語は、何度も繰り返されるのだ。

理想的なコインでの面の出方は、どの記数法でも正規数になる数を二進法で表したものと見なすことができる。この理想的なコインは、スーパーボウルでキックを行なうチームを決めるのに使えるというだけではない。古代ギリシャのデルフォイの神託以上の予言の力を持っている。それは、そもそも回答可能な質問なら、どんな質問にも答えてくれる。私たちがその予言を理解でききさえすれば。しかしもちろん、それは決してできないのだが。

転がるサイコロ――未来を予測できないのはなぜか？

この章の初めで、サイコロの目は予測不可能なのかどうかという問題提起をした。未来が決まっているのであれば、私たちがそれを知ることができないのはなぜか？　二〇世紀後半、数学に新しい分野が生まれた。のちに「カオス理論」と呼ばれるようになる分野だ。その登場の背景としてあったのは、予測不可能な現象には「本質的に予測不可能な現象」と「情報が十分得られないために予測不可能な現象」の二通りあることの発見だった。本質的に予測不可能な現象は、想像上にしか存在しない。ランダムに面が出る理想的なコインを投げた時の面の出方は、どの記数法でも正規数になる数の二進表現に対応するが、そのような数は、実際に計測できるような数ではないのだ。

カオスは数学と物理学の両方に見られる現象で、ある特異なタイプの決定論的現象だ。ランダムな現象は完全に予測不可能だが、カオス現象はそれとは異なり、理論的には予測可能である。カオス現象の根底にある数学法則は決定論的だ。つまり関連する方程式には解があり、現在と過去が未来を完全に決定している。問題は、カオスの法則自体が予測不可能な現象を引きおこすことではない。情報不足のせいで、その現象を私たちが予測できないことだ。量子力学でパラメーターの値を知ることができないのは、そうした値が存在しないからである。しかしカオスはそうではない。私たちがパラメーターの値を（今までのところ）知らないのは、必要不可欠な情報を集めることが不可能だからだ。

カオスをのせたらオーブンで焼きましょう

辞書では、カオスを「極端な混乱や無秩序の状態」と定義している。最近、レストランが舞台のリアリティ番組や映画が多くなったが、そこで描かれている厨房はちょうどそんな感じだ。大忙しのシェフがウェイターに怒鳴りちらし、前菜に使うはずの材料がデザートに入っていたりする。そこで、ポップカルチャーへの挨拶代わりに、その厨房のカオス的な大混乱の中に飛び込み、麺棒を手に取って、いくぶん高度なカオスの数学を考えよう。

棒状のパイ生地が目の前にあるとする。それをもとの二倍の長さまで伸ばしてから、半分で切り、切り目の右側の生地を左側の生地の上に重ねる、という作業を考えよう（訳註　半分に折り重ねるのではないことに注意）。この伸ばしては切るという、「パイこね変換」と呼ばれる作業を繰り返していく。このパイ生地は、数直線の0（生地の左端がある場所）から1（右端がある場所）の間にあると考える。パイこね変換は、$B(x)$という関数で表すことができる。もともとxという点にあった点は、生地を伸ばし、切り、積み重ねる作業を一回行なうと、$B(x)$という点に移動するという意味だ。$B(x)$は、次のように定義される。

$$B(x)=2x \qquad 0 \leqq x \leqq 1/2$$
$$B(x)=2x-1 \qquad 1/2 < x \leqq 1$$

スタート	繰り返し回数						
	1	12	13	14	15	16	17
0.090171	0.180342	0.340416	0.680832	0.361664	0.723328	0.446656	0.893312
0.090172	0.180344	0.344512	0.689024	0.378048	0.756096	0.512192	0.024384

簡単に言えば、生地の左半分にある点は、パイこね変換を行なうと、生地の左端からの距離が二倍の点へと移動する。一方、生地の右半分にある点は、生地を伸ばした時点で左端からの距離が二倍になり、次に切って積み重ねると、左端へ一単位分移動する。

これはあまり複雑そうに見えないが、実は驚くべきことが起こる。最初は非常に近くにあった二つの点が、ごく短時間で非常に遠く離れてしまうのだ。スタート時はとても近くにある、二つの点を選ぼう。一つめの点は、一九七一年九月一日生まれの妻のために、〇・〇九〇一七一とした。もう一つの点は、右方向にわずか一〇〇万分の一単位だけ離れた、〇・〇九〇一七二だ。

変換を一回行なうと、この二つの点は〇・〇〇〇〇〇二だけ離れた。一二回行なった後でも、その間の距離はわずか約〇・〇〇四だった。しかし、一六回めの変換を行なうと、点の一つは生地の左半分にあったが、もう一つは右半分に移動してしまい、もう一度変換すると、二つの点は大きく離れてしまった。一つめの点は右端からそれほど遠くない場所にあるが、二つめの点は左端のかなり近くに移動している（上の表参照）。

この例でわかるのは、非常に近くからスタートした二つの点が、変換を数回行なっただけで、非常に遠く離れてしまうことだ。系の挙動を予測するのに数学を用いることを考えると、この現象には、かなり深刻な影響がある。

前ページの表に出てきた数全部に一〇〇をかけて、温度を表す数と考えれば、この表は次のように解釈できる。あるプロセスを九・〇一七一度の状態からスタートすると、一七回作業を繰り返した後には八九・三三一二度になる。一方、九・〇一七二度からスタートして、一七回作業を繰り返すと、最終的な温度は二・四三八四度になる。実験を高い精度で制御できる実験室の中でない限り、温度を〇・〇〇〇一度の精度で計測することはとてもできない。このように、高精度での測定ができないことが、正確な予想を不可能にしている。開始時の小さな違いが、のちの大きな違いになるかもしれないのだ。この現象はカオス科学の目玉の一つで、専門的には「初期条件への鋭敏性」として知られているが、「バタフライ効果」という口語的な表現のほうが、具体的にイメージしやすい。ブラジルで一匹の蝶が羽ばたくかどうかによって、二週間後にテキサスで竜巻が発生するかどうかが決まりかねないのだ。

パイこね変換を詳しく調べると、この難しさの原因は、生地を半分に切るプロセスにあるとわかる。二つの点が両方とも生地の左半分にあれば、パイこね変換を行なっても、その間の距離は二倍になるだけだ。二つの点が生地の右側にある場合も同じである。しかし、二つの点の距離が非常に近くても、一つが左半分、もう一つが右半分にあれば、最終的には、左半分の点は生地の右端のかなり近くに到達するが、右半分の点は左端のかなり近くになる。

パイこね変換は、変数のわずかな違いが、対応する関数値に大きな違いをもたらすという、「不連続関数」の一つの例だ。現実世界にも不連続関数はある（ライトをつければ、その明かりは瞬間的にゼロから最大へと増加する）。しかし、自然の物理現象というのはもっと穏やかなものだという反論ももっともだ。温度が低くなるときに、まるで電球のように七〇度から瞬間的に五〇度に下がることはない。温度は七〇度から六九・九九九九度、六九・九九九八度と少しずつ下がり、五〇・〇〇一度から五〇・〇〇〇〇度になる。[5] これは連続的なプロセスだ。時間が少し経過すると、温度がわずかに変化する。本当はカオスなんてないのではないか？

実験室の中のカオス

バタフライ効果は、実際には連続プロセスとの関連で見つかっている。トランジスタの発達によって、一九五〇年代後半から一九六〇年代初頭には、コンピューターが手ごろな価格で手に入るようになった。それ以前、コンピューターと言えば、電力を大量に消費する真空管を何列にも並べた、巨大な機械だった。しかし一九六〇年代初頭には、あらゆる大学、そして数多くの企業がコンピューターの購入を済ませていた。企業では当然のごとく、取引で求められる計算の高速化と、データの蓄積のためにコンピューターを使っていた。しかし大学では、以前は手の届かなかった、膨大な計算を必要とする問題の研究にコンピューターを使っていた。

マサチューセッツ工科大学のエドワード・ローレンツ教授は、初めは数学者だったが、のちに気象のモデリングと予報の問題へと研究対象を変えた。気象の問題で扱う変数は、微分方程式や、連立微分方程式で支配されている。[6] その微分方程式は、変数の変化率と変数の現在値がどのような関係にあるかを説明している。こうした方程式は、非常に複雑ではあるが、連続プロセスでよく使われている。

微分方程式は、物理プロセスの振る舞いを反映しているため、それを解くことは科学や工学の分野には欠くことができない。しかし、微分方程式の厳密解を得ることはほとんど不可能である。結果として、この分野で一般的なアプローチは、数値的方法を使って近似解を生成することとなのだが、その実行にはコンピューターを使うのが一番効率的だ。

一九六一年のある日、ローレンツはコンピューターに連立微分方程式をプログラミングした。このコンピューターは、今、あなたの机の上に何気なく置いてあるコンピューターの一パーセントの一〇分の一以下の計算速度しかなかったらしい。そのため、昼食の時間になると、ローレンツは出力を記録して、コンピューターの電源を落とし、軽い食事をしに行った。席に戻ってくると、ローレンツは少しばかり計算作業を引き返すことにした。つまり、コンピューターの最新の出力を使うのではなく、繰り返し行なった計算のうち、何回か前の計算の出力を使うことにしたのだ。プログラムをもう一度実行すれば、前に実行したときと同じ結果が得られるはずと考えていた（どのみち、二回とも同じ計算を繰り返しているのだから）。しかし、しばらくしてローレンツは驚いた。一度めと二度めの出力結果が大幅に違っていたのだ。

これをプログラムのバグか（これはよくあることだ）、ハードウェアの不具合（一九六〇年当時、これは今よりも多かった）ではないかと疑ったローレンツは、その可能性を必死になって確認した。しかし、結局はその可能性はないとわかった。この時になって、ローレンツは、二度めの実行時、コンピューターを初期化し直した際に、一回めの結果を小数第一位に丸めていたことに気づいた。たとえば、コンピューターが六二・三二一七度という温度を出力したとしたら、ローレンツはこれを六二・三度に丸めたということだ。当時、データはすべて手作業で入力しなければいけなかったので、数を丸めてしまえば、入力時間を大幅に節約できたわけである。ローレンツは、数を丸めても計算にはほとんど影響しないだろうと思い込んでいた。しかし三〇七ページの表でわかるように、少なくともパイこね変換の場合は、小数点第六位を変えただけで、その後の計算値に大きな影響を与えかねない。その後ローレンツは、変数が段階的ではなく、徐々に変化する系で見られるバタフライ効果について、初めての論文を発表し、詳しく説明した。「バタフライ効果」という用語もローレンツが名付けたものだ。一九七二年にアメリカ科学振興協会（AAAS）の会合で、「予測可能性――ブラジルでの蝶の羽ばたきはテキサスにトルネードを起こすか？」というタイトルの講演を行なったのである。その後の研究で、カオス的挙動は、非線形現象から頻繁に生じることが明らかになった。非線形現象は、多くの重要な系に共通する特徴だ。一方、線形現象というのは、入力値にある数を乗じると、出力にもその数を乗じることになる現象だ（フックの法則は線形現象の例である。二ポンドの力で一インチ伸びるバネの場合、八ポンドの力では四インチ伸びる）。

初期条件に対する極端な鋭敏性は、当初考えられていたよりもはるかに一般的な現象であるとわかった。カオス的挙動がどんなものかわかってしまえば、気象のような複雑な系がバタフライ効果の影響を受けているというのは、それほど驚きではなかった。しかし、一九八〇年代中頃に、今では惑星から降格されてしまった冥王星の軌道が、やはりカオス的であることが明らかになる。(7) 天体は予測可能で荘厳さに満ちた太陽公転軌道を静かにめぐるという、ニュートンが考えた規則正しい宇宙は、はるかに騒々しい世界に取って代わられてしまったのだ。その結果、冥王星と、ハイゼンベルクの不確定性原理に出てくる電子には、奇妙な共通点があるということになった。冥王星がどこにあるかはわかっていても、将来それがどこに行くのかはわからない。いや、正確に言えば、冥王星がどこに行くのかがわからないのは、冥王星や太陽系のほかの天体の位置（およびその運動の速度や方向）を十分正確に知らないからだ。

奇妙な変化

多くの系には、安定期と、その間の移行期間が交互に現れる。イエローストーン国立公園の間欠泉が良い例だろう。「オールド・フェイスフル」などの間欠泉は、非常に規則的な間隔で噴出するが、ほかの間欠泉は間隔がもっと不規則だ。数理生態学の分野でよく研究されている例が、たとえばキツネとウサギなどの、捕食動物とその餌になる動物の相対的個体数の相互作用である。キツネとウサギの個体数変化のダイナミクスは、定性的に見れば非常に単純だ。ウサギの餌が十分あれば、ウサギの個体数は増加する。これはキツネから見れば餌が増えることになるので、キツネの個体数も増加する。そのキツネはウサギを捕食するので、ウサギの個体数は減少する。ウサギが減ると、キツネの生存率が低下し、それでまたウサギの個体数が増加し、ということが繰り返されていく。

捕食動物と餌となる動物の相対的な個体数は、$f(x)=ax(1-x)$という「ロジスティックス方程式」でモデル化できる。ここでaは0から4までの定数だ。一方、xは0から1までの数で、ある時点での総個体数に対するウサギの割合（つまり、ウサギの個体数を、ウサギとキツネの個体数合計で割った数）である。定数aの値は捕食者の攻撃性によって違ってくる。たとえばボアコンストリクター（訳註　中南米に生息する大型ヘビ。哺乳類《ほにゅうるい》を絞め殺して食べる）であれば、代謝速度が遅いため、餌を食べるのは数カ月おきでも十分だ。しかし哺乳類であるキツネは、生きていくためにもっと頻繁に餌を食べなければならない。

xをある時点でのウサギの割合だとすれば、$f(x)$は一世代後のウサギの割合を表す。この新しい$f(x)$の値をウサギの割合として使って、さらにその次の世代の割合を計算する。たとえば、$f(x)=3x(1-x)$であり、ある時点で$x=0.8$（全個体数の八〇パーセントがウサギ、二〇パーセントがキツネ）だとする。すると、$f(0.8)=3\times0.8\times0.2=0.48$であるから、一世代後のウサギは全個体数の四八パーセントを占める。次に、$f(0.48)=3\times0.48\times0.52=0.7488$だから、二世代後には、ウサギは全個体数の七四・八八パーセントを占める。

全個体数に占めるウサギの割合xが一定になるか、周期的にxに戻ってくる場合、割合xは「平衡点」であると言う。平衡点はaの値によって変わる可能性があるが、その理由はそれほど難しくはない。周囲にいる捕食動物がボアコンストリクターだけだったら、キツネがいる場合よりも、全個体数に対するウサギの割合はかなり多くなるのは間違いない。キツネはボアコンストリクターに比べて食べ物の消化が速く、食べる回数がずっと多くなるのだ。一九八〇年代には、このロジスティックス方程式をシミュレーションする「FOXRAB」(8)というソフトウェアがあった。コンピューターのモニターのスクリーンが黄色っぽかったり、白い長方形のカーソルが点滅したりした頃のことだ。ほかの人がコンピューターで卓球ゲームの「ポン（Pong）」をしている間、私はずっと、FOXRABを眺めて過ごしていた。それは、ウサギが個体数全体に占める割合に相当する数を出力するだけだったのだが。

予想としては、定数aが0から4に徐々に大きくなるにつれて、この系はスムーズに変化していき、aがわずかに変化すれば、平衡点もわずかに変化すると思うだろう。しかし、この系の平衡点の数は異常な動きを見せる。aが3未満であれば、この系の平衡点は一つだけで、時間がたつと個体数の割合は最終的に一定になる。たとえば、$a=2$の場合、平衡点は$x=0.5$だ。ある時点でのウサギの割合が五〇パーセントであれば、$f(0.5)=2\times0.5\times0.5=0.5$だから、次の世代でも（さらにその後すべての世代でも）ウサギの割合は五〇パーセントになる。xの値が違っても、時間がたつにつれて0.5に近づいていく。たとえば$x=0.8$の場合、$f(0.8)=2\times0.8\times0.2=0.32$, $f(0.32)=2\times0.32\times0.68=0.4352$, $f(0.4352)=0.49160192$と

世代	1	126	127	128	129	130	131	132	133	134
$a = 2.8$	0.5	0.643	0.643	0.643	0.643	0.643	0.643	0.643	0.643	0.643
$a = 3.1$	0.5	0.765	0.558	0.765	0.558	0.765	0.558	0.765	0.558	0.765
$a = 3.5$	0.5	0.383	0.827	0.501	0.875	0.383	0.827	0.501	0.875	0.383
$a = 3.55$	0.5	0.355	0.813	0.54	0.882	0.37	0.828	0.506	0.887	0.355

なり、たった三世代で、八〇パーセントあったウサギの個体数は約五〇パーセントになった。

a＝3の場合、平衡点は二個ある。この状態が続いたあと、**a**＝3.5では四個になる。しかし、**a**が3.56まで増加すると、平衡点の数は八個になり、その後一六個、三二個と増加していく。そして**a**＝3.569946になると、どうにも奇妙なことが起こる。平衡点が一つもなくなってしまうのだ！その後、**a**が3.6から4まで増加するにつれて、カオスが発達していく様子がわかる。平衡点の数は予測不能な変化をする。平衡点がない区間と、**a**の値のごくわずかな変化で平衡点の数が大きく変わる区間が交互に現れるのだ。この系は完全に決定論的であるにもかかわらず、平衡点の数は予測できない。このようなカオス系では、平衡点を「ストレンジアトラクタ」と呼んでいる。

上の表では、系の平衡点の数が**a**の増加に伴って変化する様子を示している。一番上がウサギの世代数だ。表の中の値は、ウサギが個体数全体に占める割合を表す。どの場合でも、個体数全体の半分をウサギが占めている状態からスタートした。表のそのほかの部分は、一二六世代から一三四世代までのウサギの割合を示している。**a**＝2.8の場合、ウサギの割合は六四・三パーセントに落ち着く。**a**＝3.1では、ウサギの割合は七六・五パーセントと五五・八パーセントの間で行ったり来たりしている。$a=3.5$では、平衡点が四個、$a=3.55$では八個だ（一三五世代は一二七世代の値を、一三六世代は一二八世代の値を繰り返している）。

カオスはいたるところに

カオス的挙動は、捕食者と餌になる動物の割合や、病気の流行の拡散パターン、不整脈の発生、エネルギー市場の価格、氷河期と間氷期との間での気候の転換など、さまざまな現象に見られる。気候の急激な転換は、多くの科学者が温室効果による温暖化現象を憂慮している理由の一つだ。気候データには、比較的急激な変化が起こった時期が記録されており、気候が異なる温度帯の間で行き来する理由は、まったくわかっていない。地球温暖化を防ぐには人間こそが対策を講じるべきと考える人々は、大気中の二酸化炭素の濃度変化が、カオス的な挙動の引き金になるのかどうかは不明だとしつつも、さらに知識が得られるまでは慎重になりすぎるくらいが賢明だと考えている。反対の意見の人々が主張するのは、人間が化石燃料を動力源として使い始める以前に、気候にはそれ独自のストレンジアトラクタが数百万年にもわたって存在したらしいということだ。つまり、人類なしで数百万年も続いてきたサイクルの中では、私たちは新参者に過ぎないのだ。

カオス系をモデル化できるようになれば、メリットは大きい。不整脈が実際に起こる前に、それを予測できればどんなに助かるだろう。実際のところ、不整脈がランダムな現象ではなく、カオス的な現象であることがわかったのは、私たちにとっては非常に大きな一歩だった。不整脈がランダムな現象なら、個々の症例に対応することは望めない。最大限できるのは、特定のパターンを示す患者の何割が心臓発作を起こす可能性があるのかを知ることくらいだ。しかし、不整脈がカオス的な挙動なら、それぞれの症例に対して何らかの対応ができる可能性がある。といっても、これはまだ少し先のことかもしれない。カオスは非常に歴史の短い分野だからだ。[9] しかし少なくとも、カオスという研究分野は極端な混乱と無秩序を特徴とする分野ではないのである。

第11章　宇宙の原材料

まじめが肝心（訳註　オスカー・ワイルドの戯曲のタイトルにかけてある）

一九九六年初め、評論雑誌《ソーシャル・テキスト》に、ニューヨーク大学のアラン・ソーカル教授による一篇の論文が掲載された。『境界線を侵犯すること――量子重力の変形解釈学に向けて』[1]（?）というタイトルのこの論文は、「物理的な『実在』も……その根底において社会的かつ言語的構築物にすぎない」（何だって?）という考え方を提示するものだった。実は、この論文は手のこんだ知的な悪戯《いたずら》だったため、あっという間に大騒ぎになった。ソーカル教授がこの論文を投稿した理由は、「この世界はあるがままに存在するのではなく、私たちの理解によってその存在が決まる」という考え方が広まっていて、それが科学の本来の目的の一つである、真理の探究を歪めていることを憂慮したからだった。《ソーシャル・テキスト》がこの論文を受理したことによる影響は非常に大きかった。技術的テーマを扱う論文のチェックがより綿密に行なわれるようになっただけではない。少なくともリベラル・アーツの分野では[2]、論文の哲学的・政治的立場と、編集者のそれとの一致の度合いが、論文掲載の可能性に影響していることが明らかになったのだ。

しかし一番の成果は、「現実そのものよりも、現実に対する認識の方が重要だ」との考え方が広まっているという、気がかりな傾向をはっきりさせたことだ。ソーカルはそうした考えを忌まわしいものと考えていた。現実の探求を仕事にしているほとんどの科学者もそうだろう。ソーカルは「私は四角四面の古くさい科学者であり、外界が存在すること、その世界について客観的な真実が存在すること、そしてそのうちのいくつかを発見するのが私の仕事だということを単純に信じている」と述べている[3]。

ギリシャ神話のイカロスからスペースシャトル〈チャレンジャー〉号にいたるまで、数多くの悲劇の原因になっているのは、外界にある現実への注意が欠けていたことだ。チャレンジャー号爆発事故は、機体が危険な状態のままで打上げを強行してしまったために起こった。その原因調査委員会のメンバーだったリチャード・ファインマンは、「テクノロジーを成功させるためには、広報よりもまず現実を優先すべきである。なぜなら自然を欺くことはできないからである」と記している[4]（訳註　これは、NASAの事故調査報告書の付録「スペースシャトルの信頼性に関する個人的見解」の結論に含まれており、日本語訳は『ファインマンさんベストエッセイ』〔大貫昌子・江沢洋訳、岩波書店〕に収録されている）。

外界について私たちが学んできた客観的真実の中で非常に重要なのは、何もかもが可能なわけではないということだ。一足す一は、いつでも二になる。一一〇パーセントの努力をしても、最後の手段として星に願いをかけても[5]、その足し算の答えを変えることはできない。計算は基本的に、社会的概念や言語学的概念ではないからだ。銀行通帳の数を正確に足していって、残高が八四三ドル七六セントだったら、それが今ある金額なのである。高級車の「レクサス」を五年間の月賦払いにしないで買いたいと思っていても、残念ながら残高が増えたりはしない。逆に、残高が勝手に減ったりしないのは、ありがたい。ディナーと映画に行こうという時に、支払いができずに債務者監獄に送られる心配などしたくない。

自然界は、この宇宙を構成する原材料を供給している。そうした原材料《マテリアル》の一部は、形のあ《マテリ》るもの《アル》、つまり、宇宙のあらゆるものを作り上げている物質だ。一方で、原材料には、エネルギーなどの形のないものもある。そうした宇宙の原材料の間に存在する関係性が、何が可能で何が不可能かを決めている。このことに初めて気づいたのは、フランス人科学者のアントワーヌ＝ローラン・ラボアジェだ。ラボアジェは、化学反応後の生成物の質量は、反応に使われた物質の質量の合計に等しいことを発見した。質量保存の法則として知られるこの結果は、理論化学の幕開けとなった。一九世紀には三人の科学者がこの結果を大きく前進させた。ラボアジェが物質について発見した法則をエネルギーにも拡張したのである。

厳しい状況《ヒートイズオン》におかれて

一八四七年の夏、ウィリアム・トムソンという若いイギリス人が、休暇でアルプス地方を訪れていた。ある日、シャモニーからモンブランを目指して歩いている途中で、ある二人連れに出会った。その二人のあまりにも奇妙な姿を見て、イギリス人だとすぐにわかった。巨大な温度計を抱えた男性に、馬車に乗った女性が付き従っているのだ。のちにイギリスで最も優れた科学者に数えられ、ケルヴィン卿の称号を与えられることになるトムソンは、この二人に声をかけた。男性はジェイムズ・プレスコット・ジュール、女性はジュールの妻で、二人はハネムーンでアルプスに来ているのだという。ジュールは「水が七七八フィート落下すると、その温度は華氏一度上昇する」という理論を確立することに人生のかなりの部分を費やしていた。しかし、よく知られていることだが、イギリスには滝がない。それでジュールはアルプスを訪れていたのである。ジュールは、ハネムーンのようなささいなことで、科学的真理の追究を邪魔されたくなかったに違いない（訳註　実際は、ジュールとトムソンはすでにこの直前にオックスフォードで知り合いになっていたようだ）。

物理学では、一九世紀の初めに、「あらゆる形のエネルギーは、別の形のエネルギーに互いに変換可能」という新しい考え方が登場していた。力学的エネルギーや化学的エネルギー、熱エネルギーは、本質的には別物ではなく、エネルギーという存在が異なる形態を取ったものであることがわかったのだ。ジェイムズ・ジュールは本業の醸造業のかたわら、力学的仕事と熱エネルギーが等価であることの証明に没頭していた。ジュールの実験は、非常にわずかな温度の違いを扱うものだったので、人目を引くこともなく、結果をまとめた論文は当初、論文雑誌にも王立協会にも受理されなかった。ジュールが最終的にその実験結果を発表したのは、兄が音楽評論を行なっていたマンチェスターの新聞だった。ジュールの研究結果は、熱力学第一法則のもとになっている。この法則によれば、エネルギーは生成も消滅もせず、ある形から別の形へと変化するだけである（訳註　これを「エネルギー保存則」という）。

ジュールの研究よりも二〇年ほど前に、フランス軍の技師だったニコラ・カルノーは蒸気エンジンの効率の向上に興味を持ち始めた。ジェイムズ・ワットが開発した蒸気エンジンは、蒸気エンジンとしての効率は良かったのだが、それでもまだ、エンジンを動かすために使われる熱の九五パーセントが無駄になっていた。この現象を研究したカルノーがたどり着いたのは、まったく予想もしなかった結果だった。すなわち、一〇〇パーセントの効率を持つエンジンを作り出すことは不可能であること、そして最大効率は、エンジンを動かす際の温度差を含む数式で表せること、の二つである。この結果はカルノーの唯一の論文として発表されたが、長い間注目されることなく埋もれていた。これを四半世紀後に再評価したのがウィリアム・トムソン（ケルヴィン卿）だ。スイスアルプスでジュールと偶然出会ってから、ちょうど一年後のことである。

カルノーの研究は、熱力学第二法則の基礎となった。この法則はいくつか違った形で表すことができるのだが、その一つが、エンジンの理論的な最大効率にかんするカルノーの定理だ。一方、ルドルフ・クラウジウスは、第二法則をエントロピーの観点から定式化している。エントロピーとは、熱力学プロセスが自然に進む方向にかんする熱力学的概念だ。熱湯を入れたグラスに氷を入れると、氷は溶けて湯の温度は下がる。しかし、グラスに入ったぬるめの湯が熱湯と氷に分離するという逆向きのプロセスは、決して自然には起こらない。

さらに、オーストリア人物理学者のルートヴィッヒ・ボルツマンが、確率の観点をとりいれて、熱力学第二法則をまったく異なる形で表した。系が秩序状態から無秩序状態へと進む可能性の方が高いのは、秩序状態に比べて無秩序状態の方がずっと数が多いというだけのことだ。熱力学第二法則を考えれば、きれいな部屋を放っておくと汚くなるが、汚い部屋を放っておいてもきれいにはならない理由が説明できる。熱力学の第一および第二法則は非常にさまざまな場面に見られるので、すでに私たちに共通の人生観の一部にもなっているように思える。つまり、第一法則は「うまくはいかない」ということを、そして第二法則は「差し引きゼロにもならない」ということを言っているのである。

カルノーとジュール、ボルツマンは、熱力学にたいして、それぞれ「実務（カルノー）」「実験（ジュール）」「理論（ボルツマン）」という異なる三方向から取り組んだ。三人に共通していたのは熱力学への関心だけではない。悲劇とも言えるほど困難な境遇にあったことも同じである。カルノーはコレラのためにわずか三六歳で亡くなった。ジュールは病弱で、幼少時に受けた脊髄のけがに一生苦しめられた。その上、裕福な醸造家の息子として生まれたにもかかわらず、後年は貧しい暮らしを送った。ボルツマンは、自分の理論が受け入れられないことを思い悩んだ結果、鬱《うつ》病に苦しみ、最後は自殺してしまった。ボルツマンの研究成果が別の研究者らの手によって形を変え、評価されるようになったのは、皮肉なことにその死の直後だった。

究極の資源

エネルギーとお金の間には、特筆すべき共通点がある。どちらも、それぞれの世界では究極の資源だということだ。お金は、製品やサービスの価値を示し、支払いをするための手段であり、エネルギーはそうした製品の製造や、サービスの提供に必要な努力をはかるための手段だ。異なる通貨の間で両替できるのとちょうど同じで、さまざまな形のエネルギーは、別のエネルギーへと変換することができる。

熱力学第一法則で言っているのは、よく言われるように、この宇宙に無料のランチなどないということだ。何もないところにエネルギーを生成することはできない。それだけでない。これは見落とされやすいのだが、エネルギーを消滅させることもできないのだ。ただし、形を変えることはできる。第二法則はエネルギーの変換について説明するものだが、ここにもお金との共通点がある。現実生活ではお金が一〇〇パーセントの効率で使われることはなく、物事の調整の名目でお金を搾り取っていく仲介者が必ずいる。自然も、エネルギーを消費する際に同じ役割を果たしている。エネルギーを一〇〇パーセントの効率で使うことは不可能なのだ。このことは、永久機関を作ることが決してできない理由の一つである。

しかし、最近の研究によって、熱力学法則に抜け穴がある可能性が明らかになりつつある。

そうした抜け穴の一つは、最近わかってきたことだが、「(自然界の四つの力のうち）重力だけは、余剰次元の影響を示すことができる」という点からきている。四次元空間を直接観測することはできない。四次元の観測プロセスでは電磁波を使用するが、現在の理論では、電磁気力では四次元を探査できないとされているからだ。しかし、重力であれば、ほかの次元に漏れ出すことができる。重力を使えば、三次元以上の空間次元の存在を確かめられる可能性があるのだ。[6] 実際にこれができるとなれば、熱力学第一法則はもはや適用されない。しかし同時に、非常にわくわくするような可能性が出てくることになる。私たちのいる三次元空間の重力エネルギーが、どこかへと漏れ出すかもしれないというなら、ほかの次元の重力エネルギーが三次元空間に入り込んでくる可能性もあるのではないか？　そうだとしたら、ほかの次元のケータリングサービスからランチを無料でもらえるかもしれない。同時に、必然的に「エネルギーは宇宙全体でみれば、生成も消滅もしない」という新しい熱力学第一法則も生まれる。実は、エネルギー保存則が再構築された例はこれまでにもあった。アインシュタインの$E=mc^2$という有名な方程式は、物質とエネルギーの「交換レート」を表している。つまり、一単位の物質はc^2単位のエネルギーに変換されるという意味だ。このアインシュタインの方程式を考え合わせると、エネルギー保存則は、「物質とエネルギーの総計はアインシュタインの公式に従って保存される」と言い換える必要がある。これは、お金の一部がドルで、残りがユーロでも、合計金額は変わらないのと同じだ。このように、エネルギー保存則の歴史を考えてみれば、将来、これがまた変更されても少しも不思議ではない。

エントロピーが増大する理由

エントロピーが増大する理由を理解するには、エントロピーの計算方法を知っていなければならない。Δxという記号は、数学ではよく出てくる記号で、xという量の変化を表している。たとえば、月末の口座残高をxとすれば、Δxは私の雇い主であるカリフォルニア州がその口座に直接振り込んだ金額にあたる。熱力学では、その系の総エントロピーをSで表す。ΔSは、系のエントロピー変化で、$\Delta Q/T$という量の総和になる。ここで、Tは系の中のある要素の温度、ΔQは温度Tにおけるその要素の熱量変化だ。微積分学を知っている人向けにもっと正確に定義すれば、$\Delta Q/T$の積分ということになる。これを微積分学を知らない人に説明すると、「積分」というのは、数多くある非常に小さいものを単純に足し合わせることだ。

ここでは、ブライアン・グリーンの『宇宙を織りなすもの――時間と空間の正体』[7]の例にならって、水と角氷が入ったグラスを考える。熱は温かい側から冷たい側へ移動するが、それは熱が分子の動く速さに対応しているからだ。動きの速い分子が遅い分子に衝突すると、速い分子は遅くなり（熱を失う）、遅い分子は加速する（熱を受け取る）。一単位の熱量が、温度T_1の少量の水から、温度T_2の角氷一個へ移動するとしよう。水は氷よりも温度が高いから、$T_2<T_1$になる。

熱の移動は、銀行口座の入出金に非常に良く似ている。熱量を受け取るのはプラス（口座に入金する)、熱量を失うのはマイナス(口座から引き出す)と考える(プラスの金額を引き出すのは、マイナスの金額を入金するのと同じだ)。少量の水が一単位の熱量を失う場合のエントロピー変化は、$-1/T_1$だ。一方、角氷一個が同じ熱量を得たことによるエントロピー変化は、$+1/T_2$になる。この熱移動全体でのエントロピー変化は、$-1/T_1+1/T_2$で、$T_2<T_1$だから、この式はプラスになる。水の温度が低くなり、一方で角氷が溶けていく過程では、こうした熱移動がたくさん起こり、そのそれぞれがエントロピーにプラスの変化を与えるので、系全体としてはエントロピーが増大するのだ。

角氷が全部溶け、系の温度が一様になって、系が平衡状態に到達すると、それ以上の熱移動は起こらなくなり、グラスの水のエントロピーは最大になる。このグラスは、宇宙で起こっていることの縮図だ。宇宙の大部分では、温かい物体は冷たく、冷たい物体は温かくなっていき、エントロピーは増大する。そして、われわれが向かっているはるか遠い未来では、あらゆるものの温度が等しくなって、それ以上の熱移動は起こらなくなる。その世界は、そこでは何の現象も起こらないため、非常にどんよりとしている。これがいわゆる「宇宙の熱的死」だ。

ただし、エントロピーがいつでもどこでも増大するわけではないことは確かだ。熱力学第二法則が求めているのは、可逆的なプロセスではエントロピーが増大するということであり、ありがたいことに、数多くある非常に興味深いプロセスはそのカテゴリーにはない。角氷を作るときや、子どもが生まれるときには、エントロピーの局所的な減少が必要なのだ。しかしその場合は必ず、宇宙全体でみればエントロピーが増大する。宇宙は、氷を作る冷凍庫を動かすために熱を供給しなければならないし、子どもが生まれるには、宇宙全体では、エントロピーが物質やエネルギーという形で増加する。

エントロピーの局所的減少が起こる理由はさまざまで、単に「冷凍庫を動かすためには電力を使う必要がある」という話ではない。重力は、宇宙のさまざまなところに豊富に存在する力であり、エントロピーの局所的減少に寄与していて、それが私たちの存在を支えている。水素ガスの雲は、熱力学的特性という観点で厳密に考えれば、エントロピーの高い系だ。しかし、その熱力学的な観点では、重力がエントロピーの局所的減少に果たす役割が見落とされている。この水素ガスの雲は、十分な大きさがあれば、それ自体の重力によって押しつぶされて、熱核融合が起こるほどの高密度になり、その結果、恒星が誕生する。この恒星が十分大きければ、最終的に超新星爆発が起こって、エントロピーがさらに劇的に減少する。この超新星爆発のプロセスでは、重元素が生成され、そこからいずれ惑星や生物が生まれるかもしれない。

エントロピーを別の角度から見る

統計力学を使えば、エントロピーを違った形で定義できる。統計力学とは、どんな分子の集合体にもある大量の情報を発見し、利用するという問題から始まっている。かなり大量の分子の集まりとして、たとえばグラス一杯の水を考えた場合、そこには少なくとも一〇の二四乗個の分子が含まれている。その分子のそれぞれが特定の位置を占めており（つまり、位置を表すのに三つの座標が必要）、三方向に移動する（南北方向、東西方向、上下方向の速度をそれぞれ特定するために、やはり三つの座標が必要）。グラス一杯の水に含まれる全分子について、こういった情報をすべて集めることは不可能だが、たとえそれができたとしても、一体それをどう扱えばいいのだろうか？ 情報過多そのものだ！ コンピューター一台のデータ容量が一テラバイトあり（約一兆バイト。今はまだだが、近いうちに市場に登場しても驚きはしない）（訳註 二〇一〇年夏現在、一テラバイト超のパソコンはすでに一般販売されている）、それぞれの座標を表すのに一バイトかかるとすれば、グラス一杯の水に含まれる分子の全情報を保存するだけで、地球上の老若男女すべての人数と同じ台数のパソコンが必要になるだろう。

どんなものでも、その大量の集まりの性質を分析する場合には同じ問題に直面する。たとえば米国の収入別の人口分布を考えよう。米国国税庁は確かに、一億人分程度のそれなりに正確なデータを持っているが、一億人全員のデータが載った帳簿を取り寄せて、それを調べようとしても、きっと目が回るだけだ。しかし、その一億人を、収入別に、二万五〇〇〇ドル未満、二万五〇〇〇ドル以上五万ドル未満、五万ドル以上七万五〇〇〇ドル未満、七万五〇〇〇ドル以上一〇万ドル未満、一〇万ドル以上というグループに分けて、その割合を小さな表にまとめれば、一億人の全体像をずっと良く理解でき、それを意思決定に使うことができる。大量の分子の位置と運動にも同じ考え方を適用できるとわかったことが、統計力学の誕生のきっかけである。

たとえばグラスに水と角氷が入った状態など、ある系の巨視的状態はどれも、個々の分子の温度や速度、位置といった、微視的状態の集合である。そこで、エントロピーを統計力学によって定義すれば、「それぞれの巨視的状態に関連する微視的状態の数」ということになる。氷と水が入ったグラスでは、温度が一様の水が入ったグラスよりも、それを構成する微視的状態の数が少ない。氷の中の分子は、実質的には閉じ込められて動けない状態だからだ。氷の分子の位置や速度は強く制限されているが、水分子は自由に動き回れるし、どこにでも移動できる。このように考えると、熱力学第二法則は、確率について述べた法則ということになる。つまり、系がある状態から別の状態に移行する場合には、より確率の高い状態へ移行する可能性がはるかに高いと言えるのだ。サイコロを一個投げた場合には、三未満の目よりも、三より大きな目が出る可能性のほうが高いが、これは三未満の状態は二通り（一と二）しかないのに対して、三より大きい状態は三通り（四、五、六）あるからだ。これと熱力学第二法則は同じことである。

この考え方を使えば、角氷が溶ける理由を確率論的に説明できる。「角氷と熱湯」の微視的状態の数は、「一様な温度のぬるま湯」よりも少ないからだ。同時に、系が平衡状態へと向かう理由もわかる。平衡状態は最も確率が高い状態であり、そこから少しでも外れれば、最も確率の高い状態に自然に戻ろうとするのである。

しかし、第二法則を統計学的に考えると、もともとの方程式では表に見えなかった問題が浮かび上がってくる。系は、必ず最も確率が高い状態になるわけではない。ほかの状態よりも、その状態になる可能性が高いというだけだ。そのため、可能性は低そうだが、温度が一様の水が、非常に確率の低い変化を何度も経て、最終的には熱湯の中に角氷が浮いている状態になることもありえる。あるいは、もっとありえないことだが、パルテノン神殿の形をした氷ができる可能性もある。私は若い頃、物理学者であるジョージ・ガモフの名著『1、2、3…無限大』を読んだ。[8] ガモフは同書の中で似たような状況を描いている。万が一、部屋中の空気分子がすべて天井の隅に移動してしまったら、気の毒な住人は酸欠に苦しむことになる。しかしガモフはそう書いた後で、そういった状況に陥るには永遠に近い時間を待たねばならないことを、計算によって示した。実を言うと私は、これで心配事が一つ減ったと非常に安心したのだ。といっても、この本を読まなかったら、そもそも心配さえしなかったかもしれないのだが。

秩序と無秩序

私たちは日常生活で、特定の巨視的状態に対応する微視的状態がいくつあるのかを実際に目にすることがある。私のクローゼットの使い方について、妻のリンダと私の考え方はかなり違っている。リンダにとって、クローゼットとは衣類を正しい場所に吊すためにあるものだ。リンダに任せておくと、彼女はハンガーを左から右へ並べていく。シャツは左、ズボンは右というのが決まりだ。さらにシャツとズボンは、仕事着か（講義で使うOHP用カラーペンのシミがついている服）、正装か（まだ新品同様の服。シャツとズボンはどれも、正装用に買うのだが、その服全部を正装として残せるわけでないとリンダにはわかっている）で細かく分けられている。整理作業の仕上げは、色別に並べることだ。私は、リンダが色別に並べるにあたっての方針をいまだに理解できていない。私がやれと言われれば、きっとROYGBIVの順番で並べるだろう（スペクトルの色を虹の七色の順番で覚えるのにかつて使われていた略語で、「赤（red）、橙（orange）、黄（yellow）、緑（green）、青（blue）、藍（indigo）、紫（violet）」だ）。しかし、私の友人の一人は、自分の本を色別に並べているが、その並べ方は虹の七色のアルファベット順、つまり「青（blue）、緑（green）、藍（indigo）、橙（orange）、赤（red）、紫（violet）、黄（yellow）」という順番だった。

私といえば、そうした几帳面なやり方にはまったく関心がない。私にとっては、服がハンガーに掛かってさえいれば十分だ。ただそのせいで、目当てのシャツとズボンを探そうとすると、少しばかり余計に時間がかかる。大問題だ。リンダは数カ月に一度、私のクローゼットをじろじろ眺めては、決まって「またぐちゃぐちゃにして！」と言う。服をクローゼットに吊す場合、正しい順序は一つしかなくて、それ以外の順序は全部、「ぐちゃぐちゃ」という言葉でひとくくりにされてしまう。リンダにとっては、巨視的状態は二つしかない。「整頓されている」（そしてこの「整頓されている」という巨視的状態に対応する微視的状態は

ローファーの左	ローファーの右	スニーカーの左	スニーカーの右	正しい箱に入っている靴の数（足）
LB	LB	LB	LB	1
LB	LB	LB	SB	1
LB	LB	SB	LB	1
LB	LB	SB	SB	2
LB	SB	LB	LB	0
LB	SB	LB	SB	0
LB	SB	SB	LB	0
LB	SB	SB	SB	1
SB	LB	LB	LB	0
SB	LB	LB	SB	0
SB	LB	SB	LB	0
SB	LB	SB	SB	1
SB	SB	LB	LB	0
SB	SB	LB	SB	0
SB	SB	SB	LB	0
SB	SB	SB	SB	1

一つしかない）と、「ぐちゃぐちゃ」だ（リンダが言うには、私は「ぐちゃぐちゃ」という巨視的状態に対応する、ありとあらゆる微視的状態を作り出してきたのだそうだ）。

自然界と私のクローゼットには共通点がある。秩序ある巨視的状態に対応する微視的状態よりも、無秩序な巨視的状態に対応する微視的状態のほうがずっと多いのだ。これを定量的に証明するために、スニーカー（私がよく履いている靴）とローファー（正式な場で履く靴）が一足ずつあり、この靴を入れる箱が二箱あるとしよう。この箱は一箱に二足とも入ってしまうくらいの大きさがあるが、箱の一つはスニーカー用、もう一つはローファー用と決められている。上の表では、四つある靴を二つの箱に入れる方法をすべて示している。この場合に、秩序の度合いを表す明確な定量的基準が一つある。左右とも正しい箱に入っている靴が何足あるかだ。表の「LB」はローファー用の箱、「SB」はスニーカー用の箱に入っているという意味である。

この場合、巨視的状態は三通りある。正しい箱に二足とも入っている状態（最も秩序ある巨視的状態）、一足だけ入っている状態、そして一足も正しい箱に入っていない状態（最も無秩序な巨視的状態）だ。それぞれに対応する微視的状態の数は、最も秩序ある巨視的状態では一通り、二番めに秩序ある状態では六通り、最も無秩序な巨視的状態では九通りある。いつでもこんなにうまくいくとは限らないが、一般的な傾向としては、全体としてとりうる微視的状態が多いほど、秩序ある巨視的状態は、無秩序な巨視的状態に比べて起こる確率が低くなる。部屋中の空気分子すべてが天井から三インチ以内に移動するということがあり得ないのは、部屋には一〇の二五乗個もの空気分子があり、そうした分子すべてが天井付近にある微視的状態の数は、分子が部屋全体に広がっている微視的状態の数と比べれば、非常に少ないからだ（部屋の住人は一安心だ）。

エントロピーと情報

私たちは情報化時代に生きている。かつてアメリカでは、巨大工業団地で自動車や冷蔵庫が大量生産され、それが国の経済を支えていた。しかし最近では、そうした有形の商品の生産は、米国内から、より効率的に（最新の生産設備の活用）、あるいはより安価に（豊富な労働力供給）生産を行なえる国へと流出している。しかし、アメリカはまだ産業界でかなりの指導力を保っている。それは、現在の産業界を大きく動かしている製品が、自動車や冷蔵庫から、情報へと変わっており、その生産や流通の最前線がアメリカにあるからだ。

しかしこのことは、ここまで詳しく見てきた概念とどう関係するのだろうか？　秩序と無秩序について、つまり特定の巨視的状態に対応する微視的状態の数を話題にする場合、議論されているその数は、系について私たちが知っている情報と相関関係がある。このことに気づいたのは、統計力学の創始者であるボルツマンだ。先ほどのローファーとスニーカーの例をもう一度見てみよう。最も秩序ある巨視的状態は二足とも正しい箱に入っている場合、最も無秩序な巨視的状態は一足も正しい箱に入っていない場合だ。巨視的状態だけがわかっている場合、それに対応する微視的状態の数と、箱の中の靴を見つける時の正確さは反比例するのだ。

ある特定の巨視的状態に対応する微視的状態が多いほど、その系の個別の要素について正確なことが言えなくなる。靴が二足とも正しい箱に入っていることを知っていれば、ローファーの左足がどこにあるかは正確にわかる。三三三ページの表を調べると、一足だけが正しい箱に入っている場合、ローファーの左足がローファーの箱に入っているのは、六通りの微視的状態のうちの四通り、つまり、三分の二の確率だ。しかし、左右とも正しい箱に入っている靴がない場合、ローファーの左足がローファーの箱に入っているのは、九通りある微視的状態のうちの三通りだけで、確率は三分の一ということになる。この分析結果は一般的に言えることだ。エントロピーが増大するにつれて、その系について私たちが知ることのできる情報は少なくなるのだ。熱力学第二法則では、宇宙全体のエントロピーは増大するとされているから、時間が止まることなく流れていくと、私たちが知り得ないことが増えていく。つまり、宇宙の熱的死は、情報の死でもある。この宇宙が向かっているのは、なんの現象も起こらず、物理的性質もほとんどわからないという状態なのだ。

これは、日常的な経験から知っていることとは正反対だ。通常の科学は、私たちの周りの宇宙についてますます多くの情報を集めている。しかしこれは、エントロピーの局所的減少がまだ可能だからだ。集めるべき情報はまだたくさんあり、それははるか遠い未来まで変わらない。しかし、私たちがはるかに多くの情報を貪欲《どんよく》に吸い上げていけば、ずっとはるか遠い未来に待っているのは、知るべきものがほとんど何もないために、何も知ることができない宇宙だ。

ブラックホール、エントロピー、そして情報の死

科学が発展する際には、その重要な考え方の多くは、ある共通した道筋をたどる。最初の段階は、「仮想物の形成」である（ここでこういう用語を使うのはソーカル論文の影響だ）。「仮想物」とは、それが存在することがわかれば、特定の現象を説明できるようなもののこ

とだ。次の段階は「間接的な立証」で、その中では、実験や観察によって、仮想物が現実に存在することを示す。最後に対象物が直接観察できれば大成功である。物理科学だけではなく、生命科学もこうした道筋をたどる。これは原子と遺伝子の両方の説明になっているのだ。ブラックホールも同じように説明できる。ブラックホールの存在は、今から二世紀以上前に、イギリスの地質学者のジョン・ミッチェルによって初めて仮説の形で提案された。ミッチェルは英国王立協会の学術誌に発表した論文に、次のように記している。「太陽と密度が等しく、五〇〇倍の半径を持つ天体があるとする。この天体に向かって無限の高さから落下した物体の速度が、この天体の表面に達したときに光速を超える場合、光はこれと同じ力によって引き寄せられ、大きさは光の慣性力に比例すると考える。その場合、そうした物体から発せられるあらゆる光は、それ自体の固有の重力によって、物体へと引き戻されるだろう[9]」。ブラックホールの基本的概念は、「重力が非常に強いため、光がそこから抜け出せない物体」というもので、そこにはミッチェルの考えがはっきりと反映されている。

アインシュタインの相対性理論が発展するとともに、ブラックホールに対する関心も高まっていった。その研究は、一九三〇年代に天文物理学者のスブラマニアン・チャンドラセカールがスタートさせ、それをロバート・オッペンハイマー（およびそのほかの研究者）が引き継いだ。ただしオッペンハイマーは、研究開始からわずか数年で、世界初の原爆を開発したマンハッタン計画を指揮する立場になってしまう。研究者らは、一定質量以上の恒星は、重力崩壊が止まらなくなった末に、ブラックホールになるという結論を出した。このことによって、ブラックホールは仮想物から、間接的あるいは直接的に観測される存在へと発展したのである。現在、多くの物理学者は、大きな銀河の中心には、太陽の数百万倍もの質量を持つ巨大ブラックホールが潜んでいると考えており、地球がある銀河系も例外ではない。二〇〇四年に天文学者らは、銀河系中心にある巨大ブラックホールの周りを公転する、別のブラックホールの存在を検出したと発表した（幸いなことに、地球は銀河系中心から十分遠く離れている）[10]。ジョン・ミッチェルにも十分知られていたように、ブラックホールは私たちの目には見えない。しかし現在では、それが存在するという極めて強力な証拠がある。

ブラックホールについてわかっているのは、それが質量と電荷、スピンといった性質だけで決定されるということだ。ブラックホールについてはこれだけの属性しかわからないため、ある一定の質量と電荷、スピン（これが巨視的状態にあたる）を持つブラックホールがあれば、このたった一つの巨視的状態に対して、ブラックホール内で起こりうる膨大な数の微視的状態すべてが対応している。ということは、ブラックホールはエントロピーが増大しうる究極の限界である。エントロピーが高ければ高いほど、情報量は少なくなる。したがって、ある質量と電荷、スピンを持つブラックホールは、それが占めている空間領域について最低限の情報しか運ばない。ブラックホールの内側の出来事は、私たちが知りえないさまざまなものの中でもトップクラスにあるのだ。

宇宙は永遠に膨張する運命にあるのか、それとも最終的には「ビッグクランチ」で再び崩壊するのか。そうした宇宙の将来は、今後数十年かそこらのうちに、天文観測によって明らかにされるはずだ。ブラックホールはほかのブラックホールと合体して、最終的には宇宙のあらゆる物質でできた一つの巨大なブラックホールになり、それ自体に向かって永遠に崩壊しつづけるだろう。

これが従来のブラックホール観だった。しかし一九七〇年代にスティーヴン・ホーキングによって、ブラックホールが思ったほど「黒く」ないことが証明されて以降は、その考えも変わっていった。量子力学的プロセスを考えれば、物質はホーキング放射[11]というプロセスでブラックホールから逃げていけるのだ。グラスの中の水は、個々の分子がグラスの範囲から逃れるのに十分な速度を獲得して、少しずつ蒸発していく。それと同じように、ブラックホールの内側の物質も時間とともに蒸発する。ただし、驚くことに、物質が蒸発する速さは、ブラックホールのサイズに強く依存する。太陽程度の大きさのブラックホールでは、蒸発するのに一〇の六七乗年かかるだろう。宇宙自体の年齢が約一〇の一四乗年であることを考えれば、太陽と同質量のブラックホールは、ずっとずっと遠い未来でもまだ同じ場所にあるだろう。ビッグクランチで宇宙が崩壊し、一個のブラックホールになれば、それが蒸発するには永遠に近い時間がかかるかもしれない。しかし、いずれは蒸発するはずだ。

宇宙とレイア姫

ホーキングの研究からは、ブラックホールのエントロピーがその体積ではなく、表面積に比例するという、驚くべき結果も生まれた。これが驚くべき結果なのは、すでにここまでエントロピーが無秩序の度合いであることを見てきた私たちは、無秩序さを包含する器よりも、その容器の中身のほうがより無秩序であると予想しがちだからだ。

結果的に物理学者の一部はこう推測している。バスケットボールがその内側を包み込むように、何らかの形で私たちの宇宙を包み込んでいる多次元的な境界面があって、私たちの宇宙で見られる秩序と無秩序はすべて、この境界面に投影されたものにすぎないのではないか。この考え方は、ホログラムの仕組みに似たところがある。ホログラムは、二次元の物体に記録された情報をもとに、三次元物体の幻影《イリユージヨン》を投影する、よくできた装置だ。『スター・ウォーズ　エピソード4』（一九七〇年代中頃に撮影されたシリーズ第一話）の始まりに近いシーンで、ルーク・スカイウォーカーとドロイドたちは、古いホログラム映写装置を見つける。その装置を作動させると、レイア姫のホログラムイメージが現れる。そのイメージは少々不鮮明ながらも三次元になっており、ホログラムのレイア姫は、相当に必死な様子で助けを求めてくるのだ。そのレイア姫のホログラムイメージが、単なるホログラムイメージにすぎないということはわかっている。しかし、何かの形でそのイメージに意識が植え付けられていたら、自分自身がただのホログラムイメージだと気づくかどうかは、推測してみるといい。これが宇宙の姿であって、私たちも何かのホログラムイメージにすぎないとしたら、自分ではどうやってそれを知るのだろうか？

数学はこれをどう考えるか

数学的に考えれば、低次元の物体と高次元の物体を一対一で対応させるのは簡単だ。簡単な例として、線分上の点と、正方形上の点との一対一対応を考えてみる。0と1の間から選んだ数を小数表示して、単純にその奇数桁（小数点以下第一位、第三位、第五位など）の数を正方形上の点の x 座標、偶数桁（小数点以下第二位、第四位、第六位）の数を y 座標として用いることにする。したがって、線分上の0.123456789123456789123456789…という数は、正方形上の（0.135792468135791…, 0.24681357924681…）という点に対応する。

正方形上の点を線分に対応させるには、逆に数字を交互に配置すればいい。先ほどの手順とまったく逆のことだ。正方形上の（0.111111…, 0.222222…）という点は、線分上の0.12121212…という点に対応する。

この場合に問題となるのは、こうした変換が不連続であることだ。互いに近くにあった点が、最終的には遠く引き離されてしまう可能性があるところは、カオスの話で出てきた「パイこね変換」とよく似ている。実のところ、0から1までという数直線の一部から、平面上の正方形への一対一対応の変換は不連続になるということが、トポロジーで証明されている。[12]

このことは、レイア姫にも面白い影響を及ぼすし、もし私たちもホログラムイメージだったら同じ影響を受ける。レイア姫のイメージの点が互いに近接している（または、少なくともどの点もレイア姫の中にある）のと同じように、レイア姫のホログラムイメージを構築する「レシピ」も、互いに近接した「指示」からできているという意味でいえば、連続的だと予想するだろう。しかし数学的に見れば、そうした予想は正しくない。レイア姫（またはレイア姫でなければ、なにか別のホログラムイメージ）を構築するレシピは、あちこちに散逸してしまっているに違いない。レイア姫を構築する方法についての指示は、一ヵ所に集まっているのではない。その指示は、いろいろなホログラムのレシピをすべて集めた本のあちこちのページに登場するかもしれないのだ。そのホログラムのレシピ本では、たとえば五ページから一九ページでレイア姫のホログラムイメージの構築を扱っているというふうに予想するかもしれないが、実際には、レイア姫についての最初の一文があるのは五ページで、その次の文があるのは八四一万七三六三ページということになる可能性もある。

盲目のホログラム職人

読者のみなさんがどう思うかはわからないが、私はこのホログラムの説明は疑わしいと思っている。私自身を構築するための指示が、あちこちに散逸しているという考えは、あまり気に入らない。そうした指示は互いに近くにある方がはるかに安心だ。私自身がそうなっているように。もっとも、この議論には落とし穴がある。トポロジーの定理では、異なる次元にある物体の間の変換はすべて不連続になるとしているが、これは、その物体が、実数で表されるようなより高次の連続体であることを前提としている。しかし、宇宙は量子化されていて、その中の要素は離散的である。このことは、宇宙の境界にも当てはまる（と思っている）。この場合、私の異議申し立てにちゃんとした根拠はないかもしれないが、この点を扱っているトポロジーの定理を見たことがない。

少なくとも私にとっては、この「ホログラム宇宙理論」が疑わしい理由はもう一つある。それは、この理論が、一八世紀の神学者だったウィリアム・ペイリーが採用した「時計職人理論」を今によみがえらせたものだからだ。ペイリーの主張はこうだ。時計はただ自然に発生したと考えるには仕組みが複雑すぎるため、時計の存在は、時計職人の存在を意味する。それと同じように、生物の複雑さは、創造主の存在を意味するのだ。リチャード・ドーキンスは一九八六年に発表した著書『盲目の時計職人――自然淘汰は偶然か？』[13]（日高敏隆監修、中嶋康裕・遠藤彰・遠藤知二・疋田努訳、早川書房）で、自然淘汰は、それ自体は目的も先の見通しもないが、生命の進化を導いていく「盲目の時計職人」の役目を果たしていると主張している。

ペイリーの主張を今回の話に置き換えると、一つのホログラム（宇宙）の存在は、宇宙の外側にいるホログラム職人の存在を意味するということになる。小説の登場人物には、自分が登場している小説を自分で書くことができないように、ホログラムの中にいる人物は、そのホログラムを作り出すことができないのだ。では、そのホログラムはどこからやってくるのだろうか？　そしてホログラムを投影する方法を決めるルールは、どうやってできるのだろうか？　もしかしたら、それはコンピューターの自己解凍ファイルのようなものかもしれない。実を言うと私は、この理論の背後にある物理学をよく知らない。それでも、ホログラム宇宙理論には、盲目のホログラム職人（進化にとっての自然淘汰にあたる概念）か、宇宙の外側にいるホログラム職人のいずれかが必要な気がする。盲目のホログラム職人は、きっと物理学にとってかなりセンセーショナルな存在になるだろう。ちょうど自然淘汰が進化生物学にとってそうだったように。

第４部　到達できないユートピア

第12章　基盤の亀裂

民主主義の基盤

選挙は民主主義の基盤だ。次期大統領の選出といった重大な問題から、次のアメリカン・アイドル（訳註　アメリカのタレント発掘番組《アメリカン・アイドル》で視聴者の投票によって選ばれるアイドル）を誰にするかというような軽い事柄まで、私たちは投票で決着をつける。一人の候補者が過半数の票を獲得できれば、選挙の勝者を決めるのに問題はない。しかし誰も過半数を獲得できないと、問題の生じる可能性がある。勝者がはっきりしない場合もある（二〇〇〇年のアメリカ大統領選挙のように）が、よく起きる問題は、選挙のルールの選び方によって結果が変わるということだ。昔からアメリカの選挙は、その時点で採用されているる選挙のルールにひそむ欠陥を露呈させてきた。

現行の大統領選挙では、一般投票ではなく選挙人投票（訳註　有権者による一般投票でただちに当選者が決まるのではなく、州の人口に応じて配分された選挙人が州の代表として州民の投票結果に従って投票し、その結果によって当選者が決まる）で結果を決めているが、この方式は一八〇〇年の選挙で最初の問題にぶつかった。上位二候補、トマス・ジェファソンとアーロン・バーの獲得した選挙人票が同数になってしまったのだ。この選挙で生じた問題を解決するために憲法修正第一二条が可決され、選挙人票の過半数を獲得した候補者がいない場合は下院に選挙が委ねられることになった。だが一八二四年の選挙で、選挙制度にまだ問題のあることが判明した。アメリカ大統領経験者の息子が最有力候補とされていたが、一般投票では勝てなかった。そして最終的に、有権者ではなく比較的少数の政府高官らが当選者を決めた。まるで二〇〇〇年の大統領選挙の話をしているように聞こえるかもしれないが（訳註　第四一代大統領ジョージ・H・W・ブッシュの長男ジョージ・W・ブッシュが第四三代大統領に選ばれるまでの不明瞭な経緯を指している）、つまり往々にして歴史は繰り返すということだ。

一八二四年の選挙に出馬した有力候補は四人いた。一八一二年の米英戦争でイギリスを破るのに貢献したカリスマ的なアンドリュー・ジャクソン将軍、元大統領の息子で選挙当時は国務長官だったジョン・クィンシー・アダムズ、財務長官を務めていたウィリアム・クロフォード、そして下院議長のヘンリー・クレイである。投票の結果、ジャクソンが一般投票でも選挙人投票でも最多の票を獲得したが、選挙人票は当選に必要な過半数に達していなかった。憲法修正第一二条の規定に従い、選挙は下院に委ねられた（二〇〇〇年の選挙も、しばしこの道をたどりかけた）。しかしこの条項では、検討対象となるのは得票数で上位の三候補までと定められていた。この規定で脱落したクレイは、自分の支持者に対しアダムズへの投票を呼びかけた。個人的にはアダムズを嫌っていたが、いくつかの重要な点で政見が一致していたからだ。その結果、一般投票のみならず選挙人投票でも最多の票を獲得していたジャクソンではなく、アダムズが勝利を収めた。のちにアダムズがクレイを国務長官に任命すると、多くの人はこれをクレイの票への見返りと考えた。

今日《こんにち》でも、この方式にはまだ問題が残っている。選挙人団に対する一般投票の一票の重みには州のあいだで格差があるのだが、これらの票の相対的な重みを調べる作業が容易ではないのだ。州の選挙人の票数を有権者数で割ったものを一票の価値と定義すれば、人口が少なく選挙人団が三票をもつ州に住む個人の一票は、カリフォルニア州やニューヨーク州のように人口の多い州に住む個人の一票と比べてかなり価値が大きくなる場合が多い。この計算方法によれば、ワイオミング州の有権者一人が選挙人団に対してもつ影響力は、カリフォルニア州の有権者の四倍に近い[1]。

一票の重みを計るのに別の——そして数学的にもっと興味深い——方法もある。バンザフ指数を使い、一人または一つの投票主体が加わった場合に敗者から勝者に変わる提携（票の集合）の組み合わせ数を数えるのだ。

バンザフ指数は個々の投票者についても投票者の団体についても計算できるが、選挙人団を用いた場合の計算方法のほうがわかりやすい。バンザフ指数の計算方法を理解するために、三つの州からなる選挙人団が一〇〇票をもっていると仮定しよう。各州には、四九票、四八票、三票が与えられている。三票をもつ州のバンザフ指数を計算するには、この州が加わった場合、敗者から勝者に変わる提携が何通りできるか、その組み合わせの数を数える。四九票の州は単独では敗者になるが、三票の州が加われば合計五二票となって勝利が確定する。同様に四八票の州も単独では負けるが、三票の州が加われば勝てる。この計算から、三票をもつ州のバンザフ指数は二で、他の二州も同じく二であることがわかる。この選挙では、小さな州が実際の選挙人票数の比率とはかけ離れた莫大な影響力をもつことになる。そこで候補者は、この州を獲得するのに他の大きな州と同様に力を注がなくてはならない。

この状況を裏返せば、選挙人の票数が一見かなり多い州でも、実は選挙結果を左右するには力が足りない場合があるということになる。選挙人票を二六票もつ州が三つと、二二票もつ州が一つある場合（ここでも選挙人の総票数は一〇〇票とする）、大きな州を二つ獲得した候補者が勝つ。小さな州の票がどうなっても結果は変わらない。小さな州が加わることによって敗者から勝者に変わる組み合わせは存在しないのだ。よって小さな州のバンザフ指数はゼロとなり、大きな州のバンザフ指数はそれぞれ四となる。大きな州一つが別の大きな州一つと提携するか、または大きな州一つと小さな州の提携に加われば、敗者だった組み合わせが勝者に変わるからだ。小さな州の有権者は、実質的に選挙権をもたないに等しい。

バンザフ指数の分析により、カリフォルニア州の有権者はコロンビア特別区の有権者と比べて大統領選挙の結果を左右する確率がほぼ三倍であることが判明している。[2] このことから、大統領選挙の結果を決めるのに選挙人投票が真に民主的な方法ではないことは誰の目にも明らかだ。しかしこれをどう評価するかは、状況を分析するのに用いる計算方法によって変わってくる。

理想的な民主制では、すべての票が等しい重みをもつべきだ。有権者に一人一〇〇点ずつ与えて、各候補者へ配分させてもいいかもしれない。この方法の一種で選好強度比較と呼ばれるやり方が、一世紀以上にわたってイリノイ州下院議員を決めるのに使われていた[3]。しかし単純な例を見れば、この方式も問題をはらんでいることがわかる。候補者AとBが出馬し、三人の有権者が投票する選挙について考えてみよう（個人ではなくもっと大きな集団についても同じく簡単に検討できる）。第一の投票者がAに一〇〇点、Bに〇点を与え、残る二人がBに七〇点、Aに三〇点を与えたとする。投票者の過半数がAよりBを選好しているのに、BよりAを選好するただ一人の投票者が望んだとおりの結果となる。Aが一六〇点対一四〇点で当選するからだ。声高な少数派が多数派より大きな声を出すことによって勝てる選挙方式に、私たちは満足できるだろうか？

民主制において採用する投票方式を決める際の問題は、二世紀以上前から研究されている。過半数の選好を特定するときに生じる問題に気づいた最初の人物はおそらく、数学者から官僚に転身してフランス革命で重大な役割を果たした、あるフランス人だろう。

投票のパラドックス

コンドルセ侯爵マリー＝ジャン＝アントワーヌ＝ニコラ・ド・カリタは、一七四三年に生まれた。侯爵になると非常によい思いの味わえた時代だ。貴族は数々の恩恵に恵まれ、その一つが高等教育を受けられることだった。コンドルセは大学で数学と自然科学を学び、卒業時には一八世紀の代表的な数学者への道を歩みだしていた。確率論、微分方程式、軌道力学の分野で革新的な業績を残した優秀な数学者で物理学者のジョゼフ＝ルイ・ラグランジュ（小さな天体がそれより大きな二つの天体のまわりを回るときに、小さな天体が静止しているように見える位置を指すラグランジュ点を発見した人物）は、コンドルセの書いたある論文を「いくつもの論文の材料となりそうな壮大で有益なアイデアに満ちている」[4]と評した。この賛辞はまさに本物の賛辞だった。

しかしコンドルセはこの論文を発表してまもなく、のちにルイ一六世のもとで財務総監となる経済学者のアンヌ＝ロベール＝ジャック・テュルゴーに出会った。二人は親交を深め、テュルゴーの計らいでコンドルセは造幣局総監（アイザック・ニュートンがイギリス政府から与えられたのと同じような職）に任命された。

フランス革命が勃発すると、貴族であることはもはや決して恩恵ではなくなったが、コンドルセは新たな共和制の樹立を積極的に歓迎した。パリで立法議会議員に選出され、のちに公教育委員会議長となって国の教育制度の計画立案に携《たずさ》わった。フランス革命の情勢が大きく変わったとき、残念ながらコンドルセは二つの重大な過ちを犯した。最初の過ちは穏健なジロンド派に加わってルイ一六世に対する死刑執行の停止を求めたことだったが、これで命を落とすことはなかった。しかし二つめが命取りとなった。革命の主導権が急進的なジャコバン派に奪われようとしていたことに気づかなかったのだ。コンドルセはもっと穏健な憲法の制定を強く訴え、その起草にも加わっていたが、まもなくフランス革命の敵対者リストに載せられてしまった。逮捕令状が発行され、コンドルセは潜伏生活に入った。やがて逃亡を試みたが、捕まって投獄された。一七九四年のことだ。二日後に獄中で死んでいるのが発見されたが、自然死だったのか殺害されたのかはわからない。

コンドルセが現在も名声を保っているのは、数学上の発見のおかげではなく、フランス革命で果たした役割のおかげでもなく、コンドルセのパラドックスと呼ばれるものによるところがはるかに大きい。ただし、この呼び方はいささか不適切かもしれない。というのは、彼が発見したものは本物のパラドックスというよりむしろ意外な事実だからだ。コンドルセのパラドックスは、理想的な投票方式を探究するなかで最初に見つかった問題だった。この問題が起きる可能性があるのは、投票用紙に三人以上の候補者が記載されていて、投票者に選好順位をつけさせる場合だ。選好順位投票は、いくつかの国（主な例の一つがオーストラリア）で国政選挙に採用されている。アメリカでは、国政選挙には使われないが一部の地方選挙で使われていて、さらに使用されるケースが増えている。選好順位投票を検討すべきもっともな理由は少なくとも二つある。一つは選択肢に優先順位をつける助けとなること、もう一つは一人の候補者に投票するだけの場合と比べて決選投票（時間と費用がかかる）をしないですませるのにはるかに有効であることだ。

	1位	2位	3位
投票用紙1	テロ	医療	教育
投票用紙2	医療	教育	テロ
投票用紙3	教育	テロ	医療

社会の抱える重要な問題の一つが資源の配分だ。資源を配分すべき目下の問題として、テロ、医療、教育がある。コンドルセのパラドックスについて説明するため、三人に投票させて、三つの問題を重要性に従って順位付けさせると仮定しよう。回収された投票用紙は上のとおりである。

三人のうち二人はテロのほうが医療より重要と考え、二人は医療のほうが教育より重要と考えている。一人の投票者が、テロのほうが医療より重要で、医療のほうが教育より重要と考えるなら、当然その投票者はテロのほうが教育より重要と考えていることになるはずだ。ところが人数が増えると、話はこんなふうに理屈どおりには運ばないらしい。三人のうち二人は教育のほうがテロより重要だと考えているのだ！　資金の配分を決めるのに多数決を使うと、解決できない問題にぶつかる。医療よりテロに多く支出し、教育より医療に多く支出し、なおかつテロより教育に多く支出するのは不可能なのだ。

この単純な例から、社会学者を一世紀以上も悩ませることになった問題が明らかになる。個人の選好順位を記した投票用紙を集計して、集団全体の選好順位を決定するにはどうしたらよいのか？　コンドルセのパラドックスは、候補を二つずつ比べてどちらが過半数に選好されているかを判断するだけだと、数学用語で「推移性」と呼ばれるものが維持できないという問題にぶつかることを示している。推移性とは、AがBよりも選好され、BがCよりも選好されるという関係性である。個人の選好には推移性がある。集団の選好についても、どの方法を用いるかにかかわらず、特定される選好に推移性を求めるのは理にかなっていると思われる。コンドルセのパラドックスからはっきりわかるのは、個人の選好順位を集計して社会全体の選好順位を導き出す際にどんな条件を求めるのか、明確に定める必要があるということだ。

真の勝者は誰か？

西洋文明が民主主義に向かってゆるやかに進んでいくなかで、個人の選好順位をもとに社会全体の選好順位を決定するさまざまな方法が提案された。そして用いる投票方式によって選挙結果は変わる可能性があるということが、すぐに明らかになった。

選好順位投票による選挙で勝者を決めるのに、数々の方法が用いられている。たとえば次の方式がよく使われる。

1　**最多一位票数**　一位票を最も多く獲得した候補者を勝者とする。このやり方は「勝者総取り方式」と呼ばれ、イギリスで議会議員を選ぶのに使われている。アメリカでもあらゆるレベルの選挙で広く採用されている。

2　**一位票獲得数の上位二候補による決選投票**　一位票の獲得数で一位と二位の候補者によ

る決選投票を行ない、投票者の過半数に選好されたほうを勝者とする。投票用紙に選好順位を記しておけば、上位二候補のうち投票者の過半数に選好されている候補者は簡単に算出できるので、改めて投票を行なう必要がない。現実には再投票を行なうのが一般的だが、その場合には候補者と政府の負担する金銭コストの増加につながる。それでも上位二候補による決選投票は、ニューヨーク、シカゴ、フィラデルフィアなど多くの大都市の市長選挙で行なわれている。

3 **サバイバー**（人気テレビ番組〔訳註　孤島などに参加者を隔離し、参加者間の投票で下位の参加者を追放していき、最後に残った参加者が優勝者となる〕に由来する名称）一位票の最も少ない候補者を「島」から追放する。その候補者を検討対象から除外し、回収済みの投票用紙から抹消したうえで再び票数を計算する。最後の二候補に絞られるまでこの手順全体を繰り返し、この二候補を比較して過半数に選好されているほうを勝者とする。改めて決選投票をしなくてすむことから、この方式は即時決選投票と呼ばれている。オーストラリアの国政選挙で採用されていて、アメリカでもカリフォルニア州オークランドで二〇〇六年に導入された。

4 **順位評点の合計**　投票者が投票用紙に記載された候補者に順位をつけ、各順位に評点を与える。たとえば一位票を一票獲得すれば候補者に五点、二位票なら四点……とし、合計点が最多の候補者を勝者とする〔訳註　この方式は一般にボルダ方式と呼ばれる〕。この方法は、神聖ローマ帝国の皇帝を選ぶためにニコラウス・クザーヌスという一五世紀の数学者が提唱したものだが、[5] 今日ではごく一部の小国で重大な選挙を行なうときに用いられるだけとなってい

票数	1位	2位	3位	4位	5位
18	A	D	E	C	B
12	B	E	D	C	A
10	C	B	E	D	A
9	D	C	E	B	A
4	E	B	D	C	A
2	E	C	D	B	A

る。しかし政治以外の投票では広く用いられており、たとえばアメリカ大リーグのアメリカンリーグとナショナルリーグの最優秀選手はこの方式で選ばれる。

5　一対一の比較　各候補者を他のすべての候補者と一対一で比較し、勝利数が最多の候補者を勝者とする。あとで見るように、この方式にはコンドルセのパラドックスを回避できるという大きなメリットがある。しかし明確な勝者が決まらない場合も多いだろう。最初にこのやり方で二人の候補者が引き分けた場合には、この二者を一対一で比較した結果によって勝者を決める。この方法が最も広く使われているのは、チェスなどのゲームやスポーツの大会で多用される総当たり戦である。

どの方式にも支持者がいて、どれも多くの選挙で使われている。しかし上の表に示す架空の投票結果を見ると、選好順位を集計して勝者を選ぶのに適した方法を見つけるのが非常に難しい場合もあることがわかる。A、B、C、D、Eという五人の候補者が選挙に立候補しているとする。五五枚の投票用紙が提出されたが、生じた選好順位のパターンは六種類だけだった。結果は上の表のとおりである[6]。

検眼医を受診するときに見せられる表に似ているような気もするが、それはさておき、各投票方式による結果を調べてみよう。

1　**最多一位票数**　紛れもなくAが勝者。

2　**上位二候補による決選投票**　Aが一八票、Bが一二票の一位票を獲得しているので、この二候補が決選投票に進む。BよりAを選好するのはAを一位にした一八人の投票者だけで、それ以外の三七人はAよりBを選好するので、Bが勝者。

3　**サバイバー**　これは勝者を決めるのに少し手間がかかる。第一ラウンドで一位票が最も少ないのはEなので、Eを除外する。すると表は次ページの上段のようになる。今度は一位票を九票しか獲得できなかったDが消える。表を整理すると次ページの中段のようになる。

少なくとも表は見やすくなってきた。Bの獲得した一位票は一六票だけなので、AとCの二人が一騎討ちに残る。Bを除外すると、表は次ページの下段のようになる。

よって、三七対一八の得票数でCが勝ち残る。

4　**順位評点の合計**　ここでは一位票が五点、二位票が四点……というルールにする。読者はわざわざ計算機を引っ張り出すに及ばない。私が代わりに計算しよう。5×9＋4×18＋3×(12＋4＋2)＋2×10＝191点で、Dの勝ちだ。

票数	1位	2位	3位	4位
18	A	D	C	B
12	B	D	C	A
10	C	B	D	A
9	D	C	B	A
4	B	D	C	A
2	C	D	B	A

票数	1位	2位	3位
18	A	C	B
12	B	C	A
10	C	B	A
9	C	B	A
4	B	C	A
2	C	B	A

票数	1位	2位
18	A	C
12	C	A
10	C	A
9	C	A
4	C	A
2	C	A

破る。

5 一対一の比較 もう結果はお見通しだろう。一対一の比較では、Eがすべての対決を制する。三七対一八でAを、三三対二二でBを、三六対一九でCを、そして二八対二七でDを破る。

以上の方法はそれぞれに欠陥があり、今の例からそれがどんな欠陥かわかる。勝者を決めるのに最多一位票数を使えば、ごく一部の人に選好され大多数に嫌われている人が勝つかもしれない。決選投票方式では、ほぼ確実に一位票数で勝っている候補者が、一位票を大して獲得していない候補者に負ける可能性がある。サバイバー方式では、明らかに別の一人の候補者よりも選好されているだけの候補者が最後まで残り、最後の一騎討ちの相手がたまたま自分より選好されていない唯一の候補者だったために勝つという結果になるかもしれない。順位評点方式では、点数の設定によって結果が変わるかもしれない。たとえば七‐五‐三‐二‐一点とすれば、五‐四‐三‐二‐一点の場合より一位票の重みが大きくなる。また一対一の比較では、リーダーの資質を備えていると感じる投票者の最も少ない候補者が勝つ可能性もある。

この例が巧妙に仕組まれているのは明らかだ。Dは順位評点方式で僅差《きんさ》の勝利を収め、一対一の比較ではEがかろうじてDを破っている。それでも接戦の場合、投じられた票だけでなく勝者を決める方法によっても結果が左右されることは、この例からよくわかる。ここで、本章の冒頭で掲げた問いが再び浮かんでくる。選挙結果を決めるのに最善の投票方式はあるのか？

選挙コンサルタントにこの架空の投票結果を見せて、もっといいアイデアがないか訊いたらどうなるか、しばらく想像してみよう。結果を吟味したコンサルタントは、こう言うかもしれない。「問題の一部は、候補者Aが投票者全体を二極化させていることから生じている。Aを最も選好する投票者が一八人いる一方で、それ以外の三七人はAを最下位にしているのだ」。ここですべきことははっきりしている。二極化を引き起こす候補者による問題を緩和するアルゴリズムを考案することだ。考案できるのは間違いないが、選挙コンサルタントがそうしてみると、どんなアルゴリズムを考えても、一般に望ましくないと思われるであろう別の状況が生じる可能性のあることに気づくはずだ。ケネス・アローが研究を始めたとき、彼が直面したのはまさにそんな事態だった。

不可能性定理

ケネス・アローは、一九二一年にニューヨークで生まれた。彼の経歴は、驚くほどコンドルセと似ている。コンドルセと同じく、アローはもともと数学者だった。コンドルセと同じく、経済学に方向転換した。そしてコンドルセと同じく、経済学で富と名声を得た。さらにコンドルセと同じく、アローもある問題をいち早く取り上げて注目を集め、その分野の本格的な研究の口火を切った。ただし重大な違いは、本書の執筆時点でアローは存命で、パロアルトにて健康で幸福に暮らしており、ジャコバン派や他の政治権力の怒りに触れたせいで命をかけた逃亡を余儀なくされてはいないことだ。アローはニューヨーク市立大学シティ・カレッジで数学を専攻した。さらにコロンビア大学でも数学の勉強を続けて修士号を取得したが、著名な経済学者で統計学者のハロルド・ホテリング[7]に出会ったことから経済学への関心が芽生え、経済学の博士号を取得しようと決めた。しかし第二次世界大戦が始まったので研究を中断し、陸軍航空隊の気象係将校に着任した。服務期間中に行なった研究から、飛行計画における風の最適な利用法にかんする論文を発表するに至った。

戦争が終わると大学院での研究を再開したが、カリフォルニア州サンタモニカにあるランド研究所（草創期のシンクタンクの一つ）にも勤務した。個人の選好順位をもとに社会全体の選好順位を決定する方法の構築という問題に関心をもつようになり、推移性のある社会的選好順位の決定法に研究対象を絞ることにした。推移性は数学的に表現しやすい性質だからだ。このため演繹もしやすい。

アローは彼の最も有名な業績に至った経緯を書き残しているが、それは先ほど登場した架空の選挙コンサルタントの試みと似ていた。最初は、既存の方法を用いた場合に生じる問題の一部を排除できるアルゴリズムの考案を目指した。しかしアルゴリズムを考案するたびに、問題が一つ解消できても別の問題が生じてしまうので、彼は自分の目指す結果に到達するのは不可能なのではないかという疑問について考えはじめた。

私はいくつかの例から始めた。それらからいくつかの問題が生じることは、すでにわかっていた。次に当然すべきことといえば、排除できる条件を書き出すことだった。それから別の例を作成し、その問題に対処できると思われる別の方法を考えたが、そうするとまたどこか不適切な別の問題が現れた。望ましいと思われる条件をすべて満たすのが難しいことに気づき、つまりすべてを満たすことはできないのだということに思い至った。

この種の条件を三つか四つ定式化して、実験を続けた。すると驚いたことに、なにをどうしてもそれらの公理をすべて満たす方法は存在しなかった。数日間この実験をしたあと、それまで考えていたのとは違う種類の定理があるのではないかと思いはじめた。つまり、私が合理的で妥当と考える条件をすべて満たす投票方式は存在しないという定理だ。そこで、その定理を証明する試みに乗り出した。すると、ほんの数日で答えが出た[8]。

どんな投票方式を使っても同時には満たせないことにアローが気づいた条件とは、どんなものだったのか？　アロー自身の定式はいささか専門性が高いので[9]、彼の論文に記された条件をもう少し噛み砕いてわかりやすくしたものを以下に示す。

1　**独裁的な力をもつ投票者が存在しない。**この第一の条件は、私たちが間違いなく民主主

票数	1位	2位	3位
40	A	C	B
35	C	B	A
25	B	A	C

義に求めるものだ。言い換えれば、一人の投票者が投票したときに、確実に他の投票者がその一人の投票者の選好に支配されることなく投票できる投票方式でなくてはならない。

2 **すべての投票者が候補者Aを候補者Bより選好するなら、全体でも候補者Aが候補者Bより選好される投票方式でなくてはならない。**第二の条件は全員一致性である。これもまた、妥当な投票方式が満たすべき自明で当然の条件と思われる。全員に好まれるものは、社会全体にも好まれるはずだ。

3 **敗者の死によって選挙結果が変わってはならない。**一見すると、この条件はほぼ不必要にも思われる。勝者が死んだら選挙結果が必ず変わるということなら、誰でも納得できる。しかし敗者が死んだ場合に、選挙結果がいったいどう変わるのか？ その仕組みを理解するために、敗者が死んだら単純にその候補者を投票用紙から抹消すると仮定しよう。選挙を行ない、票が上のように集計されたとする。

この例は非常に興味深い。今から見ていくように、誰が勝っていても「都合の悪い」敗者の死によって選挙結果が変わる可能性があるのだ。

ある投票方式で、Aが選挙に勝ったと仮定しよう。そしてCが死んだとする。Cの名前（または文字）を投票用紙から消すと、三五＋二五＝六〇人がAよりBを選好しているので、Bが勝つことになる。

別の投票方式でBが勝ち、Aが死んだとする。この場合、四〇＋三五＝七五人がBよりCを選好しているので、Cの勝ちになる。

さらに今度はCが勝ち、Bが死んだとする。このシナリオでは、四〇＋二五＝六五人がCよりAを選好しているので、やはり選挙結果が変わる。

どんな投票方式で勝者を決めても、都合の悪い敗者が死ぬと選挙結果が変わる。これが非常に望ましくないことであるのは明らかだ。

この第三の条件から、選挙プロセスの別の面が見えてくる。勝つ見込みのない第三の候補者の存在によって選挙結果に重大な影響が生じる可能性があるということは、政治にかんする真実としてよく知られている。たとえば二〇〇〇年のアメリカ大統領選挙に立候補したラルフ・ネーダーがそうだった。これは先ほど見た「敗者の死」の条件を裏返しただけだ。負けた候補者が死ぬのではなく、勝つ可能性のない（つまり敗者となるのが確実な）候補者が選挙に出馬し、結果を変えるのだ。二〇〇〇年の選挙にネーダーが立候補しなかったらどうなっていたかは、たしかめようがない。しかしネーダーの獲得した票の大半は、彼が出馬しなければジョージ・ブッシュではなくアル・ゴアに投票したであろうリベラル派によるものだったと一般に考えられている。この選挙の行方を決めたフロリダ州で、ネーダーは九万七〇〇〇票を獲得したが、ブッシュは最終的に一〇〇〇票にも満たない差でこの州を獲得している。つまりネーダーの存在によって、おそらく選挙結果が変わったのだ。

前出の例は、候補者が三人で投票者が一〇〇人いる選挙の結果が敗者の死によって変わるのを阻止できる投票方式は存在しないということを示している。しかし候補者がもっと多い場合や、投票者の数が違う場合にはどうなるだろう? アローは一九七二年に不可能性定理でノーベル経済学賞を受賞しているが、この有名な定理で彼が示したのは、二人以上の投票者が三つ以上の選択肢を検討する場合、前述の条件三つをすべて満たせる推移的な投票方式は存在しないということだった。

アローの定理の現状

かつて著名な進化生物学者のスティーヴン・ジェイ・グールドは「断続平衡説(10)」と自ら名づけた説を提唱した。種《しゅ》の進化では、短期間に急激な変化が起きたあと、今度は長い停滞期が訪れるのではないかという説である。この説はまだ進化生物学者たちを完全に納得させるほどには証明されていないが、自然科学と数学の進歩にはぴたりと当てはまる。アローの定理がまさにそのとおりだった。アローの定理は紛れもなく大きな前進だったが、その後はこの成果があまり拡張されない時期が長く続いている。これと関連した問題(次章で取り上げる)には重大な進展が生じているのに、アローの定理そのものを追い越す成果はいまだにほとんどみられない。

アローの定理は数学の成果なので、数学者がこれをどのように扱っているかを見てみるとおもしろい。明らかにまずすべきことは、アローの定理を構成する五つの条件を検討することだ。その条件とは、個人と集団による選択の選好順位決定、集団による選択のアルゴリズムの推移性、独裁者の不在、全員一致性、そして敗者の死による選挙結果の変動の禁止という五つである。

アローの定理をめぐってとりわけ興味深い事実の一つは、これらの五つの要素は互いに独立だが、すべてを同時には成立させられないということだ。数学者が興味深い定理に遭遇したときにすぐさま発する問いの一つは、解を証明するのにすべての条件が必要かというものである。アローの定理から五つの条件のいずれか一つを取り除けば、残った四つを満たす投票方式を考案することは可能という意味で、四つは同時に成立することが示されている。[11] たとえば社会に独裁者（自分一人の票に社会全体の票を従わせる投票者）の存在を許せば、残りの四つの条件は自動的に満たされる。

独裁者が存在する場合、個人の選択は常に推移的であり、集団の選択プロセスは独裁者の票に従うだけなので、集団の選択プロセスも推移的になるはずだ。全員一致の条件も満たされる。候補者Aが候補者Bよりも好ましいということに全員が同意する場合、独裁者もそう思っている。独裁者の票に票全体が従うので、集団の選択プロセスは候補者Bより候補者Aを選好することになる。実際に、独裁体制においては全員一致に近い状態がめずらしくない。イラク戦争前のイラクでは、サダム・フセインに対する信任票が全体の九九・九六パーセントに達したと報告された。最近では、バッシャール・アル＝アサドが九七・六二パーセントの得票率でシリア大統領に再選されている。また、敗者の死が選挙結果に影響することもないはずだ。死んだ敗者を投票用紙から除外しても、残った候補者に対する独裁者の選好順位は変わらず、それらの候補者に対する社会全体の順位も変わらないからだ。よって独裁体制は、私たちの検討している他の四つの条件を満たす「投票方式」の一例となる。

全員一致の条件については、過去の実例をめぐって数学的な検討がいくらか行なわれている。前述したように、多項選択の選挙では投票者が関心をもたない選択肢がしばしば存在する。選好順位の一種である選好強度については、すでに検討した。本書の執筆時点では、共和党から一〇人の候補者が大統領選挙への出馬を表明している。特に注目されているのは、ジョン・マケイン上院議員、ミット・ロムニー元マサチューセッツ州知事、ルディ・ジュリアーニ元ニューヨーク市長の三人だ。この三人の順位は決めたものの、それ以外の候補者については特別な思い入れがないという有権者もいるのではないか。アローの定理のバリエーションとして、「すべての投票者がAをBより選好するなら全体としてAがBより選好される投票方式」という条件を「BをAより選好する投票者がいなければ全体としてBがAより選好されることのない投票方式」というような条件に置き換えたものがある。これは明らかに、ある投票者がAとBの一方を他方より選好する理由をもたないという可能性を考慮して全員一致の条件を修正したものだが、たいていの人はこれを重大な変更とは思わないだろう。

推移性がもたらすジレンマを解消する一つの方法は、投票方式として二つの選択肢から一方を選ぶことだけを求め、その方法が推移的かどうかを考えずにすむようにすることだ。コンドルセのパラドックスのところでぶつかった状況をもう一度思い出してほしい。過半数が

AをBより選好し、BをCより選好していながら、CをAより選好していた。A対BとB対Cの結果を知らなければ、投票者は過半数がCをAより選好しているという判定に異存を抱くことはないだろう。この場合、コンドルセのパラドックスの問題が生じることはないので、知らないでいることは幸福といえる。現実の投票者より社会学者のほうがコンドルセのパラドックスに悩まされそうだが、投票方式として二つの選択肢のみから選択できるように定めるだけで、推移性の問題は解消する。一対一の比較方式なら、これが確実に実現できる。

アローの定理で五つの条件が同時に成立しえない原因としてとりわけよく取り上げられるのは、選好順位と死んだ敗者の条件である。すでに見たように、アメリカで特に重要な選挙の多くでは、有権者に候補者から一人だけを選ばせる。だから現実には、アローの定理の問題は生じない（ただし次章で見るとおり、別の問題が生じる）。しかし前に挙げた選好順位のメリット（優先順位が決められることと、決選投票が回避できること）は、社会学者（純粋な数学者よりも実利的な集団）に選好順位を用いた投票方式の研究を続ける気にさせるだけの十分な価値がある。

死んだ敗者の条件は、アローの定理のいろいろなバージョンでおそらく最も頻繁に登場する条件だろう（ただしアロー自身は、死んだ敗者の条件は五つの条件のうちで現実的には一番重要性が低いと考えていた）。この定理から、どうしたら投票方式の価値を数学的に評価できるのかという問題が生じる。この問題自体が、今まさに追究されているテーマだ。私たちが熱力学の第一法則ゆえに宇宙に潜むフリーエネルギーの探求をあきらめざるをえず、効率の最大化に方向転換したのと同様に、アローの定理ゆえに投票方式に対する評価基準の模索を余儀なくされる。なぜなら完璧な投票方式というものは存在しえないからだ。

アローの定理の未来

ニールス・ボーアの「予測は難しい――とりわけ未来の予測は」[12]という言葉はあちこちで引用されるが、これはたいていの科学的な取り組みの進展に当てはまる。未来に起きることを予測するのは不可能だが、人を驚かせるであろう未来の成果については三つの方向が考えられる。そしてその成果が十分に目覚ましいものであれば、ノーベル賞がもらえるかもしれない。

前に述べたように、アローの定理と関係した成果のほとんどは、もとのアローの定理とよく似た条件を用いている。これと大きく異なる条件群を用いた不可能性定理が見つかれば非常におもしろいだろうし、名声を求める社会学者が現時点で目指しているのもおそらくその方向だろう。しかし五つの条件すべてを満たす社会的選好順位の決定法が存在しないことにアローが気づいたのと同じように、未来の数学者たちは、これらの条件だけが、またはそれを単純化したものだけが、不可能性定理を生み出す条件であることを悟るかもしれない。アローのものと著しく違う不可能性定理を発見するのは不可能だという答えは、アローの出した最初の答えよりさらに驚くべきものかもしれない。

　また、数学が常に驚きを生み出してきた源《みなもと》の一つは、その成果が応用される場の多様性にある。アインシュタインの一般相対性理論が微分幾何学を想定外のやり方で応用した重要な成果であったように、アローの定理（根本的には純粋数学の成果だ）が当初対象とした社会的選好という場とは大きく異なる領域で、この定理にも重要な応用方法が見つかるかもしれない。

　私はここで、自分の頭にひらめいた（おそらく他の人も考えているだろうが）アイデアを披露する機会に抗《あらが》うことができない。相対性理論から導き出される結論の一つに、「絶対時間」は存在しないというのがある。ある観察者には出来事Aが出来事Bより先に起きたように見えるかもしれないが、別の観察者には出来事Bのほうが出来事Aより先に起きたように見えるかもしれない。それぞれの観察者にとって、出来事の時間的順序は一つの順位だが、相対性理論によれば、出来事の順位をすべての観察者が同意できる一つの明確な順番としてまとめるのは不可能なことがわかっている。これはどこかで聞いた話ではないか？　私には、アローの定理とよく似ているように思われる。

ここで自分の取り組んでいる問題について考える

　数学で新たな成果が現れると、特にアローの定理のように革新的な成果が現れると、数学者たちは必ずそれを調べて、自分に利用できるものがそこにないか考える。定理の結論が、証明に欠けていた決定的な一ステップをもたらすかもしれない。あるいは証明方法を修正して特定の要求に合わせることができるかもしれない。第三の可能性はもう少し間接的で、定理に既知と思われる要素が存在することがあるかもしれない。目下の悩みの種とまったく同じ問題というわけではなくとも、ちょっと手を加えればその定理が自分の研究になんらかのかたちで利用できると思える程度に類似点が存在する場合がある。研究者たちを政治の密談の部屋へ直接導いたのは、アローの定理に対するそんなちょっとした操作だった。

第13章　密談の部屋

可能性の技術

ドイツ宰相のオットー・フォン・ビスマルクは、ドイツ統一を目指した際の鉄血政策で最もよく知られているかもしれないが、実はあらゆる点で明敏な——そしてその言葉を引用したくなる——政治家だった。「法律はソーセージのようなもの。作るところは見ないほうがいい」と言ったこともある。だから驚くほどのことではないが、彼は政治を「可能性の技術」と考えていた。[1] 軍事と政治の両方で勝利を経験した（ビスマルクはドイツを統一に導いた功労者だ）長いキャリアのなかで、数々の密室での交渉を目撃し、自らもそれに加わったのは間違いない。彼はきっと次のシナリオを相当熟知していただろう。

あなたの所属する委員会で、議長を選出しなくてはならない。委員たちは、即時決選投票を用いることにした。立候補者は四人いる。一位票の過半数を獲得した候補者がいれば、その候補者を当選者とする。誰も過半数を獲得しなければ、一位票の獲得数が多い上位二候補で決選投票を行なう。あなたは四人からなる派閥のリーダーで、ほかに五人の派閥と二人の派閥が一つずつある。議長に立候補している四人のうち、あなたの派閥は候補者Aを熱心に支持しているが、Bが当選しても不満ではない。しかしDのことは忌み嫌っている。

あなたの派閥では、全員が同じ内容の票を投じる。一位がA、それにBとCが続き、最後が忌まわしいDだ。他の二派閥はすでに投票を済ませており、次ページの表①のようになっている。

あなたは自分の派閥の四票を投じたら次ページ表②のようになることに気づき、顔をしかめる。

この場合、A対Dの決選投票となり、七対四でDが勝つ。それは我慢がならない。不意にすばらしいアイデアがひらめく。あなたは密談のできる小さな部屋を探し、派閥のメンバーを集める。そこであなたは、投票用紙のAとBの順位を入れ替えれば、一位票が六票（過半数）になるBが当選すると説明する。自分たちの票でAを当選させることはできないが、AとBを入れ替えれば悪くはない結果が確保でき、Dを確実に落選させられる。

このやり方は、もっと微妙な場面でも有効だ。今度は他の七票が次ページ表③のようになっていたとしよう。あなたの派閥が最初に考えたとおりに投票すれば、表は次ページ表④のようになる。

この場合、過半数の票を獲得した候補者がいないので、前と同じくA対Dの決選投票に進

表①

票数	1位	2位	3位	4位
5	D	C	B	A
2	B	D	A	C

表②

票数	1位	2位	3位	4位
5	D	C	B	A
2	B	D	A	C
4	A	B	C	D

表③

票数	1位	2位	3位	4位
5	D	C	B	A
2	C	B	D	A

表④

票数	1位	2位	3位	4位
5	D	C	B	A
2	C	B	D	A
4	A	B	C	D

表⑤

票数	1位	2位	3位	4位
5	D	C	B	A
2	C	B	D	A
4	B	A	C	D

み、Dが勝つ。しかしあなたの派閥がAとBを入れ替えれば、表は前ページ表⑤のように変わる。

この結果、決選投票はB対Dで行なわれることになり、(ありがたいことに) 六対五でBが当選する。

これがあなたのソーセージ作りだ。この戦術は「不誠実な投票」と呼ばれ、過去の選挙で何度となく実行されている。あなたの派閥はAを選好するが、Bでも不満ではなく、Dが当選する可能性には耐えがたいので、最悪の結果を避けるために真の選好とは異なる投票をする。

この例から、不誠実な投票が効果を発揮するのに必要な二つの条件もわかる。当選者の決定方法(今の例では上位二候補の決選投票)が事前にわかっていること、そして的確な戦略が立てられるように他の投票者の投票行動がわかっていることという二点である。ここで検討している例では、他の派閥の投票行動がわからなければ、一位をAからBに変えることによって、図らずも自分たちの望みを台無しにする可能性もある。自分の選好に反した投票をするのは、そうすれば自分の利益になるとわかっている場合だけだ。

ケネス・アローが研究に着手したとき、彼は個人の選好から社会全体の選好を特定する方法を探していて、一見望ましい複数の条件を同時に満たす方法の発見を目指していたことを思い出してほしい。前の例ではビスマルクが可能性を実現させる方法に対して満足げにうなずいたかもしれないが、すでに投じられた票の内容がわかっていたからこそ望みどおりの結果が得られたのは明らかだ。すでに投じられた票の内容がわかっていれば、あとから投票する人が先に投票した人より有利な立場に立てることは直感的に自明と思われる。このことは、民主的な選挙の根幹をなす「一人一票」の考えに反するだけでなく、有利な立場をめぐる駆け引きの要素も選挙に加えるに違いない。あとから投票した人の票のほうが、先に投票した人の票より価値が大きくなるのだ。そこで疑問が生じる。不誠実な投票が行なわれる可能性を排除する投票方式は存在するのか？

ギバード＝サタースウェイトの定理

個人の選好をもとに社会全体の選好を特定することのできる完璧な方式の探究と同様に、不誠実な投票の可能性を排除する投票方式の探究も失敗に終わる（もはや読者はそう言われても別に驚かなくなっているだろう）。ギバード＝サタースウェイトの定理(2)は、いかなる投票方式も三つの条件のうち少なくとも一つは必ず満たすと述べる。アローの定理のところでは「○○という条件を満たす投票方式は存在しない」という言い方をしたが、ここではそれといささか異なる言い方を用いる。「すべての投票方式は、次の条件のうち一つを必ず満たす」とするほうが、ギバード＝サタースウェイトの定理で挙げられる最後の条件が少し表現しやすくなるのだ。その結果、条件のいくつかはアローの定理で挙げられる類似した条件を否定したもののように見える。

1 独裁的な力をもつ投票者がいる。これはアローの定理で挙げられる条件の一つを否定したもの。
2 選ばれる可能性のない候補者がいる。ギバード＝サタースウェイトの定理では、候補者が当選できない理由が特定されていない。候補者が極端に不人気なのかもしれないし、不適格なポストに立候補しているのかもしれない。あるいはアメリカの政治で実際に起きたことだが、候補者が死んでいるのかもしれない。
3 他の投票者の投票行動を完全に把握していて、自分の投票行動を変えることによって選挙結果を変え、敗者になるはずだった候補者を確実に勝たせることのできる投票者がいる。

もちろん最後の条件こそ不誠実な投票の本質であり、最も重要なのがこの条件だ。

ギバード＝サタースウェイトの定理には、注目すべき重要なポイントが二つある。第一に、不誠実な投票は票数が比較的少ない場合のほうが選挙結果に対してはるかに影響しやすい。たとえばカリフォルニア州（あるいはワイオミング州でも）の上院議員選挙で有権者一人が投票する候補者を変えても、選挙結果に影響を及ぼす可能性は明らかに低い。しかし投票される票数の比較的少ない選挙はたくさんあり（たとえば委員会の議長選挙や大統領候補指名大会など）、投票者が結束して同盟を作る可能性を考えると、この定理が対象とする範囲は大きく広がる。

第二に、カリフォルニア州の有権者が自分以外の全有権者の投票行動を把握しているという状況はきわめて考えにくい。しかしこの点についても、委員会の議長選挙や大統領候補指名大会などの小規模な選挙では、そのような情報をもつ投票者がいる可能性は決して低くない。アメリカ議会の上院で行なわれる投票でも、不誠実な投票が起こりえる。多くの投票には時間制限が設けられ、途中経過の集計表がオープンに示される。その結果、ギバード＝サタースウェイトの定理はアローの有名な定理と比べれば知名度ははるかに劣るが、それでも社会学に大きく貢献しているのに加え、現実世界にもかなりの影響を与えているのだ。

公平な代表制

理想的な民主制では、意思決定のプロセスへの参加を希望する者は誰でも投票によって参加できるようにするべきだ。しかしアメリカの建国の父たちは、国民がたいてい生活に追われていて――農業、商業、製造業などの必要不可欠な仕事で忙しく――いつも意思決定に参画できるわけではないと考え、民主制ではなく共和制を選んだ。共和制では有権者が自分たちの代表を選び、その代表が意思決定を行なう。

残念ながら、共和制ではすべての派閥から公平に代表を出すことができない。単純な例として、五つのグループからなるが役職のポストは三つしかない政治団体が挙げられる。少なくとも二つのグループは、必然的に役職から締め出される。

アメリカの共和制にも同様の問題がある。議会の上下院の議員選挙は州単位で行なわれる。上院では各州から二人ずつ議員が選出されるので、どの州も同じ比率で議席数を分けあっている。一方、下院の議席配分はこれより少しややこしい。下院の総議席数は四三五で固定されているが、各州への議席配分は一〇年ごとに実施される国勢調査にもとづいて決まる。各州に配分する議席数を決めるのは、一見さほど難しい作業とは思われない。全人口の八パーセントを占める州なら、総議席数の八パーセントをもらえばいいはずだ。四三五の八パーセントが三四・八であることはすぐに計算できる。そこで問題は、〇・八という端数を丸めて三四議席とするか、それとも三五議席とするかだ。

たいていの人は小学校で、端数を丸めて整数にするのに次の方法を習う。丸めたい数が二個の整数の中間（たとえば一一・五）でなければ最も近い整数にし、中間の場合には最も近い偶数にする。このやり方で丸めると、三四・八は三五、三四・五は三四になる。これは計算のために数を丸めるにはきわめて合理的なやり方だが、下院の議席配分を目的とする場合には問題が生じる。

アメリカが現在も建国当初と同じ一三の植民地からなると仮定しよう。そのうち一二の植民地がそれぞれ人口の八パーセントを占め、残りの一つが占めるのは四パーセントだけとする。先ほどの計算によれば、大きい一二の植民地は三四・八の議席をもらう権利があり、これを小学校で習うやり方で丸めると三五議席になる。小さい植民地がもらえるのは一七・四議席だけで、丸めると一七議席になる。こうすると、定数が四三五議席の議院に一二×三五十一七＝四三七人の議員が任命されてしまう。

これは数の扱いをめぐるささいな問題と思われるかもしれないが、一八七六年の大統領選挙では、これらの数字の扱い方によって結果が変わったのだ！[3]この年、選挙人投票ではラザフォード・B・ヘイズが一八五票対一八四票で対立候補のサミュエル・ティルデンを破った（ちなみに一般投票ではティルデンがかなりの差で勝っていた）。数字の丸め方が違っていたら、ヘイズを支持した州の一つで選挙人票が一票少なくなり、ティルデンを支持した州の一つにもう一票多く配分された可能性がある。その場合には、この差によって選挙結果が変わっていたはずだ。

アラバマ・パラドックス

建国の父たちは、各州に配分する選挙人の票数の決め方が重要であることに気づいていた。それどころか、アレグザンダー・ハミルトンの推奨した配分方式をジョージ・ワシントンが拒否したのが、記録に残る最初の大統領拒否権行使だった（議会はこれに対し、トマス・ジェファソンの提案した丸め方を用いる法案を可決した）。それでも、物議をかもした一八七六年の選挙では、一八五二年に採択されたハミルトン方式（最大剰余方式とも呼ばれる）が用いられた。

ハミルトン方式を説明するに当たり、まずは四つの州からなる国で定数三七の議会の議席

表①

州	人口比率	取り分（37×人口比率）
A	0.14	5.18
B	0.23	8.51
C	0.45	16.65
D	0.18	6.66

表②

州	取り分	最初の配分	残りの端数
A	5.18	5	0.18
B	8.51	8	0.51
C	16.65	16	0.65
D	6.66	6	0.66

表③

州	人口比率	議席数
A	0.14	5
B	0.23	8
C	0.45	17
D	0.18	7

を配分すると仮定しよう。上の表①に、各州の人口比率と取り分（人口比率に従って各州がもらう権利のある議席の正確な数を表す）を示す。

それぞれの取り分は整数とそれより小さい端数からなり、端数の部分は小数で表されている。まず上の表②のように、各州の取り分のうち整数部分を配分する。

最初に配分される議席の総数は5＋8＋16＋6＝35で、目指す総数の三七より二議席少ない。この二議席を、残った端数の大きい州から順番に配分する。D州は端数が〇・六六で最も大きいので、残った二議席から一議席めをもらう。C州は端数が〇・六五で二番めに

州		323議席の場合		324議席の場合	
	人口比率%	取り分	議席数	取り分	議席数
A	56.7	183.14	183	183.71	184
B	38.5	124.36	124	124.74	125
C	4.2	13.57	14	13.61	13
D	0.6	1.93	2	1.94	2

大きいので、残りの二議席めをもらう。このやり方では、A州とB州には残った議席が与えられない。最終的な数字を前ページ表③に示す。

一八八〇年、アメリカ合衆国国勢調査局の事務長だったC・W・シートンが、ハミルトン方式では奇妙な現象が生じるのに気づいた。そこで、下院の総議席数を二七五から三五〇までとした場合に各州が獲得する議席数を計算することにした。その結果、総議席数が二九九ならアラバマ州に配分される議席数は八なのに、総議席数を三〇〇に増やすとアラバマ州の議席数が七に減ることが判明した！　ここからアラバマ・パラドックス[4]という名前が生まれた。

次ページ以降の表は二つの表のそれぞれ半分だけだが、シートンは表を全部で七五枚作成する必要があった。その根気には感嘆するばかりだ。国勢調査局の職員に計算を手伝わせはしただろうが、当時は計算をするにはテクノロジーの助けを借りず、まさに手で計算するしかなかったのだ。それだけでなく、シートンが数学者か社会学者だったらもっと厚遇されたはずだと思うと、同情を禁じえない。これほどの大発見なのだからシートンのパラドックスと名づけるべきだったのに、実際にはそうならなかった。ともあれ彼は、少なくとも発見のスリルを味わうことはできただろう。

299 議席の場合

州	1880 年の人口	人口比率 %	基準取り分	丸めた取り分	最終議席数	端数降順
ケンタッキー	1648690	3.34	9.99	9	10	0.98
インディアナ	1978301	4.01	11.98	11	12	0.98
ウィスコンシン	1315497	2.66	7.97	7	8	0.97
ペンシルヴェニア	4282891	8.67	25.94	25	26	0.94
メイン	648936	1.31	3.93	3	4	0.93
ミシガン	1636937	3.32	9.91	9	10	0.91
デラウェア	146608	0.30	0.89	0	1	0.89
アーカンソー	802525	1.63	4.86	4	5	0.86
ミシシッピ	1131597	2.29	6.85	6	7	0.85
ニュージャージー	1131116	2.29	6.85	6	7	0.85
アイオワ	1624615	3.29	9.84	9	10	0.84
マサチューセッツ	1783085	3.61	10.80	10	11	0.80
ニューヨーク	5082871	10.30	30.78	30	31	0.78
コネティカット	622700	1.26	3.77	3	4	0.77
ウェストヴァージニア	618457	1.25	3.75	3	4	0.75
ネブラスカ	452402	0.92	2.74	2	3	0.74
ミネソタ	780773	1.58	4.73	4	5	0.73
ルイジアナ	939946	1.90	5.69	5	6	0.69
ロードアイランド	276531	0.56	1.68	1	2	0.68
メリーランド	934943	1.89	5.66	5	6	0.66
アラバマ	1262505	2.56	7.65	7	8	0.65

300議席の場合

州	1880年の人口	人口比率%	基準取り分	丸めた取り分	最終議席数	端数降順
ウィスコンシン	1315497	2.66	7.99	7	8	0.99
ミシガン	1636937	3.32	9.95	9	10	0.95
メイン	648936	1.31	3.94	3	4	0.94
デラウェア	146608	0.30	0.89	0	1	0.89
ニューヨーク	5082871	10.30	30.89	30	31	0.89
ミシシッピ	1131597	2.29	6.88	6	7	0.88
アーカンソー	802525	1.63	4.88	4	5	0.88
ニュージャージー	1131116	2.29	6.87	6	7	0.87
アイオワ	1624615	3.29	9.87	9	10	0.87
マサチューセッツ	1783085	3.61	10.84	10	11	0.84
コネティカット	622700	1.26	3.78	3	4	0.78
ウェストヴァージニア	618457	1.25	3.76	3	4	0.76
ネブラスカ	452402	0.92	2.75	2	3	0.75
ミネソタ	780773	1.58	4.74	4	5	0.74
ルイジアナ	939946	1.90	5.71	5	6	0.71
イリノイ	3077871	6.23	18.70	18	19	0.70
メリーランド	934943	1.89	5.68	5	6	0.68
ロードアイランド	276531	0.56	1.68	1	2	0.68
テキサス	1591749	3.22	9.67	9	10	0.67
アラバマ	1262505	2.56	7.67	7	7	0.67

表①

地区	人口（1000人）	人口比率％	取り分	議席数
A	42	10.219	2.55	3
B	81	19.708	4.93	5
C	288	70.073	17.52	17

表②

地区	人口（1000人）	人口比率％	取り分	議席数
A	43	10.2871	2.57	2
B	81	19.378	4.84	5
C	294	70.3349	17.60	18

アラバマ・パラドックスの例は、三八三ページの表にもみられる。

人口パラドックス

ハミルトン方式では、さらに別の問題も生じる。一九〇〇年、ヴァージニア州はメイン州より人口の増加率が高かったのに、下院の議席一つをメイン州に奪われてしまったのだ。

単純な例で考えてみよう。三つの地区からなる州があり、州議会の総議席数二五をハミルトン方式で各地区に配分すると仮定する（上の表①）。

次の国勢調査で、A地区は人口が一〇〇〇人増え、C地区は六〇〇〇人増えたが、B地区の人口は変わっていなかった。そこで表は上の表②のようになる。

A地区の人口増加率が二・三八パーセントだったのに対し、C地区は二・〇八パーセントだった。A地区はC地区より人口増加率が高いのに、一議席を失ってしまっ

表③

地区	人口（1000人）	取り分	議席数
A	61	3.60	3
B	70	4.13	4
C	265	15.65	16
D	95	5.61	6

表④

地区	人口（1000人）	取り分	議席数
A	61	3.57	4
B	70	4.09	4
C	265	15.5	15
D	95	5.56	6
E	39	2.28	2

た。C地区が一議席を獲得するなら、B地区からもらうほうが公平と思われるに違いない。B地区は人口がまったく増えていないし、それどころか人口比率は下がっているのに、ハミルトン方式では議席数が変わらないのだ。

新州加入のパラドックス

一九〇七年にオクラホマ州が合衆国に加わったとき、ハミルトン方式は最後にもう一度欠陥を露呈した。オクラホマ州が合衆国に加入する前、下院の総議席数は三八六だった。オクラホマ州は人口比率にもとづいて五議席をもらう資格があったので、下院の総議席数は三八六＋五＝三九一に引き上げられた。しかし議席配分を計算しなおすと、メイン州で一つ増え（三から四へ）、ニューヨーク州で一つ減っていた（三八から三七へ）[5]。

前ページの表③の例では、二九議席からなる議院で同様の問題が生じる。

ここで、人口三万九〇〇〇人の地区が新たに加わると仮定しよう。二九議席の議院では取り分が二・三〇となり、二議席をもらう資格があるので、議院の総議席数は三一に変更される。その結果、前ページの表④のようになる。

A地区がC地区から一議席をもらうかたちとなった。

ここで取り上げた三つのパラドックスのうち二つめまでは、ハミルトン方式ももちこたえたかもしれないが、三つめで命を絶たれた。現在使われているのは一九四一年に採択されたハンティントン＝ヒル方式で、これはハミルトン方式よりいくらか複雑な計算で数を丸める方法だ。しかしすでに予想されているかもしれないが、この方式もやはりパラドックスを逃れられない。のちにミシェル・バリンスキーとH・ペイトン・ヤングという二人の数理経済学者が示したように、それは避けられないことなのだ。

バリンスキー＝ヤングの定理

すでに見てきたように、議席の配分は端数を丸める方法に左右される。取り分方式は、取り分の数を丸めて最も近い整数二個のどちらか一方とするやり方だ。たとえば取り分が一八・三七なら、これを丸めると議席数は一八か一九になる。バリンスキー＝ヤングの定理[6]では、アラバマ・パラドックスと人口パラドックスのどちらも起こさずに議席を配分する取り分方式を考案するのは不可能とされる。

　私たちはこの問題を、議会下院と選挙人団の構成という、この問題にかんしておそらく最も重要で議論の多い領域で取り上げたが、ここで検討している問題は別の重要な状況にも当てはまる。数量をいくつかに分割する必要が生じる場面は多い。たとえば、ある市の警察がパトロールカーを新たに四〇台導入した場合、市内の一一管区にどう配備すればよいだろう？　あるいは篤志家《とくしか》が、母校に一〇万ドルを寄贈するので人文科学と工学と経営学で合わせて二〇人の学生に奨学金として五〇〇〇ドルずつ贈呈せよと遺言した場合、三分野で二〇人分の奨学金をどのように配分したらよいのか？　バリンスキー＝ヤングの定理によれば、アラバマ・パラドックスや人口パラドックスが起きない状態を公平と定義するなら、パトロールカーや奨学金を公平に配分する方法は存在しないことがわかる。

　短期的に見て公平な配分方法はないというべきかもしれない。つまり国勢調査が実施されるたびに、アラバマ・パラドックスや人口パラドックスにぶつからない取り分方式で各州に議席を配分することはできないということだ。しかし長期的に考えれば、各州に議席を公平に配分することになる方法は存在する。各州の取り分を計算し、近接する二個の整数のうち大きい数と小さい数のどちらで議席を配分するかを決めるのに、無作為なやり方で端数を丸めるのだ。たとえばある州の取り分が一四・三七議席なら、一から一〇〇までの数字を書いたボール一〇〇個をびんに入れて、目隠しした州知事にボールを一つ取らせる。ボールに書かれた数字が一から三七までならその州の議席数は一四とし、それ以外の数字なら議席数は一五とする。長期的には、取り分に合った議席数が各州に配分されるはずだ。

ただし即座に生じる問題として、この方法では下院の総議席数が変動してしまう。アメリカ合衆国には五〇の州があるので、すべての州で議席数になりうる二個の整数のうち小さいほうが選ばれたら、総議席数は三八五にしかならない。逆に四八五議席まで膨れ上がる可能性もある。もちろん長期的には、平均して四三五議席になるだろう。

最近の展開

私がこの分野に足を踏み入れた一九六〇年代と比べて、数学研究ははるかに効率がよくなっている。当時は教育機関が多数の学術誌を購読していた。また数学者はたいていアメリカ数学会の《月報《ノーティシズ》》を個人で購読していて、それには出版済みや出版予定の論文の抄録、それに学会で発表された論文の抄録が掲載されていた。興味を引く論文の抄録を見つけると、それが入手しにくければ著者に抜き刷りを請求した。論文を読んだら参考文献一覧を見て、ほかにおもしろそうな論文が見つかった場合、それが図書館にあれば複写し、そうでなければ著者に手紙を出して入手したものだ。数学の研究活動において共同研究はやはり重要な一面だったが、いっしょに研究するのは身近で知っている同僚か学会で知り合った相手というのが一般的だった。

インターネットは数学の研究方法をすっかり様変わりさせた。アメリカ数学会は、過去五

○年間に出版されたほとんどの論文を登録した検索可能なデータベースMathSciNet[7]を運営している。たとえばギバード＝サタースウェイトの定理など特定の定理に関心があれば、MathSciNetの検索エンジンにそれを入力するだけでいい。私自身もそうした。六一件の論文のリストが出てきたが、そのなかで最新の論文は今年出版されていて、一番古いのは一九七五年のものだった。《数学評論《マセマティカル・レビュー》》に要約が掲載されていれば、ほぼ瞬時に入手して読むことができる。

　このプロセスのおかげで、数学研究は格段に効率的に――そしてめまぐるしく――なった。発表される論文の数は指数関数的に増えている。そのうえインターネットのおかげで、昔なら接触することがなかったかもしれない世界中の数学者たちと交流できるようになった。私は先ごろ、ドイツとポーランドとギリシャに在住する数学者たちと共同研究を行なったが、インターネットがなければ彼らと知り合うことはなかっただろう（学会でたまたま出会ったりしないかぎり）。

　MathSciNetは、ギバード＝サタースウェイトの定理やバリンスキー＝ヤングの定理が、現在ではおもしろいかたちで現実の事柄に波及していることも明らかにする。不誠実な投票は、ポーカーのブラフ（はったり）と関係がある。戦略はゲーム理論の重要な一面であり、ゲーム理論は数理経済学の一領域としてノーベル賞も何回か授与されている。現時点でとりわけ興味深いのは、情報を開示するかしないかの自由がある領域の研究で、その例としてネットワークのルート選択における使用コストの計算などがある。そのようなネットワークでは、リンクの所有者にリンクの使用料が支払われる。ネットワークの使用者は、一連のリンクを経由してのみ送られる情報を入手しようとする場合、コストを最小限に抑えることを望む。わかりやすい戦略は、単純に各リンクのコストを尋ねることだ。しかしリンクの所有者は、自分のリンクの使用コストについて嘘をつくことで利益を得るかもしれない。これは不誠実な投票と似ている。また現在研究が進められている重要なアイデアの一つとして、戦略に影響されないゲームというのもある。これは、参加者が嘘をついたり他の参加者から情報を隠したりしたくなるようなメリットのないゲームだ。これが投票とどう結びつくかは、容易に理解できる。

一方、バリンスキー＝ヤングの定理にかんする論文はＭａｔｈＳｃｉＮｅｔに二二件しか登録されておらず、一番新しいのは一九九〇年のものだ。この分野は明らかに埋めるべき空白を抱えているのに、どう見ても休眠状態に入ってしまっている。私の調べたかぎりでは、バリンスキー＝ヤング型の定理に新州加入のパラドックスを取り入れた研究は行なわれていない。それでも選挙人団の重要性ゆえに、数学者や政治学者は現行の議員選出方式（ハンティントン＝ヒル方式）について、もっとよい方法がないか調べるために研究を進めている。[8]

よくあることだが、理想的な解が存在しえないと判明した場合には、さまざまな状況のもとで実現可能なことを評価するための基準を定めることが重要だ。実現不能な解があれば、それによってできることとの限界が決まる。その範囲内で何を最適化するか、そしてそれをどのように実現するかを決めるのは、私たちしだいなのだ。

第14章　鏡のなかにおぼろに

半分満ちたグラス

数学と物理学は、私たちに知りえないことや、なしえない難業が存在するということを示してきた。しかしユートピアが到達不能だからといって、ディストピアが不可避ということにはならない。私が生まれたのはエレクトロニクス時代にさしかかった世界であり、西洋の民主主義の尊重する価値観があとにも先にもないほどの脅威にさらされた時代だった。だから私は、今日《こんにち》の世界がもたらそうとしている恩恵や脅威を目にすると、世界というグラスが半分よりずっと上まで満たされているような、楽観的な気持ちになる。

これらの学問は数学という共通言語とともに、私たちが現に知る世界や仮説として作り上げる世界を探究しつづけるだろう。私たちの行く手には、発見だけでなく行き止まりもあるだろう。それもまた、宇宙についてさらに多くのことを教えてくれるはずだ。知識の限界について私たちがこれまでに知った事柄の要約のようなものがなければ本書は不完全だと思うが、知識の限界をめぐって未来に待ち受けるものを予見する試みをしなければ、その場合にもやはり不完全になると思う。それを試みる理由をもう一つ付け加えるなら、私が晩年になにか派手な成功を収めて人々の記憶に残ることはなさそうだが、コントやニューカムのように派手な失敗で名を残すことはできるかもしれないからだ。なんといっても、私たちの暮らす社会では、悪評と名声がしばしば混同されるのだ。

それに数学というのは、真にすぐれた問いは広く知られるようになるが、最終的な解やその解を出した人は最初の問いに加えられた歴史上の注釈で終わってしまうような分野だ。ピエール・ド・フェルマーやベルンハルト・リーマンやアンリ・ポアンカレは、数学の偉人である。しかしほぼ間違いなく、フェルマーはフェルマーの最終定理で最もよく知られ、リーマンはリーマン予想で、そしてポアンカレはポアンカレ予想で最もよく知られている。フェルマーの最終定理は今から一〇年ほど前にアンドリュー・ワイルズが攻略に成功したが、年齢制限を超えていたため、この業績に対してフィールズ賞をもらうことができなかった（フィールズ賞は受賞者の年齢を二十代と三十代に限定しており、ワイルズは一年ほどの差で賞を逃した）。ポアンカレ予想が陥落したのはもっと最近で、最大の功労者は誰かという議論が数学界でいまだに続いているが（訳註　異議を唱えた中国系の数学者たちがその後意見を撤回し、論争は終わっている）、ロシアの数学者グリゴーリー・ペレルマンが最有力だ。リーマン予想は依然としてまさにその名のとおり、予想のままだ。また、偉大な数学者でなくても偉大な予想で歴史に名を刻むことはできる。たいていの数学者はクリスティアン・ゴルトバッハの数学における業績を一つでも挙げるのに苦労するだろうが、[1]ゴルトバッハ予想なら誰でも知っている。「すべての偶数は二個の素数の和である」というシンプルかつエレガントな予想であり、小学生でも理解できるほどだが、二五〇年以上に及ぶ試みを経てもなお証明に至っていない。

年齢の影響

数学者と物理学者は三〇歳になる前に生涯で最高の仕事をしてしまうという見方がある。これは必ずしも正しくはないが、これらの分野で若い研究者が突出した貢献をするのは本当だ。若い研究者のほうが、一般に認められているパラダイムを受け入れたがらないからかもしれない。たしかなのは、年齢にはデメリットもメリットもあるということだ。

このデメリットのせいで、研究者が別の領域に追いやられる場合がある。物理学者は歳を取るにつれて哲学者になっていくといわれるが、これはいくらか当たっている。現実に起こる現象を発見するよりも、現実がもつ性質について思案することへ意識を注いでいく傾向がみられる。多次元の可能性や量子的現実の性質はまだ解明されていないので、思案の余地がかなりあるのは間違いない。

私は子どものころ、当時のたいていの少年と同じくスポーツとゲームに強い関心をもっていた。両者の違いは、スポーツではプレイヤーが自分の力で汗を流して得点するのに対し、ゲームではただ得点するだけ（タイガー・ウッズには悪いが、ゴルフはゲームであってスポーツではない）というところだ。私が関心を抱いた対象の一つがチェスだった。熱心に研究し、チェスにかんする話を読んだ。今でも覚えているのが、チェスの名人が正体を隠して列車で旅をする話だ。名人は、気鋭の若き天才といきなり対戦することになる。名人は途中で、人は歳を取ると自分でコマを動かすのをやめてコマが動くのを見守るようになるのだと述べる。(2)

この言葉は真実と普遍性に満ちていると思う。チェスの名人だけでなく、数学者にも当てはまりそうだ。私自身にもたしかに当てはまると思う。私はもう長大で複雑な証明を組み立てることはできないが、正解がどうなるはずかを感じ取る「勘」はたっぷり身につけている。数年前、ギリシャ出身の優秀な若手数学者のアレコス・アルヴァニタキスと共同研究する機会に恵まれた。アレコスに会ったことはない。彼が私の書いた論文に関連する成果を得たと連絡してきたことからメールのやりとりが始まり、ついに共同研究に乗り出すに至った。私がもうやるべきことはやりつくした（証明すべき真に興味深い問題が残っていないという意味で）と感じていた領域に、彼は新たな見解と相当な才能を持ち込んだ。私がこれは真のはずだといってなにか提案すると、一週間もおかずにアレコスからメールで証明が送られてきた。大変な作業はアレコスがほとんどやってくれたので、私は論文の共著者となることにいささか心苦しさを覚えた。しかし少なくとも取り組むべき作業を見つけ出したのは自分なのだと考えた。若いころのようにコマを巧みに動かすことはできなくなったが、コマがあたかも意志をもつかのように動くのを見守ることはできたのだ。

行き止まりの分類

ここまでの各章を振り返ると、私たちの検討してきた問題や現象はいくつかのカテゴリーに分類できそうだ。

最も古いのは、特定の枠組みのなかでは解決できない問題だ。典型的な例は、立方体倍積問題や五次方程式の一般解といった問題である。どちらもただ解くことができないというのではなく、与えられた手段では解くことができない問題だった。このような問題に取り組む場合、新しい手段を発明するのが通常のやり方だ。まさにこのやり方で、立方体の体積を二倍にすることや、五次方程式の解を見つけることができた。本来のユークリッド幾何学で利用できるもの以外の手段を使ったり、ベキ根以外の解法で特定の数を表現する方法を見つけたりしたのだ。

決定不能な命題も、確実にこのカテゴリーに入る。グッドスタインの定理が、ペアノの公理による枠組みでは決定不能だが、ツェルメロ＝フレンケルの集合論による無限公理を公理系に取り入れれば解法が得られたことを思い出してほしい。ここから当然の疑問が生じる。決定不能性の本質は、単に適正な公理、すなわち適正な手段を選ぶことにあるのか？

それともいかなる無矛盾の公理系からも外れたところに、真に決定不能な命題というものが存在するのだろうか？

解決不能な問題の二つめのカテゴリーは、十分な情報が得られないせいで解けない問題だ。情報が得られないのは、単に情報が存在しないか（量子力学的現象の多くはここに分類される）、十分に正確な情報が入手できないか（ランダム現象やカオス現象がこれに当てはまる）、あるいは情報が多すぎて効率的に分析することができない（多項式時間で「手に負えない問題《イントラクタブル》」がここに属する）せいかもしれない。

次は解決できない問題の三つめのカテゴリー、すなわち私たちがないものねだりをしている問題だ。これまでのところ、この領域で見つかっている最も重大な問題は投票方式や議席配分方法の探究にかかわり、社会学の分野に属するものだ。このカテゴリーには古典的な問題が多数存在し、たとえば対角にある二個のマスを取り除いたチェス盤に一×二マスのタイルを敷き詰める問題などがある。このタイプの問題を分析するのに用いられる手法は、もっと実際的な場面でも役立つかもしれない。

最後のカテゴリーとして、実は複数の正解をもつ問題がある。連続体仮説の独立性の証明や、平行線公準のジレンマの解決が、このカテゴリーに入る。ほかにも思いがけない問題が待ち受けていると予想してほぼ間違いないだろう。それは私たちの予想する領域の外に答えの存在する問題であり、質問者の視点によって答えが決まる問題などもあるかもしれない。たとえば相対性理論は、ニワトリが先か卵が先かという謎に答えを出すが、その答えは誰が質問しているか、そしてニワトリと卵がどんな速度でどの方向へ移動しているかによって決まる。

私たちがどうしようもなく完全かつ全面的に行き詰まった場合、最後の頼みの綱が一つある。近似解を探すことだ。結局のところ、私たちはπの値を小数点以下何億兆桁も知る必要はない。たいていの問題では、四桁までわかれば十分だ。ベキ根で厳密な解を求めることのできない五次方程式についても、必要な精度まで合理的な解を出すことはできる。このように近似解を出せるということが、きわめて重要だ。巡回セールスマン問題に多項式時間で解ける解法がなくても、やはりセールスマンは巡回を続けるだろう。正解から数パーセント以内の範囲まで到達できる多項式時間アルゴリズムを見つけられれば、燃料も時間も大幅に節約できる。「十分によい」というのは、十分以上によい場合もあるのだ。

当たっていそうな二つの予測

本書で検討してきた問題の多くから見えてくるのは、私たちの記述している系が十分に複雑なら、私たちにはたしかめることのできない真実がそこに存在するだろうという共通のテーマだ。もちろんその最たる例は決定不能な命題に対するゲーデルの解だが、私の予想では、未来の数学者や論理学者は次の二つのうちどちらか一方をなし遂げると思われる。決定不能な命題を許容できるほど十分に複雑な公理系を生み出す要素を記述すること、またはそれを記述するのは不可能だと示すことのいずれかである。この領域で部分的な解はもう出されているのかもしれないが、後者の解がすでに証明されているなら、それは十分に驚くべきもののはずであり、数学界に広く知れわたっていることだろう。物理学の公理化を目指したヒルベルトの探究にも同じことがいえると思う。その試みは成功しえないということが明らかになるか、あるいは成功すれば決定不能な命題の物理学版が生まれるだろう。不確定性原理に似たものが、量子仮説からではなく（量子仮説はまさに不確定性原理を生み出したが）、公理化そのものから生じるだろう。その公理化によって、不確定性原理と同じ方向性の解が存在するに違いないことは明らかにされるが、それがどんな解かはわからないだろう。

率直に認めるが、前の段落で示した予測にはあいまいなところがある。そこで、もっと具体的な予測を一つ示そう。優先順位リスト方式のスケジュール作成によってすべてを改善すると逆に状況が悪化する、という事態が起こりうる仕組みについて以前考えたときにぶつかったような矛盾が、無数にあるNP困難な問題の一つ一つについて、問題を解くために考案されるどんな多項式時間アルゴリズムにおいても見出される――こんな予想が証明されることだろう。これは巡回セールスマン問題に最近傍アルゴリズムを適用したときにもみられた。最近傍アルゴリズムによって都市間の距離をすべて短縮したら、当初のルートを決めたアルゴリズムで与えられた総距離より、最近傍アルゴリズムによって都市および都市間の距離を並べたときの総距離のほうが長くなってしまった、という状況は容易に起きる。

自分がこの分野で若手ながら終身在職権を確保した専門家なら（終身在職権の条件が必要

なのは、この問題が膨大な時間を要するかもしれず、すぐに答えが出ないかもしれない問題のせいで終身在職権の得られる可能性を棒に振るのは避けるべきだからだ)、あるいは目をみはるような業績を目指す年配の専門家だったら、私もこの問題に挑戦するだろう。なんといっても、NP困難な問題どうしが互いに同値であることを証明したクックの方法を修飾して、一つのアルゴリズムに穴があれば別のアルゴリズムにも必ず穴があることを示せる可能性は低くなさそうだ。私はこれらのコマを動かすことはできないが、それが動くのを見ることはできると本気で思っている。

列車からの転落

とんでもない間違いだったことが判明した印象深い予言について考えるなら、二〇年ほど前に出された有名な予言に少なくとも触れないわけにはいかない。ソ連が崩壊してアメリカが世界で唯一の超大国となったころ、フランシス・フクヤマが「歴史の終わり?」という小論を書いて広く注目を集めた。その小論に、先見の明があったとはいえない次の件《くだり》がある。「われわれが目撃しているのは、冷戦の終結や戦後史の特定の時代の終わりであるだけではなく、歴史そのものの終焉かもしれない。つまり、人類のイデオロギー的進化の終着点、人間の政治体制における最終的な形態としての西洋のリベラルな民主主義の普遍化である」(3)カール・マルクスはもともと経済理論家として信用されていなかったかもしれないが、歴史という列車がカーブを曲がるときに思想家が振り落とされるという発言で、その評価を決定的にしてしまった。[4]人間の政治体制における最終的な形態としての西洋のリベラルな民主主義の普遍化が実現すれば、保守派でもそれを歓迎しそうなものだが、最近二〇年間に起きた出来事は、少なくともフクヤマの予言の究極的な実現という意味においては、至福の時代がまだ訪れていないことを示している。

振り返ってみると、アイザック・アシモフのほうが歴史の展開をはるかに明確に見抜いていた。科学を一般人に広めた最初の偉大な作家ではなかったかもしれないが（私なら名著『微生物の狩人』〔秋元寿恵夫訳、岩波文庫〕を書いたポール・ド・クライフを推す）、誰よりも多作だったのは間違いなく、デューイ十進分類法で哲学を除くすべての主要な分野で著作を残している。哲学の作品を書かなかったのは、学問的なバックグラウンドが物理学ではなく生化学だったからかもしれない。彼はもともと娯楽性が高くしばしば予言的なSFで有名になったので、彼の一般向けの科学作品がむしろストレートな事実の提示（「月は地球の四九分の一の大きさしかなく、地球に最も近い天体である」）として書かれているのはかなり意外だ。アシモフは初期の三大SF作家の一人として（他の二人はアーサー・C・クラークとロバート・A・ハインライン）、しばしば信じがたいほど独創的なアイデアを見せた。初期に発表された短篇「夜来たる」〔訳註　邦訳は『夜来たる』〔美濃透訳、ハヤカワ文庫〕などに収録〕は、ある文明が六個の恒星に囲まれた惑星系における重力の謎を解明しようとしたときに発生した問題を描いている。私が特におもしろいと思っているのは、水を加える一・二秒前に水に溶解する物質チオチモリンの発見をめぐる論理的帰結を記した短篇〔訳註　『木星買います』〔山高昭訳、ハヤカワ文庫〕所収の「チオチモリン、星へ行く」〕だ。

アシモフの主要なSF作品で最も有名なのは〈銀河帝国興亡史〉三部作〔訳註　邦訳は岡部宏之訳、ハヤカワ文庫など〕だ。[5] この作品では、統計学によって帝国の未来史を予測する数理社会学者ハリ・セルダンの予測したとおり、未来の銀河帝国が崩壊に向かっている。ところがセルダンの計算は、権力を奪い掌握することのできる特殊な超能力をもつ「ミュール」というミュータントの出現によって狂わされる。アシモフだけでなくゲオルク・ヘーゲルらも歴史は特殊な人間によって形成されると主張し、ヘーゲルはそのような人間を「世界史的人物」と呼んでいる。アシモフの功績は、文明にはそのような人間を生み出す性質があることから、統計力学で用いられるような手法を歴史に適用しようとしても無駄かもしれないと指摘した点だ。結局のところ、一人の人間が歴史の流れを変えることはあっても、一個の空気分子にはそれと同じように大量の空気分子の挙動を変える力はないのだ。

このことは、歴史を事前に評価したり予測したりするための数学的体系を構築するのは不可能ということを意味するのだろうか？　これは興味深い問いだ。そして私の知るかぎり、ハリ・セルダンのように体系の構築を目指して成功した人間は、過去にも現在にも存在しない。ひょっとしてカオスの数学が十分に発展したら、この領域で実現の可能性のある事柄に対して、なんらかの限界が定められるようになるかもしれない。

一九六〇年代にフランスの数学者ルネ・トムが、現在ではカタストロフィー理論と呼ばれている数学の一分野を提唱した(6)。これは、現象を記述するパラメーターの小さな変化から現象の挙動に生じる劇的な変化を分析する試みだった。どこかで聞いた話ではないだろうか？そう、カオス理論とよく似ている。そのうえカタストロフィー理論は、カオス理論の多くと同じく非線形現象を扱う。しかし大きな違いもある。カタストロフィー理論は、基本のパラメーターの挙動に生じる劇的な変化を、より大きなパラメーター空間における秩序立った幾何学的挙動の発現ととらえるのだ。差し迫った破局《カタストロフィー》を実際に予測する際の現実的な観点からいえば、これはあまり役に立たない。株式市場で次に起こる暴落が、高次空間では明確な幾何学的構造の挙動として予測されるものにすぎないということがわかるのは悪くはないかもしれないが、その高次空間を支配するパラメーターが正確に何を表す指標なのかを理解し、しかもそれを事前に理解できなければ、大して意味がないのだ。

社会学に数学を応用する方法はもちろん無数にある。中等教育より上級の教育機関なら、これらの応用を扱うクラスをたいてい開講している。必要なパラメーターを簡単に定量化できるようにする分野を中心として、顕著な成果を挙げている例もある。しかし必要なパラメーターが簡単に定量化できるからといって、必ずしも成功が保証されるわけではない。株式市場の大暴落のほとんどは、主要な予測者の側ではまったく予測できなかったという特徴がある。もしかすると未来のハリ・セルダンは、その形状で未来の予兆を表す多次元の幾何学的構造を見抜くかもしれない。しかし私の考えでは、むしろ未来のケネス・アローが、そうした幾何学的構造は存在するかもしれないが、私たちにはそれがどんなものか突き止められないということを発見する可能性のほうが高そうだ。

アクィナスの足跡をたどって

史上有数の偉人のなかには、聖トマス・アクィナスのように、神の存在を証明しようと並外れた努力をした人物がいる。また、神は存在しえないということを証明しようと、やはり並外れた努力をした同じく偉大な人物もいる。これらの証明には共通点が一つある。反対陣営を納得させることがまったくできていない点だ。

どんなテーマでも、世間にこれ以上の興味をかき立てる証明はなかなか思いつかない。そんな証明があれば、これまでに問われてきた数々の非常に深遠な問いのいずれかに、なんらかのかたちで答えることになるだろう。そのような証明が現れたら、その妥当性をめぐって論争の嵐が巻き起こることにもなりそうだ。そんな証明が単純なものであるとは考えにくい。なぜなら、単純な証明はもう何世紀も前にほぼ出つくしてしまったからだ。

私がこれまで見てきたなかには、神の存在について怪しげな仮説や論理を使った証明もあったが、数や形、表やその他の数学的概念による純然たる数学的推論を用いた証明は、どちらの側についても見たことがない。おそらく一番簡単なのは、次のようなパラドックスの生じる理屈をたどることによって神の非存在を主張する証明だろう。神が存在するなら、その神は全能を有するはずだが、それなら神は自分で持ち上げられないほど重い石を作ることができるのか？　そのような石を作ることができないなら、神は全能ではありえない。そんな石が作れるなら、その石を持ち上げられないという事実は、神が全能ではない証拠となる。全能の存在にも限界があり、その一つがこうしたパラドックスを打破することだ。コンパスと直定規だけを使って立方体の体積を二倍にすることはできないという事実が神の非存在を証明するのだと主張する人もいるかもしれないが、その主張にも石の話と同程度の妥当性しかない。

公平を期して、神の存在を訴える古典的な主張の一つである「第一原因」論にも反証を示すべきだろう。これは、無からはなにも生まれないので、最初になにかが存在していたに違いなく、そのなにかが神だとする主張である。もっともらしく聞こえるが、すぐに論破されてしまう。ある最近の宇宙論は、永続的なマルチバースの存在を前提としている。私たちの宇宙は今から一三〇億年ほど前にビッグバンによって誕生したが、無限に存在しつづけるマルチバースでは、そのような出来事はすでに数え切れないほど起きているかもしれない。現在のところ、真実を知る方法はない。

両陣営とも自分たちの主張を裏づける証明を打ち立てるのに忙しく、当たり前のことを見過ごしているらしい。神の属性をきちんと定義してしまえば、そのような神の存在または非存在は証明不可能ということが証明できるかもしれない。あるいは神にかんする仮説は一連の哲学的な公理から独立していて、神にかんする仮説かその否定をそれらの公理に結びつけることによって矛盾のない公理系ができあがるということが明らかにされるかもしれない。

私自身は、このような解決方法を支持する方向に傾いていることを認めざるをえない。すさまじい量の知的攻撃がこの問題に加えられているが、まだ真っ向からの直撃は記録されていない。このような問題に突き進む能力をもつ人たちが、エイズや鳥インフルエンザの治療法の発見に力を注げば、社会はもっとよい場所になると思う。私から見れば、彼らの考えていることはおそらく幻想だ。コンパスと直定規で角を三等分するのが不可能なことは何世紀も前から知られているのに、今でもおそらく何千人もの人がその不可能なことの実現を目指して躍起になっているという事実に現れているのと同じような思い込みかもしれない。神にかんする仮説の独立性といった解に反証を挙げようと力を注ぐ人がいったいどれほどいるのか考えると、私はぞっとしてしまう。

私は自分の好きなものを知っている

私たちは家や職場を絵画で飾り、身のまわりを音楽で満たす。視覚や聴覚による芸術の魅力は自明でほぼ普遍的だが、私はレックス・スタウトの創作した太った探偵ネロ・ウルフと同じ立場に立つ（または座る）。ウルフは、料理こそ最も精妙で心地よい芸術だと述べているのだ。私にとって、モネの睡蓮が見せる幽玄な美しさや、ベートーベンの交響曲が奏でる超絶的で荘厳な響きも、湯気を上げる酸辣湯《サンラータン》やそれにほぼ比肩するジューシーな宮保鶏丁《ゴンバオジーディン》（香辛料は多めに）と比べればかすんでしまう。

私はモネもベートーベンもネロ・ウルフも中華料理も大好きだが、これらに対する情熱は万人に共通するものではない。実際アローの定理は、芸術（および料理）に対する集団の選好がもつ性質をいくらか浮かび上がらせる。これらの分野では、アローの定理で示された五つの条件をすべて満たすように個人の選好順位から社会全体の選好順位を決めることはできない。しかし、多数の人の心をつかむことのできる候補者に政治家としての成功が待っているのと同様に、広く好まれる美術や音楽、それに料理を生み出す秘訣を発見した人には、富と名声が確実に待っている。数学は、この方面ではぱっとしない。

ギャレット・バーコフは、二〇世紀前半の卓越したアメリカ人数学者だ。純粋数学に加え、天体力学、統計力学、量子力学でも著しい功績を残している。大学生は何世代にもわたって（私の世代も）、彼が同じく著名なソーンダーズ・マックレーンと共同で執筆した画期的な抽象代数学の教科書[7]で、群《ぐん》論、環《かん》論、場の理論を学んだものだ。

バーコフは美学にも強い関心をもち、美術や音楽や詩を評価するのに数学の応用を試みている。しかし計算機作製のパイオニアとなったチャールズ・バベッジが示した行動と比べれば、バーコフの試みははるかにまともだった。バベッジは「一人の人間が死ぬたびに、／一人の人間が生まれる」と書かれたテニソンの詩を読むとテニソンに手紙を送り、厳密には「一人の人間が死ぬたびに、／一と一六分の一人の人間が生まれる」とすべきだったと指摘したのだ。

バーコフは美的価値を計算する際、芸術作品の美的価値はその美的秩序を複雑さで割った商に等しいとする基本公式を使った。つまり秩序のあるものは美しく、複雑なものは美しくないということになる。私が音楽の好みを確認できた数学者には、だいたいこの規則が当てはまるようだ。数学者のあいだでは、ショスタコーヴィチよりバッハのほうがおおむね評判がいい。実際、私にバッハのシャコンヌを教えてくれた友人は、その曲が二五六小節（二五六は二の八乗）からなり、それが六四小節（六四は二の六乗）のセクション四つに分かれるといって説明を始めた。私は音を一つも聴かないうちから、その曲が気に入ってしまった。

秩序のほうが魅力的だとする考え方は、美学におけるかなり明白な普遍的事実を特定した統計調査とある程度一致する。大多数の人は非対称より対称を好み、パターンのないものよりパターンのあるものを好むのだ。しかしバーコフの補助的な公式のなかには、ほとんど読むに耐えないようなものもある。たとえば彼は詩の美的秩序を計算するのに、$O = aa + 2r + 2m - 2ae - 2ce$という公式を考案した。$aa$は頭韻（alliteration）と母音韻（assonance）、rは脚韻（rhyme）、mは楽音（musical sound）、aeは頭韻の過剰（alliterative excess）、ceは協和音の過剰（excess of consonant sound）を表す。バーコフを擁護すれば、彼の試みはアローの定理より何十年も前になされたものだし、バーコフ自身も直観的な評価のほうが数学的な計算より価値があると認めている。それでも彼は、直観的な評価というのは彼の公式の数学的な面を無意識に適用することから生じると信じていた。

あえて推測するなら、美的要素の複雑さは、あらゆる種類の美にかんする予測可能性に対して障壁となる可能性がきわめて高い。一つの証拠として、夫は妻の好みがまったく予測できないのに対し、妻は夫の好みを知る不思議な能力をしばしばもっているらしいことが挙げられる。このどこかに定理が存在するとして、それを見つけるのが女性なら、私はちっとも驚かないだろう。

究極の問題

どこに行き止まりがあり、私たちはどんな事柄を知りえないのか。数学者はこれらを知る方法を考え出すことができるのだろうか？　本書には、私たちがこれまで避けてきた行き止まりや知りえないとわかっている事柄の具体例がたくさん載っている。しかし人智の及ばないどこかに、数学や自然科学の概念の性質を記述するメタ定理なるものが存在すると考えてよいのだろうか？　あるいは、前の文で述べたようなメタ定理は存在しえないとするメタ定理が存在するのだろうか？

私が思うに、この分野の解はあまり壮大なものとはなりにくく、行き止まりや知識の限界は、知識の限界にかんする究極のメタ定理という解としてではなく、ただ個々の状況においてのみ生じる。数学は、数学的対象を論じることしかできない。ただし、数学的対象を構成するものの範囲は絶えず広がっている。ガウスは偉大な数学者だったが、無限を完結した量として扱える可能性は予見しなかった。無限が数学的対象となる可能性をもっていると考えることは、彼にもできたはずだ。私たちはまだ、芸術や美や愛を論じるのに必要な数学的対象を手に入れていない。だからといって、そういうものが存在しないということにはならない。存在するとしても、私たちがまだ見つけていないだけだ。実際、私たちがテグマークのいうレベル4のマルチバース、すなわち数学的対象を実体化したものからなる宇宙に存在しているなら、芸術や美や愛もそこに存在しているのだから、それらは数学的対象だ。ただ、それを数学的に記述する方法が見つかっていないだけなのだ。美は真実であり真実は美であると言ったキーツは、本当に正しかったのかもしれない。たいていの数学者は少なくともその半分、すなわち真実は美であるという部分を信じている。未来のクルト・ゲーデルが対人関係の数学理論の構築に成功し、それによって愛には私たちの知りえない面があることを証明できたら、詩人や哲学者や心理学者が推測するしかなかったことを数学が証明できるようになる。これはなんとも愉快な皮肉ではないか。

訳者あとがき

ブーム、メジャーリーグ、数学教授

某新聞の記事によると、社会人に数学ブームだそうである。訳者の知人は、大人の間で高等数学が密かなブームというニュースを見たとか。一般向けの科学書のなかで、数学関係は比較的（あくまで比較的です。なにせやはり出版不況ですから）堅調ということで、固定読書層もいるらしい。ということで、本書を手に取られる方の数学にかんするバックグラウンドはいろいろのはず。さて、この本はどんな感じか？　はたして歯が立つか？

恐れることなかれ、本書には二つの読み方がある、と著者は請け合う。数学的な議論について いく気のない読者が飛ばし読みをしても大丈夫なように書いたし、数式を追ってみるなら、高校までの知識（微積分を除く）でついていけるはずだ、と。

どちらのタイプだったとしても、全体を通して随所にちりばめられているたくさんのエピソードもお楽しみあれ。

たとえば、米国プロスポーツ界に見られる投資方針の違い。松井秀喜外野手が七年間在籍したニューヨーク・ヤンキース、松井秀喜外野手の移籍先であり、岩村明憲内野手が少しだけ在籍し、岩隈久志投手のポスティングでも話題になったオークランド・アスレチックス、そして、野茂英雄投手を皮切りに日本人選手が何人も在籍したことがあり、現在は黒田博樹投手が所属しているロサンゼルス・ドジャーズも登場する。華やかな舞台の裏にはこんな話もあるのかと知れば、また違った意味でメジャーリーグを楽しめるかもしれない。

それともこういうのはどうだろう。ものごころついたころから数学が好きで、彼女ができたときは成績が落ち、博士課程の在籍中に教えることを意識し、小学校教員になりたいという学生に敬意を禁じ得ず、奥様に合わせてドジャーズを応援しているが実はカブスのファンで、自分の名前のついた定理をお持ちの、今は髪が乏しくて静電気を起こす実験はできなくなった、今なお教壇に立ち続ける大学教授のよもやま話とか。この大学教授が本書の著者、カリフォルニア州立大学ロングビーチ校数学科のジェイムズ・D・スタイン先生である。

知りえないこと、できないこと

本書の内容をおおざっぱに紹介すると、前置き〜序論では、うまくいかない話や簡単そうで解けない問題の例を交えながら、〝知りえない〟や〝できない〟の証明は、困ったことどころか、新たな進展がもたらされる有益この上ない話だという本書のテーマが示される。第1部では、現代数学の基盤である集合論を取り上げたあと、数学と物理における理論というものの違いに触れ、さらに離散的な扱いと連続的な扱いという、数学的には何の問題もない二つのアプローチのどちらが物理学の記述に適しているかを見ていく。第2部では、三大作図問題、方程式の解の公式、平行線公準、不完全性定理といった有名な数学問題について、それぞれを事の始まりから辿ってから、数学を道具・言葉として使っている物理学に立ち戻る。第3部では、P＝NP問題、確率・統計、カオス、エントロピーを取り上げ、第4部では、民主主義に欠かせない選挙という仕組みに数学がどう絡んでいるか、どんな限界があるのかを解説したあと、今後の数学と物理学を展望する。

邦題からもうかがえると思うが、本書には〝知りえない〟や〝できない〟がたくさん登場する。三大作図問題や方程式の解の公式といった、一見すると本当は解けるんじゃないかと思いたくなるものから、今の数学では解けない問題があるとか、物質にかんして知りえることには人類の能力の問題ではない理論上の限界があるとか、「？」となりそうな大きな話まで。そして著者は、無理とわかったおかげで発展することがあると言う。たとえば、不確定性原理などというものが証明されている量子力学をもとに、やがてコンピューターやレーザーなどが実現している。数学に目を転じれば、三大作図問題が否定的に解決される過程で代数学と幾何学につながりができたし、五次方程式の解の公式が否定的に解決される過程では群論が登場して、数学に限らず多数の分野で重宝されている。

読みどころはいくつもあるが、ひとつ挙げたいのは、著者による物理学の未来にかんする予想だ。そこでは、物理学者の口からはあまり出てきそうにない可能性が示されている。もうひとつ、選挙絡みの話も面白い。わが国の国政選挙の比例代表制になんらかの数学がかかわっていそうなことはわかっていても、選挙の数学は具体的にはあまり知られていないのではないだろうか。選挙絡みの定理は経済学者や社会学者が書いた本によく載っているが、本書ではそれが数学者の手によって、アメリカの大統領選や議会選を引き合いに出してわかりやすく解説されている。社会選択と呼ばれている分野を勉強しようという文系の学生にもいい導入になるのではないか。

ダーフィト・ヒルベルトとアンリ・ポアンカレを最後に、科学の万能選手はもう出てこないだろうと言われている。学問がこれだけ幅広く細分化した今、オールラウンダーは望むべくもないかもしれないが、学際的な研究が増えれば、面白い定理がもっと生まれるかもしれない。本書にも登場するエドワード・ウィッテンは数学のフィールズ賞を受賞した物理学者だし、不可能性定理を証明したアローは数学から経済学に転身したロだ。

最後になるが、まず、翻訳作業を支援し、質問に丁寧に答えてくださった著者のジェイムズ・D・スタイン氏に感謝する。そして、訳文を読み込んで的確な指摘をしてくださった早川書房編集部の伊藤浩氏、校正の労をおとりいただいた山口英則氏ほか、お世話になった皆様方にお礼申し上げる。

二〇一一年一月

訳者を代表して　松井信彦

（単行本刊行時の「訳者あとがき」を再録）

◎翻訳分担
熊谷玲美：第3部（原註とも）
田沢恭子：第4部（原註とも）
松井信彦：前置き・緒言・序論・第1部・第2部（原註とも）

原　註

前置き

1)　任意の2桁の数は $10T + U$ と表現できる（T は10の位の数、U は1の位の数）。1の位と10の位を入れ替えた数は $10U + T$ で、これを前者から引くと $10T + U - (10U + T) = 9T - 9U = 9(T - U)$ となり、明らかに9で割り切れる。

2)　B. E. Johnson, "Continuity of Homomorphisms of Algebras of Operators," *Journal of the London Mathematical Society*, 1967: pp. 537-541. わずか4ページだが、数学の研究論文を読むのは新聞を読むのとはわけが違う。専門的に難解な論文（計算が出てこず、這うようなスピードでしか読み進められない）ではなかったが、バーデ先生も私も初めて目にするなんとも優れたアイデアがいくつも含まれていた。取り組んでいた問題の解決にジョンソンのアイデアをいくつか採り入れることができたという意味で、私の博士論文が仕上がったのは基本的にこの論文のおかげだ。

緒言

1)　"Give me but one firm spot on which to stand, and I will move the Earth." *The Oxford Dictionary of Quotations*, 2nd ed. (London: Oxford University Press, 1953), p. 14.

2)　Pierre-Simon de Laplace, *Théorie Analytique de Probabilités: Introduction, v. II, Oeuvres (1812-1820)*（『確率の哲学的試論』内井惣七訳、岩波文庫、1997など）（訳註　"Théorie Analytique de Probabilités"〔確率の解析的理論〕のIntroductionは、同書の初版には存在せず、第2版から追加されたもので、元は"Essai philosophique sur les Probabilités"〔確率の哲学的試論〕として別に出版されたものである。邦訳を探す場合は注意されたい）。

3)　G. H. Hardy, *A Mathematician's Apology,* section 10（『ある数学者の生涯と弁明』柳生孝昭訳、シュプリンガー・フェアラーク東京、1994所収の「ある数学者の弁明」など）。

http://www.math.ualberta.ca/~mss/misc/A%20Mathematician%27s%20Apology.pdf で一般公開されてもいる。

4)　Ibid. Section 29.

5)　*No Ordinary Genius: The Illustrated Richard Feynman*, ed. Christopher

Sykes (New York: Norton, 1995)（『ファインマンさんは超天才』大貫昌子訳、岩波書店、1995）。

第1章

1)　これはプラトンの『テアイテトス』の152aからの引用だ（渡辺邦夫訳、ちくま学芸文庫、2004など）。プロタゴラスについてはhttp://en.wikipedia.org/wiki/Protagorasも詳しい。ウィキペディアはユーザー編集だが、私が見聞した範囲では、数学や物理、そしてそれらの歴史を扱った記事は正確だ。利害関係のある人がいないからかもしれないし、そもそもこうした話題には利害関係というものがないからかもしれない。

2)　この引用はあまりに有名で、ほとんどの情報源でアインシュタインの言葉だとしか書かれていない！　この言葉を引いている人の大多数は、私と同じように学生をなんとかリラックスさせようとしている数学教師のようである。アインシュタインを物理学者ではなく数学者だと思っている向きもあるようだが、私が知る限り、彼の唯一の数学的業績は「アインシュタインの総和規約」で、これは言ってしまえばただの表記、加算を表すためのプラス記号を発明したようなものに過ぎない。

3)　米国では証券取引委員会まで警鐘を鳴らしている。http://www.sec.gov/answers/ponzi.htmを参照。

4)　Carl B. Boyer, *A History of Mathematics* (New York: John Wiley & Sons, 1991), p. 570（『数学の歴史』新装版、加賀美鉄雄・浦野由有訳、朝倉書店、2008）。

5)　Ibid.

6)　Ibid.

7)　http://archives.cnn.com/2002/WORLD/europe/04/24/uk.kissinger/を参照。

8)　L. Wapner, *The Pea and the Sun* (A Mathematical Paradox) (Wellesley, Mass: A. K. Peters, 2005)（『バナッハ＝タルスキの逆説――豆と太陽は同じ大きさ？』佐藤かおり・佐藤宏樹訳、青土社、2009）。この本では、バナッハ＝タルスキの定理のあらゆる側面が詳細にわかりやすく解説されている――証明のわかりやすい解説もある――が、隅々まで理解するのはそれなりに大変だ。ただ、そこまでする気がない読者にも十分楽しめる。

9)　http://mathworld.wolfram.com/Zermelo-FraenkelAxioms.htmlを参照。理解するには集合論の標準的な表記と格闘する必要がある（ページトップに説明がある）が、公理そのものはいたって基本的だ。それぞれの公理には詳しい説明へのリンクが張られている。ほとんどの数学者は、自分の使っている集合

論は自明そうだとしてこれらの公理をまったく気にしておらず、せいぜい選択公理の使いやすいバージョン（整列原理のほかにもある）を探すくらいである。私が使いやすいと思っている２つの業界標準は「ツォルンの補題」と「超限帰納法」で、このことについてはおおかたの数学者も同感だと思う。

10）H. Weyl, *The Continuum* (New York: Dover, 1994), p. xii. ヘルマン・ワイルは、20世紀前半の偉大なる知識人のひとりだった。彼はゲッティンゲン大学で博士号を取得したのだが、そのときの博士論文の指導教官はダーフィト・ヒルベルトである。ワイルはアインシュタインの相対性理論の早くからの擁護者であり、また群論の量子力学への応用を研究している。

11）N. Rose, *Mathematical Maxims and Minims* (Raleigh, N.C.: Rome Press, 1988) に引用。

第２章

1）　http://en.wikipedia.org/wiki/Auguste_Comte を参照。前にも触れたが、Wikipedia の伝記はおおむね信頼でき、たいていかなりよく書けている。

2）　http://en.wikipedia.org/wiki/Simon_Newcomb を参照。

3）　http://sciencepolicy.colorado.edu/zine/archives/31/editorial.html を参照。Google で少しばかり検索してみたところ、この発言の主を気の利いた言葉をたくさん残した作家のマーク・トウェインとするものや、メジャーリーグの往年の名選手、ヨギ・ベラとするものまであった。ヨギ・ベラの場合、このような感じのことをたくさん言っているので、彼が言ったかどうか定かでない似たような感じの発言が数多く彼のものだとされている。

4）　このことについてセリグマンが触れた問題は、厳密な言い方をすれば、$a=0$ と $b=0$ のどちらかだけが成り立つときかつそのときに限り $ab=0$ であるような $\mathbb{R}^n \times \mathbb{R}^n \to \mathbb{R}^n$ という双線形写像（乗法）が存在するのは n がどのような値のときかを決定する、ということだった。ひとつ表記の説明をすると、$\mathbb{R}^n$ は要素が実数であるすべての n 次元ベクトルの集合だ。双線形写像は、２つの変数双方にかんする分配法則――$(a+b)c=ac+bc$ および $a(b+c)=ab+ac$――の一般化である。また、a と b はベクトルなので、双線形写像は任意の実数 r について $(ra)b=r(ab)$ および $a(rb)=r(ab)$ を満たす必要がある。

5）　ここで、ブライアン・グリーン著の大いに楽しめる２冊のベストセラー、*The Elegant Universe* (New York: W. W. Norton, 1999)（『エレガントな宇宙』林一・林大訳、草思社、2001）と *The Fabric of the Cosmos* (New York: Alfred A. Knopf, 2004)（『宇宙を織りなすもの』青木薫訳、草思社、2009）を再び紹介

したい。レビューに何と書かれていようと、私に言わせればこの素晴らしい2冊とも楽して読み進むことはできない。深遠なアイデアは簡単な説明を頑なに拒むものであり、ひも理論とループ量子重力理論はどちらもきわめつけの深遠なアイデアだ。それをものともせず、グリーンは最初の本でひも理論を見事に説明しているのだが、彼がひも理論の信者だからか、ループ量子重力理論の説明はわりと簡単に済まされている。公平を期して言うと、ループ量子重力理論の信者は物理学者のあいだでは少数派だ。しかし、物理学界ほど、少数派が多数派になる権利が宗教の戒律を思わせる厳正さで守られているところはない。

6）トポロジーでは、幾何学的な形や立体の、伸ばしや曲げなどの変形によって変わらない性質を研究する。よく引き合いに出される例がドーナツとコーヒーカップがトポロジー的に等しいというやつで、その理由はどちらにも穴が1つだけあるからだ（ドーナツの穴については説明不要だろう。コーヒーカップの穴はカップを持つときに指を通す穴のことだ）。目の前に粘土の塊があって、穴を1つ開けたとしたら、粘土を伸ばしたり曲げたりして、だが引き裂いたりはせずに、ドーナツのような形にしたり（簡単）、コーヒーカップのような形にしたりできる（そう簡単ではない）。

7）http://en.wikipedia.org/wiki/Standard_Model を参照。このページには、標準模型の優れた手短な説明に、周期表がつまらないものに見えてきそうな美しい表が付されている。この表を読みやすい大きさまで拡大するには何回かクリックしなければならないが、そうする価値はある。

8）http://en.wikipedia.org/wiki/Electroweak を参照。最初の2段落を読めば十分だが、式を眺めるのがお好きなら、ページをスクロールするとこの理論の基本式を見ることができる。今まで見た式のなかで $E=mc^2$ が最も印象的という方は、ぜひお試しあれ。Wikipedia はユーザー編集なので、解説の専門性はページによって大きく異なる。私は物理学者ではないが、使われている記号の意味はわかるし、それぞれの式が言わんとしていることもわかる。しかし、これらがどこから来たのか、そしてどう使われるのかについては見当も付かない。

9）http://en.wikipedia.org/wiki/Big_Bang を参照。解説ウェブサイトが1～10点で評価されたとしたら、このサイトは10点満点だろう。この上ない出来映えである。図はいいし、説明はわかりやすいし、ハイパーリンクもよく張られている。あまりによくできていて、ポップアップ広告が表示されても気にならないかもしれない。

10）http://en.wikipedia.org/wiki/Steady_State_theory を参照。このサイトの出来映

えは、ビッグバン理論にかんするサイトのそれとはほど遠い。図はないし、説明はおざなりだ。しかしそう驚くことでもない。というのも、定常宇宙論はすっかり死んでしまっているのである。この理論が息の根を止められたとき、天文学者の間であちこちから安堵のため息がもれたのではなかろうか。物質＝エネルギーの保存はあまりに基本的で、できれば放棄したくなかっただろうから。

第3章

1) http://en.wikipedia.org/wiki/Niels_Bohr を参照。ボーアの生涯についてはこのサイトが参考になるので、引用にかんするサイトが待たれる。ニールス・ボーアには、ヨギ・ベラのようなところとヨーダのようなところがある。代表的な言葉をひとつ挙げておくので、公に話をする機会のある方は熱心に研究されたい。「考えているより早くしゃべるな」
2) http://en.wikipedia.org/wiki/Rayleigh-Jeans_Law を参照。このサイトは簡潔にしてなかなかよくできており、レイリー＝ジーンズの法則の式とそのプランクによる改訂版が載っているほか、紫外発散を説明するきれいな図もある。
3) J. Bronowski, *The Ascent of Man* (Boston: Little, Brown, 1973), p. 336（『人間の進歩』岡喜一・道家達将訳、法政大学出版局、1987）。
4) http://en.wikipedia.org/wiki/Schr%C3%B6dinger%27s_cat を参照。物理学にはなんとも刺激的な思考実験が山ほどある。このサイトでの議論はひじょうに徹底している。
5) R. Hillmer and P. Kwiat, "A Do-It-Yourself Quantum Eraser," *Scientific American*, May 2007（《日経サイエンス》誌2007年8月号掲載の「やってみよう！ "量子消しゴム"実験」）。ただし、これを作ろうとして誤って宇宙をまるごと消してしまっても、私や出版社を訴えることはできない。
6) http://en.wikipedia.org/wiki/Uncertainty_Principle を参照。線形代数とコーシー＝シュワルツの不等式の心得があるなら、このサイトでは優れた証明が展開されている。コーシー＝シュワルツの不等式は、通常は高度な数学や物理学で登場する。
7) **冒頭……結果だからである**：W. Heisenberg, *The physical principles of the quantum theory* (Chicago: University of Chicago Press, 1930)（『量子論の物理的基礎』玉木英彦・遠藤真二・小出昭一郎訳、みすず書房、1973）。
原子が絡む……世界なのである：W. Heisenberg, *Physics and Philosopy* (New York: Harper and Row, 1958)（『現代物理学の思想』河野伊三郎・富山小太郎訳、みすず書房、2008〔新装版〕）。

原子は物体ではない：W. Heisenberg, *Physics and Beyond* (New York: Harper and Row, 1971)（『部分と全体』山崎和夫訳、みすず書房、1999〔新装版〕）。

8) これはギャリソン・キーラーが考え出した架空の町で、米国ナショナル・パブリック・ラジオで彼が持っている人気番組《ア・プレーリー・ホーム・コンパニオン》（訳註 1974年に始まり、少々の中断をはさんで今でも続いている）では「女は強く、男はハンサムで、子どもはみんな平均より上」の町として描かれている。レイクウォビゴン効果――誰もが自分は平均より上だと主張すること――は、車を運転する人と（自分の数学の実力を見積もる）大学生の間で認められている。

9) ただし、注目すべきことに、調査によると、夫の言葉を途中で引き取って最後まで補うことができる妻の割合のほうが、妻の言葉を途中で引き取って最後まで補うことができる夫の割合より圧倒的に大きい。

10) http://en.wikipedia.org/wiki/EPR_experiment を参照。これは素晴らしいサイトだ。ベルの不等式にかんする説明もあって、私は検索の手間が省けた。

11) http://www.drchinese.com/David/EPR_Bell_Aspect.htm を参照。往年の名コメディ番組《ミスター・エド（お馬のエドくん）》風に言って「出所《でどころ》当たってエドに訊け」という方には、このサイトからこの分野のビッグスリー（EPR実験、ベルの定理、アスペの実験）の原論文をPDF形式でダウンロードできる。3つとも基本的に高い学位がないと読めない内容だが、原論文を一目見てみようという向きはここにアクセスされたい。主役3人の写真もある。アラン・アスペを、FOXニュースにときどき出ているジェラルド・リベラだと勘違いする人がいるかもしれない。

12) http://www.quotationspage.com/quote/27537.html を参照。

第4章

1) http://www.perseus.tufts.edu/hopper/text?doc=Perseus%3Atext%3A1999.01.0247%3Abook%3D2%3Achapter%3D471 を参照。

2) *International Journal of Infectious Diseases*, Papagrigorakis, Volume 11, 2006.

3) T. L. Heath, *A History of Greek Mathematics I* (New York: Oxford, 1931)（『ギリシア数学史』平田寛・菊池俊彦・大沼正則訳、共立出版、1998〔復刻版〕）。

4) http://www-groups.dcs.st-and.ac.uk/~history/HistTopics/Doubling_the_cube.html#s40 を参照。この、いかにも「珠玉の」という形容がふさわしいウェブサイトには、立方体の体積を倍にするためのアルキュタスやメナイクモスの解法だけでなく、エラトステネスによる根の求め方も載っている。アルキュタスについていくには解析幾何学の力がある程度必要だが、メナイクモスの解法

はわりと単純明快で、高校卒業程度の数学でそう苦労せずについていけるだろう。このサイトは、作図を追うためにわざわざ「数学する」気はないという読者にとっても、少なくとも古代ギリシャ人の知識と素養の高さをより深く味わうために眺める価値がある。こうしたことを紙と鉛筆がない時代に、（幾何学的なものをなんでも大幅に簡略化する解析幾何学ではなく）幾何学だけですべて成し遂げていたという事実を見るにつけ、私は信じられないという思いで首を振ってしまう——まだアルキメデスも登場していない段階なのに。

5） T. L. Heath, *A History of Greek Mathematics I*（『ギリシア数学史』）。

6） Ibid.

7） T. L. Heath, *A History of Greek Mathematics II* (New York: Oxford, 1931)（邦訳『ギリシア数学史』はⅠとⅡの合本）。

8） A. K. Dewdney, *Beyond Reason* (Hoboken, N.J.: John Wiley & Sons, 2004), p. 135（『科学者と数学者が頭をかかえる８つの難問』小野木明恵訳、青土社、2008の201ページ）。この作図はアルキメデスの最高傑作とはほど遠い。だが、アルキメデスにしてはたいしたことがない仕事でも、彼より劣った数学者たちはそれで名を上げることができただろう。アルキメデスは単純に、展開した周縁を直角三角形の底辺にし、円の半径をその三角形の高さにしたまでだ。これにより、面積が $1/2 \times (2\pi r) = \pi r^2$ の三角形ができ、標準的なやり方でこの三角形と同じ面積の正方形を作図できる。

9） http://www.jimloy.com/geometry/trisect.htm を参照。このサイトは、角の三等分法の誤った証明——なかにはきわめて巧妙で微妙な間違いしかしていないものもある——の収録数の最多記録を誇っているのではなかろうか。私がUCLAで数学科の下っ端教員だった1960年代にこのサイトがあったらよかったのに。当時、《パシフィック・ジャーナル・オブ・マセマティクス》誌の本部は今と同じUCLAにあった。その頃、角の三等分にかんしておびただしい数の論文が投稿されたものだ。そして、編集人たちは一般に礼儀正しいので、そっけなく「それは不可能ですので、もうこれ以上何もお送りいただかなくて結構です」と返答したりはせず、その「証明」とやらの誤りを詳しく分析することにしていた。その分析を実際にやるのは誰なのかおわかりだろうか？　学科の下っ端教員——私のような者である。あの数多くの誤りをきちんと追ったおかげで私は幾何学について多くを学んだが、このサイトを参照できたらずいぶん時間を節約できたはずだ。

10） http://mathworld.wolfram.com/GeometricConstruction.html を参照。このサイトには正三角形、正方形、正五角形、ガウスの正一七角形を作図する方法の

妥当なバージョンが載っている。Mathworldには使える内容が盛りだくさんだ。なかにはとても高度な内容もあるが、まずここを探してみるというのはいつでも悪くない選択と言える。思うに、ほとんどの内容は、多くの数学者が頼りにしているウルフラム・リサーチ社のソフトウェア、Mathematica（マセマティカ）の販売またはサポートを目的として書かれているのではないだろうか。そのため、アメリカ数学会の《数学評論《マセマティカル・レビュー》》誌でも読んでいる気になることがある。

11）http://en.wikipedia.org/wiki/Carl_Friedrich_Gauss を参照。Wikipedia がいくつかの問題に直面していることは認めざるをえない。誰もが自由に編集できることから、Wikipedia を編集している個人に協議したいことがあると、Wikipedia を使ってそれを公表するのだ。だが、このようなことは数学にかんする話題ではほとんど起こらない。誰かに幼年期のカール・フリードリッヒ・ガウスについて協議したいことがあるとは想像しづらいだろう。ちなみに、Wikipedia には2次文献へのリンクが多数張られていることが多く、そのテーマを深く追求したりウラを取ったりするのに使える。

12）http://www.math.okstate.edu/~wrightd/4713/nt_essay/node17.html を参照。このサイトには、ガウスによる最初の予想だけでなく、関連する予想もいくつか載っている。微積分の知識があるに越したことはないが、ほとんどの内容は自然対数が何かを知っていればわかる。

13）http://en.wikipedia.org/wiki/Fermat_number を参照。2^n+1 が素数なら n は2のベキ乗である、という面白そうな定理がある。フェルマー数（訳註　$2^{2^n}+1$ という形で表される数がすべて素数というわけではない）については今でも研究が続けられており、最近得られた興味深い帰結に、フェルマー数は約数の和にはなりえない、というものがある。たとえば、6＝1＋2＋3、28＝1＋2＋4＋7＋14 で、どちらも約数の和になっており、完全数と呼ばれている。また、フェルマー素数は、コンピューターシミュレーションなどで使うランダムな整数列の生成にも活用されている。

14）http://planetmath.org/encyclopedia/TrisectingTheAngle.html を参照。このサイトには、この件とそれに関連する話題にかんしてありあまるほどの記事が載っている。

15）http://www-history.mcs.st-andrews.ac.uk/history/Biographies/Wantzel.html を参照。このサイトには優れた伝記がいくつも掲載されている。そのひとつが簡単に見つかるワンツェルにかんする最高の伝記だ。

16）実際の対話篇はプラトンの『メノン』（藤沢令夫訳、岩波文庫、1994 など）で、このなかでソクラテスは、正式な教育を受けたことがない召使いの少年

といっしょに、2の平方根が整数の比で表せないことを発見している。このあたりの詳細についてはhttp:// www. mathpages. com / home / kmath180 / kmath180.htmを参照。高校時代（実は高校に限らず）、哲学は私の得意科目ではなかったが、『メノン』には巧まざるユーモアが満載だと教師が言っていたのを思い出す。ソクラテスの対話篇はときとして、あたかもパリス・ヒルトンに金を払って来てもらうような興行だった。ソクラテスはお金をもらって、晩餐会の客のもてなしとして対話篇を披露していたのである。教師が言うには、メノンという男は当時のゴッドファーザーのような人物で、この対話篇の主題である「徳」というのは彼への巧みな当てこすりだった。

17) http://www-history.mcs.st-andrews.ac.uk/history/Mathematicians/Lindemann.html を参照。前にも触れたように、このサイトには多数の優れた伝記と2次文献が紹介されている。また、本文のハイパーリンクの張り方もすばらしく、たくさんの関連情報へと飛んでいける。

18) 情報時代に暮らしていることの大きな利点のひとつは、膨大な量の古い資料にオンラインでアクセスできることだ。次のサイトでは、ユークリッドによる有名な仕事のJavaアプレットを用いたバージョンを閲覧できる。http://aleph0.clarku.edu/~djoyce/java/elements/toc.html

19) http://www.astro.queensu.ca/~hanes/P15-2012/Notes/Theme03.Part04.Kepler.html を参照。この引用は「Kepler the Mystic」（神秘主義者ケプラー）という項にある。

第5章

1) http://history1900s.about.com/od/1950s/a/hopediamond.htm を参照。

2) もう少し正確に言うと、多項式は、至る所で微分可能な、私たちが計算できる唯一の関数である。たとえば、解析学者がこよなく愛する、xが有理数のときは$f(x) = 0$、xが無理数のときは$f(x) = 1$と定義される関数$f(x)$は、変数がどのような値をとっても計算できる。この関数はまったくもって人工的で、現実世界に関連するどのようなプロセスにも現れない。

3) A. B. Chace, L. S. Bull, H. P. Manning, and R. C. Archibald, *The Rhind Mathematical Papyrus* (Oberlin, Ohio: Mathematical Association of America, 1927-29)（『リンド数学パピルス――古代エジプトの数学』平田寛監修、吉成薫訳、朝倉書店、2006〔普及版〕など）。挟み撃ち法として知られているこの方法の詳しい説明については、http://www-groups.dcs.st-and.ac.uk/~history/HistTopics/Egyptian_papyri.html を参照。

4) 平方完成による式の解き方の一例を示そう。

$x^2 - 4x - 5 = 0$

$x^2 - 4x = 5$

$x^2 - 4x + 4 = 5 + 4$（これが「平方完成」するステップ）

$(x - 2)^2 = 9$

$x - 2 = 3$ または -3

$x = 5$ または $x = -1$

5) W. Dunham, *Journey Through Genius* (New York: John Wiley & Sons, 1990)（『数学の知性――天才と定理でたどる数学史』中村由子訳、現代数学社、1998）。

6) http://www-history.mcs.st-andrews.ac.uk/history/Biographies/Cardan.html に引用。

7) G. Cardano, *Ars Magna* (Basel, 1545).

8) Ibid.

9) http://www-history.mcs.st-andrews.ac.uk/history/Biographies/Ruffini.html に引用。

10) Carl B. Boyer, *A History of Mathematics*, p. 523（『数学の歴史』）。

11) F. Cajori, *The Teaching and History of Mathematics in the United States* (Whitefish, MT: Kessinger Publishing, 2007) に引用。

12) 比が r の幾何級数（等比級数）は無限和 $1 + r + r^2 + r^3 + \cdots$ になる。この級数を一般化したのが超幾何級数だ。このトピックにかんする詳しい説明は、http://en.wikipedia.org/wiki/Hypergeometric_functions にあるが、高等数学の詳しい知識を要する職に就くことを考えているのでない限り、この議論は気にしないでかまわない。

第6章

1) R. Trudeau, *The Non-Euclidean Revolution* (Boston, Mass: Birkhauser, 1987), p. 30. 点や線といったものは未定義語とも呼ばれる。ユークリッドが言わんとしていたのは、点は存在する最小の対象であり、それ以上分割できないということだ。ユークリッドはまた、「線とは幅のない長さである」というような言い方をするが、状況に応じて「直」という形容詞を付け加えている。

2) Ibid., p. 40. 私はこれらがギリシャ語からの正しい訳かどうかを確信できるほどの専門家ではないが、基本的に誰もが使っている定義だ。

3) Ibid., p. 43. どうしてまたこのバージョンの平行線公準を選んだのかと思うかもしれない。なんともまわりくどく、言い換えが模索されたのもうなずける。普通、概念の説明は複雑なものより簡単なもののほうが取り組みやすい。

4) Ibid., p. 128.
5) D. Burton, *The History of Mathematics*, p. 544.
6) ノーベル賞を２度も受賞したライナス・ポーリングは、なぜいいアイデアがあれほどたくさん思い浮かぶのかと訊かれて、アイデアをたくさん思いついてそのうち悪いのを捨てるという趣旨の答えをしている。私も試してみたが、2つの壁にぶつかった。アイデアの数がポーリングにまるで及ばなかったこと、そして悪いアイデアを捨てるとほとんど何も残らなかったことだ。それでも、ゼロにはならなかったのである。
7) トム・レーラーは、ハーヴァードで数学の学士号を18歳のときに、修士号をその１年後に取得した。数学者として輝かしいキャリアをまっしぐらだったはずが、彼は横道へそれて20世紀の３大ユーモリストの１人になった、と私は思っている（あと２人は詩人のオグデン・ナッシュと作家のＰ・Ｇ・ウッドハウス)。おそらくレーラーは政治的に正しくない初のブラック・ユーモリストで――そう、レニー・ブルースやモート・サールといったスタンダップ・コメディアンより前から――、彼の曲はどれも素晴らしい。個人的には「Nikolai Ivanovich Lobachevsky（ニコライ・イヴァーノヴィチ・ロバチェフスキー)」、「The Old Dope Peddler（麻薬売りの老人)」、「The Hunting Song（猟の歌)」といった曲がいくら聴いても聴き飽きないのだが、いちばん腹を抱えるのは「I Wanna Go Back to Dixie（南部に帰りたい)」だ。お楽しみあれ。http://members.aol.com/quentncree/lehrer/lobachev.htm にアクセスされたい（訳註　このサイトは現在閉鎖されている)。
8) D. Burton, *The History of Mathematics*, p. 545.
9) Ibid., p. 548.
10) Ibid., p. 549.
11) Ibid., pp. 549-50.
12) Ibid., p. 554.
13) http://www-history.mcs.st-andrews.ac.uk/history/Biographies/Beltrami.html を参照。

第７章

1) http://www-groups.dcs.st-and.ac.uk/~history/Biographies/Hilbert.html を参照。複数の分野にわたって真に重要な貢献ができる大学者がいた時代としては、これが史上最後だったかもしれない。ヒルベルトのほかには、ポアンカレ予想で有名なアンリ・ポアンカレも数学と物理学の両方で重要な仕事をしている。
2) http://en.wikipedia.org/wiki/Hilbert%27s_problems を参照。ここには全23問

とその現状の一覧がある。このうち、本書で取り上げていない問題のほとんどがたいそう専門的だが、第3問題は簡単に理解できる——体積が同じ2つの四面体が与えられた場合、片方を有限個に分割して組み立て直してもう片方にできるか？　これができないことはマックス・デーンによって示されている。

3)　A. K. Dewdney, *Beyond Reason*（『科学者と数学者が頭をかかえる8つの難問』）。命題論理の無矛盾性の証明は、原書では150～152ページ（邦訳では226～231ページ）。

4)　Ibid. 不完全性定理の証明は原書では153～158ページ（邦訳では231～240ページ）。http://www.miskatonic.org /godel.html も参照。ルーディ・ラッカー著 *Infinity and the Mind*（『無限と心——無限の科学と哲学』好田順治訳、現代数学社、1986）が引用されている囲みでは、ゲーデルの議論がコンピュータープログラム的に説明されている。

5)　http://www.cs.auckland.ac.nz/CDMTCS/chaitin/georgia.html を参照。このサイトには、ゲーデルの理論を情報理論と関連付けている記事がある。数学表記に慣れている向きにはわりと読みやすいだろう。

6)　http://en.wikipedia.org /wiki/Elk_Cloner を参照。

7)　*Science* 317 (July 13, 2007): pp. 210-11 を参照。

8)　http://www-history.mcs.st-andrews.ac.uk/history/Biographies/Novikov.html を参照。

9)　http://members.tripod.com/~dogschool/ を参照。このサイトにはきれいな図版を用いた群論の短期講座が用意されており、これを辿っていくとルービックキューブの背景にある群論がひととおりわかるようになっている。このサイトのタイトルが“The Dog School of Mathematics”という変わった名称である理由は、同サイトにアクセスするとわかる。

10)　http://en.wikipedia.org/wiki/Collatz_conjecture を参照。このサイトにはたくさんの記事があり、ほとんどは高校レベルの知識で理解できるが、すべてというわけにはいかない。

11)　http://en.wikipedia.org /wiki/Paul_Erdos を参照。このサイトにはエルデシュの生涯と業績がよくまとめられている。

12)　http://en.wikipedia.org /wiki/Goodstein%27s_theorem を参照。最初の段落で注意喚起されているように、グッドスタインの定理は不自然なところのない決定不能命題と言える。数学的な説明は初学者には少し難しいかもしれないが、忍耐強さがあれば追っていける。

第8章

1) http://physicsweb.org/articles/world/13/3/2 を参照。この無料サイトを運営している《フィジックス・ワールド》誌は物理学者向けだが、ひょっとすると単に物理学に興味を持っている人にもいいかもしれない。それはともかく、私がこのサイトで読んだ記事は実に良く書けている。

2) W. Heisenberg, *The physical principles of the quantum theory* (『量子論の物理的基礎』)。

3) http://arxiv.org/PS_cache/astro-ph/pdf/0302/0302131v1.pdf を参照。これより専門性を落としたバージョン—— *Scientific American*, May 2003 (《日経サイエンス》誌 2003年8月号の「並行宇宙は実在する」)。記事全文をネットで読もうとすると有料のデジタル購読を勧められる。ちなみに私は30年来の購読者で、これはすばらしい雑誌だ——もあるが、もう少し専門的なこのバージョンなら無料だ。この論文は、私がここ10年で読んだなかでも最も面白い論文のひとつでもある。やや難解な部分もあるが、とにかく読み進もう！

4) Ibid.

5) http://en.wikipedia.org/wiki/Theory_of_relativity を参照。このサイトは相対性にかんする入門として実に優れており、はるかに詳しい議論へ飛ぶリンクも用意されている（本文中のリンクをクリック）。

6) B. Greene, *The Fabric of the Cosmos* (New York: Alfred A. Knopf, 2004) (『宇宙を織りなすもの』), p. 502（邦訳では上巻の434ページ〔原註12ページ〕)。この本は手放しで素晴らしく、次の註7に挙げた同著者によるもう1冊も同様だ。グリーンは一流の物理学者であり、ユーモアのセンスを持ち合わせている解説者でもある。それでもなお、この本には理解するのにそれなりの労力が要る部分がある。しかし、驚くことではない。簡単な話ではないのだから。いずれにしても、ローカルテレビ局のコマーシャルで、1985年型シボレーの売り文句を並べつつ連呼している中古車セールスマンではないが、「まさにお買い得！」である。

7) B. Greene, *The Elegant Universe* (New York: W. W. Norton, 1999) (『エレガントな宇宙』)。グリーンによる本の、こちらが先に出たほうである。『宇宙を織りなすもの』と重なるトピックもあるが、相対性理論とひも理論についてはこちらのほうが断然詳しい。ただ、『エレガントな宇宙』から『宇宙を織りなすもの』まで5年空いており、そのあいだにひも理論にはいろいろあったので、先に刊行されたほうを先に読み（なにしろ先に書かれたわけで)、その後に次を読むというのがいいかもしれない。

8）B. Greene, *The Fabric of the Cosmos*, p. 352（邦訳では下巻の155ページ）。

9）I. Newton, *Philosophiae Naturalis Principia Mathematica* (1687)（中央公論社の世界の名著31『ニュートン』河辺六男責任編集、1979に所収の「自然哲学の数学的諸原理」河辺六男訳など）。言わずもがなの理由で、誰もがこの本を『プリンキピア』と呼んでいる。だが、数理論理学者に向かって「プリンキピア」と言うと、相手はバートランド・ラッセルとアルフレッド・N・ホワイトヘッドによる数理論理学の古典のことだと思うだろう。こちらは1＋1＝2まで辿り着くのに800ページ以上かかることで最もよく知られている。

10）http://en.wikipedia.org/wiki/Kaluza を参照。これは基本的にカルツァの一時の栄光だった。カントールと同様、カルツァもドイツの大学システムで大学教員資格を取るのにずいぶん苦労した――アインシュタインの支援があったにもかかわらず。

第9章

1）COMAP, *For All Practical Purposes* (New York: W. H. Freeman & Co., 1988). すでに述べたように、これは素晴らしい本だ。数学好きの人々にとって理想の本であると同時に、大嫌いな数学の授業を取らなければならないという人にもおすすめである。「推定」は数学の中でも非常に重要である。ここで説明したのは、最悪のケースの推定の例だ。どの状況が最悪のケースにつながるかが正確にわかるため、よりよいアルゴリズムの発見につながるというのが、最悪のケースの推定も重要である理由だ。

2）http://mathworld.wolfram.com/search/?query=greedy+algorithm&x=0&y=0 を参照。

3）A. K. Dewdney, *Beyond Reason*（『科学者と数学者が頭をかかえる8つの難問』）。デュードニーは、論理式をグラフに変換することによって、充足可能性問題を頂点被覆問題（グラフ理論における問題）に変換する方法を示した。私は、この方法が変換手法に共通のテンプレートであるとは考えていない。空の旅におけるハブ空港と同じ機能をこの数学分野で果たす「ハブ」がたくさんできたな、というのが私の印象だ。つまり、問題Aを問題Bに変換できることを証明するには、問題Aをハブ問題へと変換してから、そのハブ問題を問題Bに変換するというやり方をとるのである。

4）http://www.math.ohio-state.edu/~friedman/pdf/P=NP10290512pt.pdf を参照。

第10章

1）C. Sagan, *Contact* (New York: Simon & Schuster, 1985)（『コンタクト』高見浩

・池央耿訳、新潮文庫、1986）。

2） http://mathworld.wolfram.com/NormalNumber.html を参照のこと。Wolfram Mathworld のほかの参考文献の多くと同様、専門家でなければその情報を最大限に活用できないものの、基礎の部分はそれなりにわかりやすい内容だ。

3） http://mathworld.wolfram.com/AbsolutelyNormal.html を参照。

4） ボレルの正規数の定理では、すべての記数法で正規数でない数の集合はルベーグ零集合であるとしている。ルベーグ測度について本当に理解するには、大学3・4年生レベルの数学の授業を受ける必要があるが、それは、長さという概念を一般化する集合を数字で表したものだ。単位区間、つまり0から1までのすべての実数のルベーグ測度は、予想通り、1である。しかし、0から1までのすべての有理数のルベーグ測度は0だ。ボレルの正規数の定理の証明には、選択公理が利用されている。実数の集合からある数をランダムに選ぶ確率は、ルベーグ測度と非常に強い結びつきがあるので、「ランダムに選ばれた数はほぼ確実に正規数である」と言う場合には、それは、ボレルの正規数の定理を、ルベーグ測度というにわかには理解しがたい言葉の代わりに、確率というより直観的な言葉で言い直したに過ぎない。

5） 専門的には、70度から69.9999度への温度の低下は、70と69.9999の間にあるすべての実数を通ってこない限り、非連続的である。これは、連続関数に関する中間値の定理による結果だ。本文のような説明をしたのは、専門的になりすぎずに、段階的でない変化のイメージを読者に伝えるためだ。

6） そのような方程式の1つが、ナビエ＝ストークス方程式という偏微分方程式だ。この方程式を解く問題は、クレイ数学研究所のミレニアム問題の1つになっている。

7） G. J. Sussman and J. Wisdom, “Numerical Evidence That the Motion of Pluto Is Chaotic,” *Science* 241: pp. 433-37.

8） http://www.jaworski.co.uk/m10/10_reviews.html を参照のこと。ここにまだあるとは驚きだ！

9） カオスの歴史やその誕生についてもっと知りたい人には、ジェイムズ・グリックの *Chaos: Making a New Science*（New York: Viking, 1987）（『カオス――新しい科学をつくる』大貫昌子訳、新潮文庫、1991）をおすすめする。グリックは、素晴らしいサイエンス・ライターで、ポール・ド・クライフやアイザック・アシモフ、カール・セーガンの立派な後継者だ。といっても、この本の出版以降、カオスの研究は相当進んでいる。

第11章

1) http://skepdic.com/sokal.html を参照のこと。このサイトは、ソーカル事件を見事にまとめている。この The Skeptic's Dictionary というサイトには、いい記事がたくさんあって、特に根っからの懐疑論者である人にはいいサイトだ（訳註 このサイトの書籍版の邦訳『懐疑論者の事典』〔小久保温・高橋信夫・長澤裕・福岡洋一訳、楽工社、2008〕がある）。UFO や超常現象、ニセ科学について、たくさんの記事がある。実際には、最近はやりの学問分野のどれか1つを専攻するより、このサイトを読んだ方がずっと勉強になる。

2) 言いにくいのだが、ハードサイエンスや数学もこうしたこととは無縁ではない。人々は、自分が大事にしている信念に異議を申し立てるような考えを発表されて、つらい思いをすることがある。科学には、この問題に対処するメカニズム（再現可能性）が組み込まれている。私が科学を高く尊重するのはこのためだ。

評価の定まったパラダイムに異議を唱える場合にも、このメカニズムが役に立つ。常温核融合は素晴らしいことに思えたが、重要な実験を誰も再現できなかったため、消え去っていった。

3) http://skepdic.com/sokal.html を参照。

4) http://www.brainyquote.com/quotes/authors/r/richard_p_feynman.html を参照のこと。このサイトにあるファインマンの言葉は、5分間くらいかけて読むだけの価値がある。ファインマンはソーカル事件の前に亡くなってしまっているが、次の言葉はぴったりだ。「学内にたくさんの人文科目があると理論の幅が広がるが、そんな科目を研究している連中の一様なぼんやりさ加減で相殺されてしまう」

5) 「星に願いをかける時／あなたが誰かは関係ない」という歌の歌詞は、そのあたりを見抜いている。どうしたって起こるはずのなかったことは、これからも決して起こらないからだ。ちょっと時間を取って The Skeptic's Dictionary を読めば、こういった感じのコメントが随所に見られる。

6) 今のところ、そうした漏れは検出されていない。しかし、そのような漏れに基づく妥当な理論が構築できないという意味ではない。とはいえ、そうした理論を検証するのは難しい可能性がある。定常宇宙論では、100億年ごとに1立方メートルあたり1個の水素原子の生成を求めていることを思い出してほしい。定常宇宙論の中は予測を行なうものだったのだから（もっと厳密に言えば、ビッグバン理論のように、重要な予測はされていない）。結果として、実験的証拠に基づいて、定常宇宙論を否定することは可能だった。

7) B. Greene, *The Fabric of the Cosmos*（『宇宙を織りなすもの』), pp. 164-67（邦訳では上巻 272 ～ 277 ページ)。前にも書いたが、これは素晴らしい本だ。読みやすい本ではない（正反対の宣伝文句を信じてはいけない)。しかし絶対に、間違いなく、必ず、努力して読む価値のある本だ。

8) G. Gamow, *One, Two, Three . . . Infinity*（『1、2、3…無限大』崎川範行訳、白揚社、1951)。これは、私が数学と科学を勉強するきっかけになった本だ。あなたに、頭が良くて知的好奇心のある、12 歳以上の子どもがいたら、ぜひこの本を与えよう。子どもにはわからない数学が山ほど出てくるが、そのうちわかるようになる。科学的に古かったり、間違ったりしているところもあるが、関係ない。科学は修正可能だし、数学的な間違いは 1 つもない。

9) http://www.manhattanrarebooks-science.com/black_hole.htm 引用した文の出典は間違いなく、本書よりももっと学術的な文章だ。

10) http://www.mpe.mpg.de/ir/GC を参照のこと。マックス・プランク研究所による素晴らしい写真やグラフィックスが見られる。

11) http://en.wikipedia.org/wiki/Hawking_Radiation を参照のこと。このページには、知りたいと思っている以上に数学が出てくるかもしれないが、基本的な考え方を詳しく説明した、良い記事だ。

12) この事実を証明するには、いくつか違った方法がある（実際、私が大学 1 年生向けのトポロジーのクラスで行なった試験では、学生にこれを少なくとも 2 通りの方法で証明するように求めた)。単位区間を、1 辺が 1 単位の正方形上に連続的にマップすることができないことを証明する方法の 1 つは、それぞれの真ん中から点を 1 つ取り出すことだ。そうすることで、単位区間は 2 つの区別できる要素に分かれた。トポロジーでは、「この単位区間は非連結である」という。しかし、正方形の真ん中から点を 1 つ取り除いても、連続的な物体が残る。その点がなくても、その正方形のある点と別の点をつないだ経路を歩くことができる。ちょうど裏庭でジリスの巣穴を避けて歩くようなものだ。

13) R. Dawkins, *The Blind Watchmaker*（『盲目の時計職人――自然淘汰は偶然か?』（日高敏隆監修、中嶋康裕・遠藤彰・遠藤知二・疋田努訳、早川書房、2004〔1993 年に邦訳刊行された『ブラインド・ウォッチメイカー（上下)』の改題・合本版〕)。これは素晴らしい本だが、その中では、人を不安にさせるような考え方に触れている。ドーキンスはこの本以降、無神論者の筆頭格の 1 人とされるようになった。もちろん、それこそドーキンスの主張だ。創造主の導きがなくとも、進化は起こりうるのだ。すべての人がこの本を読むべきだと私は思う。どんな立場の人でも、この本には考えさせられるだろう。

第12章

1） http://www.hoover.org/multimedia/uk/2933921.html を参照。

2） http://www.cs.unc.edu/~livingst/Banzhaf/ を参照。

3） http://lorrie.cranor.org/pubs/diss/node4.html を参照。

4） http://www-history.mcs.st-and.ac.uk/Printonly/Condorcet.html を参照。

5） http://en.wikipedia.org/wiki/Nicholas_of_Cusa を参照。

6） COMAP, *For All Practical Purposes* (New York: W. H. Freeman&co., 1988). 本章で用いた例は、*For All Practical Purposes* という素晴らしい教科書に依拠している。本書で扱ったトピックについてもっと調べるために本を1冊買うつもりなら、ほかにもおもしろいものはあるかもしれないが、私は *For All Practical Purposes* を勧める。もともとは講義を担当する教員のグループが、数学の素養のあまりない学生が現代世界と結びついた数学を学ぶことのできる本を作ろうという趣旨で作成した本で、その試みは見事に成功している。古い版なら eBay で10ドル以下で買える。

7） ホテリングは、経済学のホテリング・ルールを考案した。このルールによれば、ある資産について競争市場が存在する場合、資産の価格は金利とほぼ同率で上昇する。これはいい話のように聞こえるが、銀行から支払われる金利は約4パーセントなのに、ガソリン価格はそれよりはるかに高い率で上昇している。この問題にかんするすぐれた議論が http://www.env-econ.net/2005/07/oil_prices_hote.html にある。

8） COMAP, *For All Practical Purposes*. 註6で挙げた本。複数の版があるが、ここでは初版を使っている。

9） K. J. Arrow, "A Difficulty in the Concept of Social Welfare," *Journal of Political Economy* 58 (4) (August 1950): pp. 328-46.

10） http://en.wikipedia.org /wiki/Punctuated_equilibrium を参照。

11） http://www.csus.edu/indiv/p/pynetf/Arrow_and_Democratic_Practice.pdf を参照。

12） http://en.wikipedia.org /wiki/Niels_Bohr を参照。

第13章

1） http://www.brainyquote.com/quotes/authors/o/otto_von_bismarck.html を参照。私は名言が大好きで、このサイトにはすばらしい名言がたくさん収められている。

2） アラン・ギバードはミシガン大学の哲学教授で、マーク・サタースウェイトは

ノースウェスタン大学の戦略的経営学および経営経済学の教授。2人の大学はどちらも中西部にあるが、ギバード＝サタースウェイトの定理は2人がディナーの席で不誠実な投票について議論しながら生み出したわけではない。次の2つの論文からわかるように、当初の成果はギバードによるもので、それをサタースウェイトが改良した。Allan Gibbard, "Manipulation of Voting Schemes: A General Result," *Econometrica* 41 (4) (1973): pp. 587-601; Mark A. Satterthwaite, "Strategy-proofness and Arrow's Conditions: Existence and Correspondence Theorems for Voting Procedures and Social Welfare Functions," *Journal of Economic Theory* 10 (April 1975): pp. 187-217.

3) http://en.wikipedia.org/wiki/United_States_presidential_election,_1876 を参照。この年の選挙では、グリーンバック党（訳註　経済が民間の銀行や企業に支配されないように、アメリカの政府紙幣〔裏面が緑色なのでグリーンバックと呼ばれる〕の維持を支持した、農民を中心とする政党）という小さな第三政党が存在したという興味深い事実もある（もちろん皮肉なジョークだ）。

4) http://ww2.gannon.edu/cetl/caulfield/census/Alabama%20paradox.xls を参照。このサイトから、アラバマ・パラドックスとハンティントン＝ヒルの配分方式について調べるための Excel の表がダウンロードできる。

5) http://www.cut-the-knot.org/ctk/Democracy.shtml を参照。このサイトには、すべてのパラドックスの解説に加え、それらのパラドックスが作用するようすが見られるすぐれた Java アプレットが用意されている。

6) M. L. Balinski and H. P. Young, *Fair Representation*, 2nd ed. (Washington, D. C.: Brookings Institution, 2001)（『公正な代表制――ワン・マン－ワン・ヴォートの実現を目指して』越山康監訳、一森哲男訳、千倉書房、1987）。ギバード＝サタースウェイトの定理を考案した2人が時間的に、またおそらく距離的にも隔たっていたのと違い、バリンスキーとヤングは、関連するアイデアが定式化されてバリンスキー＝ヤングの定理が証明されるまでの期間の多くにわたって同じニューヨーク大学にいた。

7) MathSciNet はすばらしいデータベースだが、利用するには契約機関（多くの大学や一部の研究中心の企業が契約している）に所属しているか、または大金を払う覚悟を決める必要がある。

8) http://rangevoting.org/Apportion.html を参照。

第14章

1) http://www-history.mcs.st-andrews.ac.uk/history/Biographies/Goldbach.html を参照。私はゴルトバッハの伝記を調べずにいられなかった。彼は多くの偉人

と親交があり、実は有用な数学もいくらか研究していたが、伝記にはdilettante（好事家）という言葉は出てこなかった。これこそ彼を表すのに最適な言葉だと思ったのだが。

2）この本を探し出すことができなかったが、この話はI. Chernev and F. Reinfeld, *The Fireside Book of Chess* (New York: Simon & Schuster, 1966) に出ていたと記憶している。

3）http://www.wesjones.com/eoh.htm を参照。

4）http://www.facstaff.bucknell.edu/gschnedr/marxweb.htm を参照。

5）I. Asimov, *Foundation* (New York: Gnome Press, 1951); *Foundation and Empire* (New York: Gnome Press, 1952); *Second Foundation* (New York: Gnome Press, 1953)（邦訳は『ファウンデーション』、『ファウンデーション対帝国』、『第二ファウンデーション』〔岡部宏之訳、ハヤカワ文庫〕など）。http://www.asimovonline.com/asimov_home_page.html も参照。これはアイザック・アシモフの紹介として完璧なホームページと言えよう。彼の本や短篇を読んでいれば、一生の大半を過ごすことができる。またそうして過ごす時間は、読者の生涯においてすばらしい時間となるだろう。

6）http://en.wikipedia.org/wiki/Catastrophe_theory を参照。このサイトは、いろいろなタイプのカタストロフィーとともにカタストロフィー理論の概論を示してくれた。残念ながら、未来のカタストロフィーの予測は存在しない。

7）G. Birkhoff and S. MacLane, *Algebra* (New York: Macmillan, 1979). これは私が使った本より新しい版である。

本書は、二〇一一年一月に早川書房より単行本として刊行された作品を文庫化したものです。

〈数理を愉しむ〉シリーズ

物理と数学の不思議な関係
――遠くて近い二つの「科学」
マルコム・E・ラインズ／青木薫訳

華麗な物理理論の土台は、数学者が前もって創っておくもの!? 切り口が面白い科学解説

相対論がもたらした時空の奇妙な幾何学
――アインシュタインと膨張する宇宙
アミール・D・アクゼル／林一訳

重力を幾何学として捉え直した一般相対性理論の成立を、科学者らのドラマとともに追う

黒体と量子猫 1
――ワンダフルな物理史「古典篇」
ジェニファー・ウーレット／尾之上俊彦ほか訳

一癖も二癖もある科学者の驚天動地のエピソードを満載したコラムで語る、古典物理史。

黒体と量子猫 2
――ワンダフルな物理史「現代篇」
ジェニファー・ウーレット／金子浩ほか訳

相対論など難しそうな現代物理の概念を映画や小説、時事ニュースに読みかえて解説する

はじめての現代数学
瀬山士郎

無限集合論からゲーデルの不完全性定理まで現代数学をナビゲートする名著待望の復刊！

ハヤカワ文庫

〈数理を愉しむ〉シリーズ

素粒子物理学をつくった人びと 上下
ロバート・P・クリース&チャールズ・C・マン／鎮目恭夫ほか訳
ファインマンから南部まで、錚々たるノーベル賞学者たちの肉声で綴る決定版物理学史。

異端の数ゼロ
——数学・物理学が恐れるもっとも危険な概念
チャールズ・サイフェ／林大訳
人類史を揺さぶり続けた魔の数字「ゼロ」。その歴史と魅力を、スリリングに説き語る。

歴史は「べき乗則」で動く
——種の絶滅から戦争までを読み解く複雑系科学
マーク・ブキャナン／水谷淳訳
混沌たる世界を読み解く複雑系物理の基本を判りやすく解説！（『歴史の方程式』改題）

量子コンピュータとは何か
ジョージ・ジョンソン／水谷淳訳
実現まであと一歩？　話題の次世代コンピュータの原理と驚異を平易に語る最良の入門書

リスク・リテラシーが身につく統計的思考法
——初歩からベイズ推定まで
ゲルト・ギーゲレンツァー／吉田利子訳
あなたの受けた検査や診断はどこまで正しいか？　数字に騙されないための統計学入門。

ハヤカワ文庫

〈数理を愉しむ〉シリーズ

カオスの紡ぐ夢の中で
金子邦彦
第一人者が難解な複雑系研究の神髄をエッセイと小説の形式で説く名作。解説・円城塔。

運は数学にまかせなさい
——確率・統計に学ぶ処世術
ジェフリー・S・ローゼンタール／柴田裕之訳／中村義作監修
宝くじを買うべきでない理由から迷惑メール対策まで、賢く生きるための確率統計の勘所

美の幾何学
——天のたくらみ、人のたくみ
伏見康治・安野光雅・中村義作
自然の事物から紋様、建築まで、美を支える数学的原則を図版満載、鼎談形式で語る名作

E＝mc²
——世界一有名な方程式の「伝記」
デイヴィッド・ボダニス／伊藤文英・高橋知子・吉田三知世訳
世界を変えたアインシュタイン方程式の意味と来歴を、伝記風に説き語るユニークな名作

数学と算数の遠近法
——方眼紙を見れば線形代数がわかる
瀬山士郎
方眼紙や食塩水の濃度など、算数で必ず扱うアイテムを通じ高等数学を身近に考える名著

〈数理を愉しむ〉シリーズ

ポアンカレ予想
──世紀の謎を掛けた数学者、解き明かした数学者
G・G・スピーロ／永瀬輝男・志摩亜希子監修／鍛原多惠子ほか訳

現代数学に革新をもたらした世紀の難問が解かれるまでを、数学者群像を交えて描く傑作

黄金比はすべてを美しくするか？
──最も謎めいた「比率」をめぐる数学物語
マリオ・リヴィオ／斉藤隆央訳

芸術作品以外にも自然の事物や株式市場にまで登場する魅惑の数を語る、決定版数学読本

数学はインドのロープ魔術を解く
──楽しさ本位の数学世界ガイド
デイヴィッド・アチソン／伊藤文英訳

二次方程式とロケットの関係って？　意外な切り口と豊富なイラストが楽しい数学解説。

物理学者はマルがお好き
──牛を球とみなして始める、物理学的発想法
ローレンス・M・クラウス／青木薫訳

超絶理論も基礎はジョークになるほどシンプルで風変わり。物理の秘密がわかる科学読本

以下続刊

自然・科学

ホーキング、宇宙を語る
——ビッグバンからブラックホールまで
スティーヴン・W・ホーキング／林 一訳
アインシュタインの再来と称される車椅子の天才科学者が、宇宙の起源をめぐる謎に挑む

シュレディンガーの猫は元気か
——サイエンス・コラム175
橋元淳一郎
天文学から分子生物学まで、現代科学の驚くべき話題を面白く紹介し頭のコリをほぐす本

0と1から意識は生まれるか
——意識・時間・実在をめぐるハッシー式思考実験
橋元淳一郎
物理のカリスマが難問に挑む、究極の知的冒険(『われ思うゆえに思考実験あり』)改題

つかぬことをうかがいますが…
——科学者も思わず苦笑した102の質問
ニュー・サイエンティスト編集部編／金子浩訳
くしゃみすると目をつぶっちゃうのはなぜ？専門家泣かせのユーモラスなQ&Aを満載。

やさしい免疫の話
村山知博
花粉症からがんワクチン療法まで、ミクロの世界で体を守る免疫についての耳寄りな40話

HM=Hayakawa Mystery
SF=Science Fiction
JA=Japanese Author
NV=Novel
NF=Nonfiction
FT=Fantasy

〈数理を愉しむ〉シリーズ

不可能《ふかのう》、不確定《ふかくてい》、不完全《ふかんぜん》
「できない」を証明する数学の力

〈NF383〉

二〇一二年十一月十日　印刷
二〇一二年十一月十五日　発行
（定価はカバーに表示してあります）

著者　ジェイムズ・D・スタイン
訳者　熊《くま》谷《がい》玲《れ》美《み》　田《た》沢《ざわ》恭《きょう》子《こ》　松《まっ》井《い》信《のぶ》彦《ひこ》
発行者　早川浩
発行所　株式会社　早川書房
郵便番号　一〇一-〇〇四六
東京都千代田区神田多町二ノ二
電話　〇三-三二五二-三一一一（大代表）
振替　〇〇一六〇-三-四七七九九
http://www.hayakawa-online.co.jp

印刷・三松堂株式会社　製本・株式会社フォーネット社
Printed and bound in Japan
ISBN978-4-15-050383-3 C0141